GUIDE
DU PARFAIT
JARDINIER

PAR

MM. ROUFFI ET HOCQUARD

PARIS

BERNARDIN-BÈCHET, ÉDITEUR

31, QUAI DES AUGUSTINS

GUIDE

DU

PARFAIT JARDINIER

POISSY. — IMP. ET STÉR. DE A. BOURET.

GUIDE

DU

PARFAIT JARDINIER

OUVRAGE INDISPENSABLE

AUX

AMATEURS DES VILLES ET DES CAMPAGNES

AUX MARAICHERS, AUX PÉPINIÉRISTES,

AUX JARDINIERS FLEURISTES, PAYSAGERS, ETC.,

COMPRENANT

Outre la culture proprement dite des légumes, des arbres fruitiers,
Des fleurs anciennes et nouvelles
Des plantes et arbres d'ornement, celle des plantes fourragères et industrielles

CONTENANT

120 gravures représentant
Les outils et instruments divers du jardinage
Les différentes manières de greffer,
De tailler les arbres et de marcotter les plantes
Précédé d'un calendrier du jardinier
Et terminé par des instructions sur la multiplication des plantes
Et le calendrier des semis

PAR

J. ROUFFI, ex-directeur d'une ferme modèle, et **E. HOCQUART**, botaniste.

PARIS

BERNARDIN-BÉCHET, ÉDITEUR

31, QUAI DES AUGUSTINS, 31

1864

AVERTISSEMENT

Le goût du jardinage s'étendant de plus en plus en France, nous avons cru utile de publier un petit traité mis à la portée de tout le monde et qui renfermât tout ce qu'il est utile de connaître dans l'horticulture proprement dite, la culture maraîchère et les soins du verger.

Nous avons cru également nécessaire de diviser ce livre en deux parties, l'une consacrée spécialement aux plantes et aux arbustes d'agrément, soit aux fleurs du parterre, soit à celles qui doivent garnir nos cheminées, nos suspensions, nos jardinières, soit enfin aux végétaux appartenant au jardin paysager; l'autre traitant des plantes potagères et des arbres fruitiers.

Quoi de plus charmant en effet que de suivre jour par jour les progrès des jeunes plantes qu'on a semées, de les voir peu à peu écarter les voiles qui ont protégé leur enfance, puis entr'ouvrir une corolle, souvent ornée des plus brillantes couleurs. L'amateur les passe toutes en revue pour reconnaître celles dont il enrichira ses collections et celles qu'il vouera à l'oubli.

Mais d'autres soins l'attendent : le *verger* lui offrira les fruits savoureux qu'il aura multipliés par la greffe et par des soins assidus, et le potager lui présentera des acquisitions nouvelles dont il aimera à constater le mérite culinaire, se souvenant que l'utile pomme de terre fut dédaignée en France durant deux siècles et qu'il a fallu l'ingénieuse persévérance de Parmentier pour lui faire rendre justice.

L'amateur pourra donc cultiver des variétés nouvelles d'entre les plantes potagères et porter ses soins sur la *patate d'Amérique*, l'*igname*, l'*ognon d'Égypte*, le *scolyme d'Espagne*, le *cerfeuil bulbeux*, l'*oxalide crenelée*, la *rhubarbe ondulée*, etc.

Un calendrier du jardinier indique, pour chaque mois de l'année, les travaux du potager, du verger et les époques des floraisons. Un second calendrier, placé à la fin, enseigne le temps des semis, des plantations et repiquages pour le jardin à fleurs.

Au commencement de notre livre sont des instructions sur la culture des terres, la nature des divers sols, les engrais, les amendements, les pronostics du temps, et la description des instruments de jardinage, accompagnée de nombreuses figures insérées dans le texte.

Une portion importante de l'ouvrage est consacrée aux descriptions et au mode de culture de plus de sept ou huit cents espèces de plantes d'agrément que l'on peut cultiver en pleine terre. Ces descriptions sont précédées de notions scientifiques réduites au strict nécessaire et à l'explication des principaux termes de botanique, pour servir à l'intelligence de nos descriptions. Un grand nombre de figures comprises dans le texte, donne à ces notions toute la clarté désirable.

Un chapitre important, placé à la suite de la description des plantes d'agrément, traite des arbres de haute futaie et des arbustes propres à orner un jardin paysager par la beauté de leur port ou par leurs formes pittoresques.

Plusieurs autres chapitres spéciaux sont ensuite consacrés à l'indication des végétaux grimpants convenables pour garnir les berceaux, les haies, les tonnelles, et à celle des plantes basses propres à former les bordures élégantes avec lesquelles on aime à dessiner les compartiments d'un jardin. D'autres chapitres traitent des gazons et tapis de verdure, des fleurs d'appartement : Suspensions jardinières, ognons en carafes, si propres à nous rappeler le printemps au milieu des frimas.

Dans l'énumération des fleurs convenables pour ces divers emplois, nous n'avons pas oublié celles qui, au mérite de l'élégance et de la beauté, joignent celui d'un doux parfum.

GUIDE

DU

PARFAIT JARDINIER

CALENDRIER DU JARDINIER [1]

JANVIER

Potager. — De même que le mois de décembre celui de janvier est en partie consacré aux travaux de la terre, aux défoncements, surtout lorsqu'on a des plantations d'arbres à faire, mais il est préférable de préparer les trous dès l'automne afin de permettre à l'influence bienfaisante de l'air d'agir sur le sol. Au reste on transporte alors sur le terrain les fumiers et les amendements jugés nécessaires pour être enterrés lors du labour.

On peut semer sur couche tiède et sous châssis, au commencement de ce mois, la chicorée frisée et la scarole dont on repique les plants à mesure qu'ils de-

---

(1) A la fin de la seconde partie, consacrée à la culture des plantes d'ornement, on trouvera un second calendrier indiquant pour chaque mois l'époque des semis, transplantations et autres opérations applicables aux plantes, arbres et arbustes d'agrément.

viennent forts. Il en est de même des carottes qu'il ne faut pas semer trop clair, et avoir soin de bassiner les semis pour tenir la terre dans un état constant de fraîcheur. On recommande pour cette culture de primeur la carotte rouge, courte-hâtive de Hollande.

On peut semer sur couche et sous châssis les melons cantaloups auxquels on donne aujourd'hui la préférence. On pourra planter séparément chaque graine dans un pot que l'on enterre dans la couche. A la mise en place on transplante le plant avec toute sa terre.

Verger. — Si on a des arbres à planter, on peut y procéder dans ce mois à moins qu'il ne soit froid et humide ; dans ce cas on ajourne la plantation en mars et même jusqu'au commencement d'avril. Il en est de même des conifères que l'on ne plante que plus tard.

On aura soin dans ce mois de débarrasser les arbres des lichens, de la mousse et des branches mortes. On commencera à tailler les arbres fruitiers, mais non les arbres à fruits à noyau et la vigne, parcequ'il faut laisser aux boutons à fruit et à feuilles le temps de grossir suffisamment pour qu'on puisse les reconnaître, ce qui n'a guère lieu que vers la fin de février.

Lorsqu'on ne peut effectuer immédiatement les plantations on met les arbres en jauge, ayant soin de recouvrir leurs racines de manière que la gelée ne puisse les atteindre.

Jardin à fleurs. — Les beaux jours sont rares dans nos hivers, cependant le jardin à fleurs n'est pas tellement déshérité qu'on ne puisse y trouver quelques fleurs en janvier (nous ne parlons ici que des fleurs de pleine terre, car les serres chaudes ne cessent d'être richement ornées). On y remarque donc l'*Ellébore noir*

ou rose de Noël (*Helleborus niger*); le Tussilage odorant
(*Tussilage fragans*); le Daphné Mézéréon ou bois joli ; le
Daphné Lauréole; l'Ibéride des Alpes (*Iberis sempervi-
vens*). Pour conserver durant les grands froids les fleurs
d'appartement, il faut avoir soin de ne pas laisser descendre la température du lieu où elles sont renfermées
au-dessous de dix à douze degrés centigrades et, si le
froid n'est pas trop grand, de l'aérer vers le milieu de
la journée. Beaucoup de personnes croyent mettre leurs
plantes à l'abri des inconvénients de l'hiver en les re-
léguant dans des sous-sols ou des celliers dans lesquels
elles sont presque totalement privées de la lumière du
jour. Or, la lumière est aussi nécessaire à la vie des
plantes qu'à la santé de l'homme ; aussi voit-on la plupart de ces plantes séquestrées s'étioler et périr. On
aura soin de n'arroser qu'avec de l'eau à la même température que celle de l'appartement et l'on ne mouille
la terre qu'autant qu'il est nécessaire pour qu'elle soit
légèrement humectée.

FÉVRIER

Potager. — Les petits pois que l'on a risqués en
pleine terre dès novembre ont sous notre variable température un produit fort incertain, en sorte que la plupart des jardiniers répètent leurs semis dans les premiers jours de février. On choisit pour cela le pois nain
de Hollande et le pois Michaud.

Dans ce mois on sème en pleine terre les carottes, le
Rutabaga ou navet de Suède, le panais.

On fait également en février, comme en mars, des
plantations de tubercules de pomme de terre et de topi-

nambour. — On peut aussi planter l'oxalis crenata qui a dû être conservée en lieu sec.

En février et en mars on sème l'ognon blanc, des poireaux, des asperges et le gros chou cabus, pour être repiqué en mai, juin ou juillet. Le persil qui demande quarante jours pour lever, se sème à partir de ce mois.

Les choux de *sprnyt* ou de Bruxelles, semés en novembre continuent à végéter et sont bons à récolter en ce mois où ils suppléent avantageusement à la rareté des autres légumes. Lorsque la gelée a passé dessus ils deviennent plus tendres et plus délicats.

On sème, sur couche et sous châssis, les choux-fleurs pour repiquer en mars et avril, ainsi que les laitues de printemps. Dans la seconde quinzaine de février découvrez les artichauts que vous recouvrirez le soir comme précaution contre les gelées blanches.

La Mélongêne ou Aubergine se sème également sur couche et sous châssis en février.

Verger. — Vous devez avoir terminé toutes vos plantations d'arbres à fruit dans ce mois; profitez surtout pour cela des beaux jours qui se rencontreront. Plantez plus profondément les pruniers, cerisiers et abricotiers en plein vent que les pommiers et les poiriers.

C'est dans la première quinzaine de février qu'on taille généralement les arbres à fruits. Profitez de cette opération pour mettre à part les rameaux que vous destinez à faire des greffes ou des boutures. La fin de février est l'époque où elles réussissent le mieux.

Jardin à fleurs. — A la fin de ce mois il faut que les allées du jardin soient nettoyées et sablées, les parterres labourés ; et l'on commencera à mettre en place les plantes vivaces qui doivent les orner. On séparera les pieds des plantes devenues trop volumineuses, telles ceux des Phlox, soleil vivace, Asters, Statices, etc. A la même époque vous pourrez entreprendre les semis des fleurs annuelles en commençant toujours par les plus printanières.

Vous pourrez également découvrir les carrés de tulipes et de jacynthes que vous avez abritées des grands froids.

On commence souvent à planter les bordures de pâquerettes hépatiques, œillets mignardises, etc. Mais les gelées tardives sont encore à craindre à la fin de février, et il est préférable d'attendre le mois de mars. C'est dans ce mois que fleurit le safran printanier, *Crocus vernus* ; la Nivéole (*Leucoïum*) ou perce-neige.

MARS

Potager. — *Choux de Milan*. On les sème dès le commencement du mois, jusqu'à la fin de mai pour être repiqués en juin, juillet et août.

Choux-fleurs. Mettre en place ceux qui ont été semés en septembre et repiqués.

Dans le commencement du mois on commence à semer plusieurs espèces de pois, ognons, ciboules, épinards, carottes, chicorée sauvage, cerfeuil, raves et radis, salsifis et scorsonnères.

Dans les premiers jours de mars on sème des laitues sur terreau et à l'abri, pour être repiquées.

Au commencement du mois on sème les lentilles et l'on continue en avril, soit en touffes soit en rayons.

Plantation de pommes de terre et de topinambours. (Si on ne les a point faites en février).

Artichauts. C'est dans ce mois que les artichauts exigent les soins les plus assidus ; lorsqu'ils sont atteints par des intermitences de petites gelées et de chaleur sèche, fréquentes dans ce mois, on risque de perdre une partie de son carré d'artichauts. Vers la mi-mars on dégarnit les souches de la terre et du fumier dont elles avaient été recouvertes à l'entrée de l'hiver et l'on se tient prêt à les couvrir de nouveau si le hâle est à craindre.

On sème le rutabaga ou navet de Suède si on ne l'a déjà fait en février. A la fin de ce mois on peut planter le souchet comestible, la dioscorée et l'on sème à la volée ou en pépinière plusieurs espèces de légumes.

On plante sur couche et sous châssis les melons et les concombres.

Verger. — La principale occupation de ce mois consiste dans la taille et dans le palissage du pêcher, de l'abricotier et des poiriers en espalier.

Boutures. Ainsi que nous l'avons déjà dit, il est préférable pour les arbres dont on a pu retarder la taille jusqu'aux premiers jours de mars de mettre immédiatement en pépinière les scions que l'on a choisis, à mesure qu'on les détache de l'arbre.

Jardin à fleurs. — *Semis en place de plantes annuelles :* plantes grimpantes : Pois de senteur, Volubilis, Capucines. Plantes de parterre : Adonis d'été. — Centaurée bluet. — Clarkie élégante et C. à feuilles en croix. — Collinsia bicolor. — Coquelicot. — Crépis rose. — Œnothère de diverses espèces. — Escholtzie de la Californie. — Eutoca de plusieurs espèces. — Gilia tricolore. — Julienne de Mahon. — Lavatère. — Liseron tricolore. — Mauve de deux ou trois espèces. — Nigelle. — Pavots. — Phacélie à feuilles de Tanaisie et P. Bipennée. — Pied d'alouette. — Souci de Trianon.

On continue dans ce mois les travaux d'appropriation du jardin. On tond les haies de clôture et les arbustes qu'on veut empêcher de s'emporter. On renouvelle les gazons détériorés par un hiver trop long ou par la multiplication des mauvaises herbes. Pour cela on les enterre à la bêche et, le terrain bien égalisé par le rateau et le rouleau, on sème le gazon un peu dru.

AVRIL

Potager. — Les fortes gelées n'étant plus à craindre dans ce mois, on sème à bonne exposition les premiers haricots en pleine terre. On continue les semis de pois commencés dès novembre et l'on sème, à partir du milieu de ce mois, les clamarts et les variétés tendres. A la même époque on sème les fèves de marais, soit en touffes, soit en rayons ; on sème également le pois chiche pour le récolter en automne. Vers la fin d'avril ou quelquefois en mai, on sème en place les artichauts. On peut à la même époque les multiplier par les œilletons qu'on détache, mode de multiplication préférable aux semis.

La végétation étant fort active dans ce mois, on en profite pour semer une quantité de légumes, tels qu'épinards, chicorée sauvage, navet et radis, cerfeuil, laitue, céleri, cardons, choux de Milan et de Bruxelles, chervis, betteraves, potirons.

On sème en avril le céleri rave pour le recolter au commencement de l'hiver. On plante les cayeux de l'ail et des éclats des touffes de ciboules et ciboulettes. On sème également dans ce mois le tétragone ou baselle, l'arroche, l'énothère, le chervis, le thym et la sarriette. L'estragon se multiplie par ses éclats plantés dans ce mois. On met en place en avril du plant de choux-fleurs venus sur couche. A la fin d'avril se font les premiers semis de cornichons. Dans le courant de ce mois, la température est encore assez variable sous le climat de Paris et du Nord de la France, les arrosements doivent se faire le matin, dans la journée et non le soir, crainte du froid des nuits.

Verger. — On achève la taille de quelques arbres fruitiers qu'on avait réservés et les pêchers dont on ne voulait pas hâter la floraison. On supprime les bourgeons inutiles ou mal placés. Lorsqu'on craint des gelées tardives qui pourraient faire périr les fleurs des espaliers on les couvre avec des toiles ou des paillassons surtout au lever du soleil.

Jardin à fleurs. (Floraison d'avril.) — Actée des Alpes. A. Spicata. — Æthiomène cordifolia. — Adonide printanière. — Alstroémère perroquet. — Alysse des rochers. — Amandier à feuilles satinées et Amandier de Géorgie. — Ancolie du Canada. — Anémones de l'Apennin, A. pulsatille et à œil de paon. — Cerisiers à fleurs doubles. — Bulbocode ou Mérandère. — Cyclamen d'Europe. — Daphné. — Thymelée. — Dirca des marais. — Epimède des Alpes. E. à grandes fleurs. E. à fleurs violettes. — Fumeterre bulbeuse; F.

odorante. — Giroflée jaune. — Groseillier à fleurs jaunes; G. palmé; G. à fleurs roses, etc. — Jacinthe d'Orient. — Ketmie vésiculeuse. — Lilas commun; lilas de Perse; lilas Varin. — Lunaire annuelle. — Magnolier de Soulange. — Muscari odorant et à grappes. — Narcisse odorant; Narcisse; Narcisse à bouquets. — Nivéole d'été. — Orobe printanier. — Pachysandre couché. — Pêcher à fleurs doubles. — Pivoines en arbre et herbacées, plusieurs espèces. — Pommier baccifère. — Primevères et auricules. — Pulmonaire de Virginie. — Rhodora du Canada. — Saxifrage ligulée. — Scille d'Italie. — Trillium sessile et T. à grandes fleurs. — Trolle d'Europe et Trolle d'Asie. — Violettes et pensées. — Viorne laurier-thym. — Tulipe de l'Écluse. — T. duc de Thol.

MAI

Potager. — Si le temps est favorable, semez vos haricots en touffes de cinq ou six grains. Si vous semez en ligne semez grain à grain, mais si le temps est pluvieux ajournez votre semis.

La carotte, et particulièrement celle connue sous le nom de *toupie de Hollande*, forme l'une des cultures les plus importantes de ce mois. On a dû la semer assez serrée, on éclaircit donc le plant et l'on a soin d'arroser.

Semis vers la mi-mai : choux brocoli, cardon d'Espagne, poirée, pourpier, épinards, tétragones, choux-fleurs, cornichons, concombres, citrouilles, etc. Au reste la plupart des plantes potagères peuvent être semées en mai.

Les seuls choux de cette saison sont le chou d'York, le Cœur de bœuf et le chou hatif, dit pain de sucre. On repique dans le courant de mai ainsi que dans les deux mois suivants le gros chou cabus. On repique également le poireau.

A la culture sur couche des radis roses et blancs et des petites raves succède la culture en pleine terre qui exige peu de soin.

Fèves. Vers le milieu de ce mois on pincera l'extrémité des tiges pour accélérer le développement de la fructification.

Verger. — On visite avec soin les espaliers pour supprimer les pousses inutiles ou nuisibles; rattacher les branches mal palissées, dégager les bourgeons qui ont passé sous le treillage et détruire les insectes malfaisans et surtout la limace et la lisette ou coupe-bourgeons. On donne dans ce mois un premier binage et on commence à greffer à œil poussant ou en flûte.

Jardin à fleurs. (Floraison de mai.) — Ail pourpre; ail à odeur de vanille. — Airelle myrtille. — A. canneberge; A. à rameaux allongés; A. corymbifère. — Alysse à fleurs jaunes. — Amandier à fleurs roses. — Ancolie commune; A. de Skinner. — Andromède à feuilles de Pouliot. — Anémones. — Aspérule odorante. — Asphodèle rameux. — Azalées du Caucase, variétés charmantes et nombreuses. — Bruyère Méditerranéenne. — Bugrane frutescente. — Calycanthe de la Caroline. — Caragana altagan. — Cardamine des prés à fleur double. — Céraiste cotonneux. — Cerisier renonculier. — Chèvrefeuille des jardins. — Clématite des montagnes; C. du Japon. — Coignassier de la Chine. — Consoude à feuilles rudes. — Coronille des

jardins. — Cortuse de Matthioli. — Cytise des Alpes;
Cytise à fleurs blanches. — Daphné des Alpes. — Dodé-
cathéon de Virginie. — Doronic du Caucase. — Erine
des Alpes. — Ficaire renoncule, à fleurs doubles. —
Fritillaire damier; Fritillaire couronne impériale. —
Fumeterre du Canada. — Gaillarde vivace, printemps
et automne. — Giroflée jaune.— Glayeul, plusieurs espèces. — Halésie à quatre ailes. — Ibéris Tenorama. —
Iris d'Allemagne.— Iris de Suse.— Julienne des jardins.
— Lamium orvale. Lilas Josika. — Linnée boréale. —
Lis bulbifère. — Lychnide visqueuse. — Lychnide laciniée. — Magnolia auriculé; Magnolia à feuilles en
cœur. — Mahonie à feuilles de houx, et plusieurs autres
espèces. — Mimule de Virginie. — Muguet de mai. —
Narcisse des poètes; Narcisse biflore; Narcisse double;
Narcisse aïault ou faux Narcisse. — Narcisse tazetta ou
à bouquet. — Oxiure à feuilles de Chrisanthème. —
Phlomis d'Ibérie. — Phlox sabulé; Phlox printanier.
— Pied d'alouette annuel. — Pivoines en arbres et pivoines herbacées. — Podophylle en bouclier. — Pommier à fleurs pleines; P. de la Chine; P. baccifère; P. à
fleurs blanches. — Populage des marais. — Primevère
à feuilles de cortuse. — Pulmonaire de Virginie.— Rhododendrons de plusieurs espèces. — Rosiers, nombreuses espèces et variétés. — Saxifrage ombreuse; S.
Cotyledon; S. de Sibérie. — Scille du Pérou. — Soldanelle des Alpes. — Spirée à feuilles de millepertuis;
S. à feuilles d'orme; S. à feuilles d'obier. — Staphi-
lylée à feuilles ailées.— Tulipe de Gessner et ses variétés
au nombre de 5 à 600; T. Dragonne; T. œil de soleil.
— Violettes et pensées.

JUIN

Potager. — Les travaux ne sont que la continuation de ceux entrepris dans les mois précédents. Veillez à ce que le potager ne soit pas dépourvu des légumes de la saison, car en jardinage le temps perdu ne se rattrape guère : semez donc en juin des choux-fleurs pour l'automne, des choux à grosses côtes, des brocolis, du céleri, de la scarole, de la chicorée, des haricots et même des carottes. On peut semer des pois dans tout le courant du mois de juin, en choisissant les espèces hâtives, afin d'éviter le mauvais effet des nuits trop fraîches de l'arrière-saison. Le pois de Clamart et le pois sans parchemin sont convenables pour ces semis. Vous hâterez sensiblement la végétation en répandant, à la main, un peu de cendres dans le sillon qui doit recevoir la graine.

On récolte dans ce mois des haricots verts, des choux-fleurs, un peu de haricots blancs hâtifs, de jeunes carottes, diverses espèces de salades et l'oseille à larges feuilles. On voit quelquefois, à la fin de ce mois, paraître sur les marchés des pommes de terre hâtives, mais il faut éviter d'en faire usage ; les pommes de terre recueillies à cette époque, sont loin d'être mûres, et il est reconnu qu'elles sont nuisibles à la santé.

Verger. — Dans le courant de ce mois les greffes à écusson, à œil poussant, réussissent très-bien sur toutes sortes d'arbres fruitiers. Depuis plusieurs années on donne la préférence pour les arbres à haute tige à la greffe opérée au bas de l'arbre et de manière à être enterrée. « Après avoir longtemps défendu d'enterrer les greffes, dit l'un des auteurs de la *Maison rustique du* XIXe *siècle*, on a remarqué que les greffes enterrées ne tardent pas à s'enraciner, et qu'elles donnent naissance à des sujets qui ont tous les caractères des pieds francs ; à la vérité on en obtient le fruit beaucoup plus tard, mais les arbres sont plus robustes et durent plus longtemps. »

La récolte des fruits rouges commence quelquefois en juin, mais c'est exceptionnel. Si vous voulez obtenir une récolte de groseilles en automne vous couvrirez quelques beaux groseillers bien chargés de fruits, d'une couverture formée d'une botte de paille liée à ses deux extrémités. Les groseilles se conserveront ainsi sans altération jusqu'en novembre, mais cette opération qui fatigue l'arbuste, ne doit pas se répéter deux années de suite.

Vers le milieu de juin on s'occupera du pincement des bourgeons superflus et par conséquent nuisibles et de la suppression des branches gourmandes. Cette opération est surtout nécessaire pour les espaliers.

Floriculture. (Floraison de juin.) — Achillée tomenteuse. — Aconit Napel. — Adonide d'été. — Ail à tête sphérique ; ail Moly ; ail odorant. — Airelle veinée. — Alstroémère bicolore. — Amaryllis rayée ; A. à longues fleurs. — Amethiste bleue. — Ancolie de Sibérie ; A. glanduleuse. — Andromède tomenteuse. — Arénaire. — Argémone à grandes fleurs. — Aristoloche siphon. — Arum serpentaire. — Asphodèle jaune. — Astragale varié. — Astrance mineure. — Atragène des Alpes ; A. de Sibérie. — Azédarach bipenné. — Baguenaudier du Levant. — Balsamine des

jardins. — Baptisie de la Caroline. — Bartonie dorée.
— Bénoite écarlate. — Bermudienne à petites fleurs.
— Bétoine à grandes fleurs. — Bignone à vrilles. —
Bruyères, plusieurs espèces. — Budleie globuleuse. —
Buglosse toujours verte. — Campanule à grosses fleurs;
C. miroir de Vénus. — Chalef à feuilles étroites. —
Chèvrefeuilles deux ou trois espèces. — Clématite à
fleurs jaunes; C. à feuilles simples. — Collinsie bico-
lore. — Crépide rose; C. barbue. — Croisette à long
style. — Cyclamen d'Europe. — Dahlias. — Deutzie
crénélée; D. blanchâtre. — Diélytre à belles fleurs. —
Dryade à huit pétales. — Ephémère de Virginie; E. à
fleurs roses jusqu'en octobre. — Escholtzie de la Californie. — Eutoque de Menzies. — Galéga oriental. —
Gentiane sans tiges. — Géranium à grosses racines. —
Giroflée jaune jusqu'en octobre. — Gypsophile couchée.
— Halésie à deux ailes. — Hemérocalle bleue. — Ho-
teia du Japon. — Immortelle annuelle. — Iris d'Angleterre et ses variétés; I. d'Espagne; I. faux Açores.—
Jasmin. — Kalmia à larges feuilles et à teuilles étroites.
— Koelreuterie de la Chine. — Ligulaires à grandes
feuilles. — Lis orangé; L. de Chalcédoine; L. conco-
lore.—Liseron tricolore. — Lychnide croix de Jérusalem et ses variétés; Lychnide dioïque; L. à grandes
fleurs, et plusieurs autres espèces remarquables. — Lysimaque, souci d'eau; L. Thyrsiflore; L. ponctuée. —
Magnolier parasol. — Marguerite vivace (pour bordures). — Molène à fleurs pourpres. — Morée de la
Chine. — Morine à larges feuilles. — Muscari monstrueux. — Némophyle à fleurs bleues. — Œillet mi-
guardise; Œ. de poète; Œ. d'Espagne. — Ornithogale
pyramidale; O. à ombelle. — Oxalide à fleurs roses.

— Pavot des jardins. — Pensée à grandes fleurs. — Pentstémon à feuilles de gentiane; P. à feuilles de digitale. — Périploca de la Grèce. — Pétunia et ses variétés. — Phalangère rameuse; P. à fleurs de lis. — Phlox sétacé; — P. de Drummond et ses nombreuses variétés. — Pied d'alouette élevé; P. d'alouette de Barlow. — Polémoine bleue. — Potentille à grandes fleurs; P. de Hopwood. — Renoncule, bouton d'argent. — Rhodante de Mangles. — Rhododendrons. — Rindère ailé. — Robinier faux acacia; R. rose; R. visqueux. — Rosiers, plusieurs espèces et variétés nombreuses. — Sainfoin d'Espagne. — Saxifrage pyramidale. — Schortzie de la Californie. — Scille campanulée. — Seneçon des Indes et ses jolies variétés. — Silène à fleurs roses; S. compacte; S. sans tige. — Spigélie du Maryland.— Spirée barbe de bouc; S. filipendule; S. ulmaire ou reine des prés. — Statice de Tartarie; St. maritime.— Sténacte à grandes fleurs. — Syringa des jardins. — Valériane des jardins; V. des Pyrenées. — Vératre blanc. — Véronique de Sibérie; V. à feuilles de gentiane et plusieurs autres espèces. — Verveines; ce genre renferme plusieurs espèces et un grand nombre d'hybrides fort jolies. — Viorne, boule de neige. — Viscaria ou Agrostéme rose du ciel.

JUILLET

Potager. — La récolte des choux pommés dont le développement est complet à la mi-juillet, a lieu dans ce mois et dans les mois suivants. Au commencement de juillet on sèmera des choux dans un endroit abrité pour être repiqués au printemps et servir à la consommation en juillet et août de l'année suivante.

Dans les premiers jours de ce mois on tord les tiges des ognons destinés à être conservés pour favoriser leur développement, et on en fait des semis pour être repiqués en octobre.

Pendant tout ce mois le jardinier aura des chicorées, des scaroles et des cardous à lier pour les faire blanchir, il buttera les céleris et recoltera les semences et les produits de son potager.

Outre des haricots pour manger en vert on sèmera toute espèce de salade et de fournitures, du persil pour en avoir en hiver, des petites raves pour en récolter en novembre et généralement toutes les espèces de légumes dont le produit peut être obtenu en moins de quatre mois.

Verger. — Les travaux relatifs aux arbres à fruit consistent principalement à visiter les espaliers et à maintenir l'équilibre de leur végétation en pinçant légèrement l'extrémité des branches qui s'emportent ; à donner de l'eau au pied des arbres qui paraissent souffrir de la sécheresse, après avoir découvert légèrement le bas du tronc, et enfin à faire la chasse aux insectes nuisibles et particulièrement aux limaçons et aux perce-oreilles.

Floriculture. (Floraison de juillet.) — Abronie à ombelles. — Achillée d'Egypte ; A. rose. — Aconit bicolore ; A. d'Engel. — Alstroémère des Incas. — Amaranthe-Célosie ; A. queue de renard. — Amaryllis à fleurs en croix ; A. de Virginie. — Amsonie à larges feuilles. — Androsème officinal. — Anémiopside de la Californie. — Asclépiade de Syrie ; A. tubéreuse. —

Aster des Alpes. — Astragale, queue de renard. — Baguenaudier commun; B. d'Alep. — Balsamine à cornes. — Basilic commun. — Bignone à grandes fleurs. — Bocconie ou Macleya à feuilles en cœur. — Brachicome à feuilles de Thlaspi. — Brogalon de Montpellier. — Bronalle élevé. — Brunelle à grandes fleurs. — Plusieurs espèces de bruyères. — Buglosse de Virginie. — Bugrane élevée; B. queue de renard; B. à feuilles rondes. — Buphtalme à grandes fleurs. — Buplèvre, oreille de lièvre. — Butôme en ombelle. — Calandrine en ombelle. — Campanule de diverses espèces. — Capucines. — Carthame des teinturiers. — Céanothe d'Amérique; C. à fleurs en thyrse. — Centaurée de montagne; C. odorante ou ambrette; C. du Nil; C. bluet, de juillet à octobre. — Chariéis hétérophylle. — Chrysanthème des jardins. — Clarkie à pétales en croix; C. élégante. — Clématite à fleurs bleues; C. Viorne; C. d'Orient; C. de Virginie; C. odorante et plusieurs autres espèces. — Cléome piquante. — Clintonie élégante. — Cobée, fleurs tout l'été. — Collomie à grandes fleurs. — Comméline tubéreuse. — Cupidone bleue, jusqu'en octobre. — Cynoglosse à fleurs de lin; C. argentée. — Cytise d'Adam; C. des jardins. — Dahlia, fleurit jusqu'aux gelées. — Daléa à fleurs pourpres. — Diélytre élégante. — Didisque bleu. — Digitale pourprée. — Dioclée à feuilles de Glycine. — Dracocéphale de Virginie; D. de Moldavie. — Echinope azurée. — E. Paniculé; E. de Russie jusqu'en septembre. — Epervière orangée, jusqu'en septembre. — Epilobe jusqu'en septembre. — Erigeron presque nu; E. pourpre; E. à grandes fleurs, jusqu'en septembre; E. des Alpes. — Erythrine crète de coq. — Gatillier commun. — Genêt à balais. — Gentiane pourpre. — Gesse odorante, jusqu'en août; G. de Tanger jusqu'en septembre ainsi que la Gesse à larges feuilles. — Gilia à fleurs capitées jusqu'en octobre; G. tricolore. — Glaucie de Perse. — Glaïeul, jusqu'en septembre. — Grenadille bleue ou fleur de la Passion. — Gypsophile élégante; G. rampante; G. élevée et plusieurs autres espèces. — Haricot d'Espagne. — Hélianthème taché. — Hémérocalle fauve; H. du Japon. — Hydrangée de Virginie; H. du Japon. — Hortensia du Japon. — Ibéride à ombelle. — Immortelle à bractées, jusqu'en octobre. — Inule à feuilles en glaive. — Ipomée pourpre. — Itée de Virginie. — Jasione vivace jusqu'en septembre. — Jasmin blanc, jusqu'en octobre. — Jasmin jaune. — Jasmin odorant. — Jasmin jonquille tout l'été et l'automne. — Kitaïbélie à feuilles de vigne, jusqu'en octobre. — Lavatère à grandes fleurs; L. de Thuringe. — Leptosiphon à feuilles serrées. — Lessertie annuelle. — Liatris rugueuse. — Lin vivace. — Linaire à feuilles d'Orchis; L. à grandes fleurs; L. à feuilles de genêt. — Lis blanc; L. à longues fleurs; L. élevé; L. du Japon; L. Martagon; L. à feuilles lancéolées; L. Turban; L. Tigré; Lis superbe. — Lopésie à grappes. — Lupins, espèces nombreuses. — Lychnide de Bunge; L. laciniée; L. des jardins; — Lysimaque à feuilles de saule. — Magnolier glauque; M. à grandes fleurs. — Matricaire à fleurs doubles, tout l'été. Mauve d'Alger, tout l'été; M. frisée. — Mimule musquée; M. cardinale, tout l'été. — Monarde didyme ou thé d'orvago. — Némophyle maculé; N. ponctué. — Nigelle de Damas. — Nolane à feuilles d'Arroche, tout l'été. — Œillet des fleuristes; Œ. superbe; Œ. de poètes; Œ. de la Chine. — Onagre charmante ; O. rose ; O. de Lindley ; O. rubiconde, jusqu'en octobre. — Onoporte d'Arabie. — Oxalide de Deppe, jusqu'en septembre. — Panicaut améthyste. — Parnassie des marais. — Pentstemon à feuilles lisses ; il y a plusieurs autres espèces de Pentstemon fleurissant tout l'été. — Pétunie, tout l'été. — Phacélie à feuilles de tanaisie, tout l'été. — Phlomis frutescent. — Phlox, genre nombreux de très-belles plantes, fleurissant depuis juillet jusqu'en septembre et octobre. — Pied d'alouette des jardins, variété naine. — Podolèpe doré et Podolèpe grêle, jusqu'en septembre. — Polygala à feuilles de buis. — Potentille de Népaul. — Réséda jusqu'en octobre. — Ricin commun. — Ronce à fleurs doubles. — Rosiers, tous les rosiers remontants. — Rudbeckie pourpre et R. bicolore. — Sainfoins d'Espagne et du Caucase. — Salpiglosse pourpre. — Sauge Ornain ; S. cardinale. — Scabieuse des jardins ; S. du Caucase jusqu'en octobre. — Schizanthe à feuilles ailées et Sch. émoussé, tout l'été. — Scutellaire à grandes fleurs, jusqu'en octobre. — Sedum à feuilles de peuplier ; S. azuré. — Seneçon élégant. — Silené à fleurs roses ; S. muscipula ; S. à bouquets ; S. de Virginie, jusqu'en octobre. — Silphium à feuilles laciniées, à feuilles réunies, à feuilles en cœur plantes à haute tiges semblables au Soleil à grandes fleurs ; Soleil nain et S. multiflore. — Soucis ; S. pluvial. — Sphénoginie éclatante, tout l'été. — Spirée à feuilles de saule ; S. trifoliée. — Stévie pourpre. — Swertie vivace. — Tagètes élevé et ses variétés jusqu'en octobre. — Tanaisie du Nord. — Thunbergie à pétiole ailé. — Tigridie à grandes fleurs. — Zinnia élégante.

AOUT

Potager. — On continue dans ce mois la récolte des graines et les semis ou la plantation de tous les végétaux qui peuvent donner leurs produits avant les gelées. Ainsi on sèmera au commencement du mois, en bonne exposition, des haricots pour être mangés en vert, des laitues d'hiver qui pourront pommer avant la mauvaise saison, de la scarole, de la chicorée frisée, des tétragons ou des épinards. On sème egalement des choux d'York, des cœurs de bœuf, soit dans ce mois, soit au commencement de septembre pour être repiqués en octobre, novembre ou décembre. On sème également des gros choux cabus, des navets, des maches, des raves, des radis, du persil pour l'hiver.

Dans ce mois ou dans le mois précédent on a dû coucher les fanes de l'ognon blanc pour arrêter la sève. On hâtera la végétation des choux-fleurs en répandant autour du pied, qu'on déchausse légèrement, du crotin de mouton ou mieux du guano et en faisant de fréquents arrosages.

Verger. — Une partie de ce mois doit être employée à la récolte des fruits, que l'on fera avec toutes les précautions nécessaires pour ne pas endommager les arbres. C'est dans ce mois que l'on pratique la greffe à œil dormant lorsque le bois est bien *aouté*.

Remarquons ici qu'une greffe ne peut réussir qu'autant qu'on a recouvert la plaie du sujet ou de la greffe avec une composition qui les préserve totalement de l'action desséchante de l'air. On emploie donc à cet effet l'onguent de *Saint-Fiacre*, mélange de parties égales de terre grasse et de bouse de vache auquel on donne la consistance nécessaire avec un peu d'eau.

On emploie aussi pour le même usage la cire à greffer; nous l'avons composée d'une partie de résine, autant d'ocre jaune et une partie d'huile grasse ou siccative. On fait fondre la résine dans un pot de terre et on y mêle les autres ingrédients. Cette cire, qui s'applique au pinceau et à froid, intercepte totalement l'action desséchante de l'air.

Floriculture. (Floraison d'août.) — Alcée, rose trémière; A. à feuilles de figuier.—Ammobium ailé.—Amorphe frutescente. —Andromède luisante. — Ané miopside de la Californie. — Aralie épineuse. — Aster géant.—Reine marguerite de la Chine et ses nombreuses variétés, tout l'automne. — Astrance majeure. — Balsamine des jardins. — Belle de nuit. — Bignone grimpante.—Bruyères, plusieurs espèces.—Cacalie à feuilles hastées. — Campanule des jardins, plusieurs espèces remarquables.—Cantua piqueté.—Caryoptère du Mongol. —Célestine bleue. — Chrysanthème caréné.—Chrysanthème des Indes, jusqu'en décembre. — Chrysocome à feuilles de lin, jusqu'en octobre. — Clématite d'Orient, jusqu'en octobre ainsi que plusieurs autres espèces. — Coréopsis à trois ailes; C. auriculé; C. verticillé; C. à feuilles de pied d'alouette; C. à feuilles épaisses. — Martynie odorante; M. jaune.—Dahlias et ses variétés. — Décumaire sarmenteux. — Dracocéphale d'Autriche. — Épilobe à feuilles de romarin. — Erodium romain; E. des Alpes. — Entoca multiflore. — Fabagelle commune, — Ficoïde glaciale; F. tricolore; F. poméridianum. — Fraxinelle. — Galane barbue, tout l'été. — Giroflée jaune, tout l'été. — Glayeul, plusieurs espèces et variétés charmantes. — Grenadille incarnate. — Hélénie d'automne jusqu'en octobre. — Héliotrope du Pérou ; H. à grandes fleurs. — Hémérocalle bleue. — Hydrangée à feuilles de chêne. — Immortelle à bractées, jusqu'en octobre. — Ipomée du Nil et Ipomée quamoclit, jusqu'en octobre. — Isotome axillaire. — Jasione vivace. — Jasmin jaune, tout l'été. — Jasmin blanc, jusqu'en octobre. — Ketmie des jardins. — Kitaibélie, jusqu'en octobre. — Lavatère à grandes fleurs ; L. en arbre, jusqu'en octobre. — Liatris en épis ; L. odorante. — Linaire trifoliée. — Lis du Canada. — Lobélie couleur de feu ; L. syphilitique ; L. écarlate jusqu'en octobre. — Malope trifoliée ; M. à grandes fleurs. — Mauve rouge ; M. de la Chine, jusqu'en octobre. — Mélilot bleu. — Menziézie à feuilles de germandrée. — — Mimule musquée. — Œillet deltoïde ; Œ. des collines ; Œ. de la Chine. — Pentapète pourpre. — Persicaire orientale. — Pervenche de Madagascar. — Pied d'alouette à grandes fleurs. — Potentille du Népaul. — Rosiers, beaucoup de sortes de roses parmi les espèces dites remontantes. — Spirée cotonneuse ; S. à feuilles d'obier ; S. à feuilles de sorbier. — Statice de Sibérie. — Stramoine fastueuse ; S. cornue jusqu'en octobre. — Tagète brillant ; T. rubané et T. tacheté, jusqu'aux gelées. — Tanaisie commune. — Trachélie bleue. — Tubéreuse des jardins. — Valériane rouge. — Vératre blanc et Vératre noir. — Verge d'or. — Vernonie de New-York. — Véronique d'Anderson et V. de Virginie, jusqu'en octobre. — Ximénésie à feuilles d'Encélie, tout l'été et l'automne. — Yucca nain. — Yucca à feuilles glauques. — Zinnia annuelle ; Z. élégante.

SEPTEMBRE

Potager. — On peut continuer jusqu'à la mi-septembre le semis des haricots destinés à être mangés en vert, au moyen de quelques abris économiques, tels que paillassons, couverture de litière sèche et de quelques soins ; ces haricots fructifieront très-avant dans l'hiver. — On récoltera à mesure les haricots à rames, ainsi que les grains de toute espèce, en conservant dans leurs cosses les pois, haricots et autres semences pourvues d'un péricarpe sec. On peut encore semer successivement, dans le courant de septembre, les choux d'York, cœur de bœuf et le chou-fleur demi-dur, en les garantissant du froid au moyen des abris dont nous venons de parler. A partir du commencement de septembre on peut semer sur du terreau, des petites raves et des radis roses, semis qu'on peut renouveler deux ou trois fois si la saison est favorable, car, au moyen d'arrosages ils lèvent et grossissent avec rapidité. — On n'oubliera pas de semer du persil à bonne exposition, car il est long à lever. On le garantira du froid durant l'hiver en l'abritant. — On peut encore semer pour l'automne ou l'hiver des navets, du cerfeuil, des épinards ou des tétragones et des mâches. On empaille les cardes-poirées pour les faire blanchir et l'on butte le céleri.

Verger. — Il faut dans ce mois surveiller les pêchers afin de maintenir l'équilibre dans leur végétation. On n'a pas à s'occuper ordinairement des arbres fruitiers, si ce n'est pour en récolter les fruits à mesure qu'ils mûrissent. On renfermera dans des sacs de papier, ou mieux dans des sacs en crin, les belles grappes de raisin de table que l'on veut conserver sur l'arbre pour l'arrière-saison. Des sacs en calicot enduits d'une dissolution de caoutchouc dans l'esprit de bois (1) qui est moins coûteux que l'essence de térébenthine, sèche plus promptement et ne laisse aucune odeur. Ces sacs coûtent quatre fois moins que les sacs en crin.

Floriculture. (Floriculture de septembre (2). — Achillée à feuilles de filipendule. — Aconit d'automne; A. à crochets; A. du Japon. — Gomphrène globuleuse. — Amaryllis jaune. — Apocyn gobe-mouche. — Aster de la Nouvelle Angleterre. — Aster ornemental; A. Amellus ou œil de Christ. — Aster remarquable; A. à tiges rouges. — Athanasie annuelle. — Atragène à vrilles. — Balisier canne d'Inde. — Balisier gigantesque. — Boltonie à feuilles d'Aster. — Buphtalme à feuilles en cœur. — Casse du Maryland. — Colchique d'automne. — Érythrine à feuilles de laurier. — Eupatoire pourpre. — Ficoïde tricolore. — Galane à épi. — Gaulterie du Canada. — Germandrée d'Hircanie. — Gor-

(1) Suivant l'usage de beaucoup de savants de notre époque, chacun d'eux a imposé un nom différent au même produit, en sorte que l'esprit de bois a été successivement nommé *esprit pyroxylique*, *bi-hydrate de Méthylène*, *hydrate d'oxyde de Méthyle*, *etc.* — Les botanistes ont en général suivi la même voie en déplaçant et replaçant les genres, les espèces, et en changeant arbitrairement leurs noms, ce qui devient fort embarrassant pour le simple amateur.

(2) Un grand nombre de fleurs d'automne, s'épanouissant dès les mois de juillet, conservent leurs fleurs en septembre, octobre et quelquefois même novembre, ce que nous avons indiqué. Nous n'avons donc cité dans ces dernières tables, pour éviter les répétitions, que les floraisons qui sont spéciales aux derniers mois de l'année.

donie à feuilles glabres. — Héliotrope de Voltaire. — Ketmie des marais ; K. rose ; K. militaire. — Liatris élégante. — Stévia à feuilles de saule ; S. à feuilles en scie. — Tubéreuse des jardins. — Yucca nain ; Y. filamenteux.

OCTOBRE

Potager. — C'est dans la première quinzaine d'octobre que l'on renouvelle le plant d'artichauts qui a déjà donné deux récoltes ; il pourrait encore offrir des produits l'année suivante, mais alors ces produits sont le plus souvent dégénérés. On arrache donc le plant en enlevant les œilletons qu'on éclate et qu'on détache soigneusement de la souche principale, le plus près possible de la racine afin d'y conserver un talon qui doit donner de nouvelles racines. On peut également renouveler les artichauts par semis. La graine se conserve cinq ans.

Asperges. On soigne à la fin d'octobre les carrés d'asperges, on recueille d'abord les graines des pieds les plus forts, on coupe les tiges ras de terre, on donne un léger labour et on recharge de bonne terre la racine qui tend toujours à se rapprocher de la superficie du sol. Plus tard on ajoute une couverture de fumier. On fera dans ce mois des semis en pleine terre, lorsqu'on ne l'a pas fait en avril. — Transplantation des plantes de l'année précédente.

Patate ou batate d'Amérique. Récolte des tubercules, arrachage des tubercules du souchet comestible.

Ognon blanc. Dans le nord de la France, semer en pépinière pour transplanter au printemps. Dans le midi, semer en pleine terre.

On n'arrachera les pommes de terre que lorsque les fanes se flétriront, et on les conservera à l'abri de la gelée dans une cave ou dans un cellier. On peut encore les abriter en plein air dans une fosse suffisamment profonde garnie de planches ou de paillassons. Les pommes de terre seront recouvertes de paille et d'un monticule de terre battue et disposée en dos d'âne pour favoriser l'écoulement des eaux pluviales.

Les occupations du jardinier maraîcher se bornent dans ce mois à soigner les derniers haricots, à butter les derniers céleris que l'on transportera ensuite dans une cave, les pieds enterrés dans du sable.

Verger. — C'est sur la conservation du produit de la récolte des fruits que doivent se concentrer les soins du jardinier, car les arbres fruitiers débarrassés de leurs fruits, ne demandent que le repos jusqu'à l'époque de la taille.

Floriculture. (Floraison d'octobre.) — Amaryllis blanche. — Aster horizontal; A. retrouvé; A. magnifique. — Brunnichie à vrilles. — Coréopsis à feuilles alternes jusqu'en novembre. — Cosmos bipennée. — Eucome couronnée. — Hamamèle de Virginie. — Hélénie d'automne. — Martynie odorante ou Cornaret; M. jaune. — Safran oriental. — Yucca à feuilles glauques.

NOVEMBRE

Potager. — Dans ce mois les jardins commencent à revêtir les livrées de l'hiver auxquelles octobre avait déjà préludé. Cependant le potager n'est pas dépouillé de toute verdure, les salades d'hiver recouvrent encore une partie du terrain. On repiquera dans ce mois et dans les deux mois suivants des choux d'York, des cœurs de bœuf et le chou de Bruxelles (*spruyt*), légume fort recherché dans cette saison et qui continue à végéter malgré un froid rigoureux.

On sème, soit en touffes, soit en rayons, le pois Michaud à bonne exposition, ainsi que dans les mois suivants jusqu'en mars. On récolte les betteraves que l'on conserve en cave ; on buttera les artichauts si on est menacé de froids prématurés et l'on apporte sur le terrain assez de feuilles et de litière pour les recouvrir de manière à les garantir du froid et des gelées. Si le froid devient menaçant on arrache carottes, navets, céleris, etc., que l'on portera dans la serre à légumes et on arrache la chicorée sauvage pour la mettre en cave, dans du sable pour la faire blanchir.

Les occupations du jardinier diminuent de jour en jour et il peut consacrer ses loisirs à l'augmentation, à la réparation de son matériel et à l'amélioration du sol soit par des engrais, soit par des amendements.

Verger. — La fin de novembre est le temps le plus convenable pour la plantation des arbres fruitiers. On peut encore, à cette époque, tailler les vieux arbres à fruit à pépins qu'un long service a fatigués, en supprimant tout le bois superflu on leur rend de la force ; mais pour les jeunes arbres encore pleins de vigueur on peut retarder jusqu'à la mi-février.

C'est également à la fin de novembre qu'on peut remplacer les arbres morts, les individus trop vieux pour produire et ceux qui ne donnent que de mauvais fruits. On recommande avec raison de ne jamais replanter un arbre nouveau à la place qu'occupait un arbre arraché sans avoir agrandi le trou qui doit le recevoir et en avoir renouvelé la terre.

Floriculture. (Floraison de novembre.) — La saison de Flore touche à sa fin, cependant le mois présente quelques beaux jours connus sous le nom *d'été de la Saint-Martin.* On rencontre alors dans le parterre des Chrysanthèmes qui, pouvant braver plusieurs degrés de froid, y étalent leurs couleurs aussi variées que brillantes, les derniers Asters, le Chalef à feuilles réfléchies, le Daphné dauphin qui fleurit jusqu'en février, la Vernonie élevée.

Quant aux travaux à faire dans ce mois, on arrache les plantes annuelles défleuries, on plante avant la mi-novembre les ognons de tulipes, de jacinthe et de Narcisse et ceux de plusieurs autres liliacées et enfin la plupart des arbustes d'ornement, ainsi que les plantes vivaces qui fleuriront mieux au printemps que si on attendait mars ou avril pour le faire. C'est encore dans le courant de ce mois qu'on recèpe les rosiers du Bengale et que l'on sépare les pieds trop volumineux de plantes à racines fibreuses, telles que les phlox, les héliantes, etc., et retire de terre, pour les conserver en lieu sec, les racines tubercules de dahlias, les griffes de renoncules et d'anémones.

DÉCEMBRE

A l'exception de quelques travaux de défoncement, de transport de fumiers, de labourage à la bêche, il y a peu de choses à faire dans ce mois. Les légumes de pleine terre ayant presque tous disparu et ceux qui restent n'exigeant aucun soin. La sollicitude du jardinier se bornera donc à veiller sur les salades d'hiver et particulièrement aux cultures sous châssis ou couche froide ou sous cloche, telles que celle des laitues-gottes, des romaines, des choux-fleurs, des petites raves, radis roses, carottes hâtives, etc. Si l'hiver est rigoureux, on couvrira durant les nuits les châssis avec des paillassons et les cloches avec de la menue paille.

Verger. — La plantation et la taille des arbres fournissent quelque occupation au jardinier. Il a dû tailler, comme nous l'avons dit pour novembre, les arbres à fruits à pépins et réserver ceux qui pèchent par trop de vigueur, pour le mois de février ainsi que les arbres à fruit à noyau, dont le bois plus tendre est exposé aux accidents que pourrait produire une forte gelée.

Floriculture. — A l'exception des fleurs d'appartement, c'est-à-dire de celles que l'on place dans des carafes ou que l'on cultive dans les jardinières ainsi que dans les serres, le mois de décembre n'offre que de rares violettes dans les endroits abrités, l'Ellébore rose de Noël et l'Ellébore d'hiver.

Le jardinier n'aura guère à s'occuper, dans ce mois, que des changements qu'il y aurait à faire dans la distribution du jardin, des plantations d'arbres d'ornement et des élagages nécessaires.

PRONOSTICS DU TEMPS

L'esprit d'observation naturel au cultivateur lui a fourni une foule de signes auxquels il reconnaît les changements de temps. Ces changements sont indiqués par les astres, par la température de l'atmosphère, par le vent, la marche et la nature des brouillards, des nuages, par la rosée, la gelée blanche, le chant de certains oiseaux, le cri de certains animaux, etc. Il n'est pas rare de trouver dans les campagnes une foule de proverbes exprimant les pronostics du temps.

Ces observations datent de loin, car nous les retrouvons dans les poésies agricoles d'un poëte célèbre qui vivait un peu avant l'ère chrétienne. S'agit-il de prédire la pluie? les pronostics ne lui manquent pas : les vaches à la campagne portent la tête haute et ouvrent de larges naseaux pour respirer; les hirondelles rasent de leurs ailes la superficie des eaux et les grenouilles font entendre leurs cris accoutumés; la corneille appelle la pluie. Il n'y a pas jusqu'aux fileuses qui n'aient des pressentiments de la pluie; elles la devinent à voir l'huile de leurs lampes pétiller et des mousserons se former à la mèche.

S'agit-il du beau temps, voici ce que dit le même auteur : « Il ne sera pas plus difficile, lorsque la pluie dure encore, de prévoir quand le beau temps doit suivre et le reconnaître à des signes certains. Alors la lumière des étoiles ne paraît plus languissante comme auparavant, celle de la lune est si brillante qu'il semblerait qu'elle ne l'a pas empruntée du soleil. On ne voit plus le ciel pommelé, on ne voit plus les pourceaux éparpiller de leur groin la paille qui leur sert de litière ; on voit le brouillard tomber et se rabattre dans les campagnes. Enfin la chouette ne fait plus entendre ses cris lugubres. » La lune et le soleil lui ont également fourni leur contingent de pronostics. « A la nouvelle lune, dit-il, si quelque obscurité répandue dans l'air ternit son croissant, on doit s'attendre à une grosse pluie ; si elle est rouge, c'est un indice de vent. Si le quatrième jour de la lune est beau, on peut espérer du beau temps pour le reste du mois.

» Lorsque le soleil se lève, si vous le voyez bigarré de taches et couvert d'un nuage ou si vous apercevez le milieu de son disque comme dans un éloignement, craignez la pluie pour ce jour-là. Quand il se couchera dans une nuée couleur de feu, c'est du vent qu'il annonce ; si la nuée est bleue et rouge, c'est du vent et de la pluie. S'il n'y a pas de nuages à son lever comme à son coucher, on est sûr du beau temps. »

De la somme d'observations recueillies dans tous les temps et les divers climats on a pu formuler des pronostics généraux ou particuliers qui servent à éclairer le cultivateur.

PRONOSTICS GÉNÉRAUX.

Le vent qui domine dans le premier mois de chaque équinoxe domine six mois de l'année. C'est ce qui a fait dire dans certaines contrées que lorsqu'il pleut le jour des Rameaux il pleut au temps des moissons.

A l'automne humide et à l'hiver tempéré succède un printemps froid et sec.

L'hiver est rigoureux quand l'été a été pluvieux. De là vient ce dicton, que lorsque les ronces mettent de longues tiges l'hiver sera rude. C'est parce que l'humidité de l'été est favorable au développement de cette plante.

PRONOSTICS PARTICULIERS.

Si le baromètre baisse, on doit s'attendre à de la pluie ; quand le mercure, au contraire, monte dans le baromètre, le temps tourne au beau. S'il baisse en été, c'est signe d'orage, s'il monte en hiver, c'est signe de froid.

Les vents de l'ouest et du sud amènent le plus souvent de la pluie : la pluie est certaine quand ils cessent de souffler. Le vent qui passe du sud au nord-est, s'y fixe pour longtemps. Après un grand vent, s'il survient de la pluie, cela annonce la fin de la bourrasque ; de là vient le dicton : Petite pluie abat grand vent. Quand les nuages épaississent et s'étendent, c'est signe de pluie, s'ils diminuent, ils annoncent le beau temps. Le ciel pommelé annonce des pluies légères et de peu de durée. L'apparition des cousins et des moucherons voltigeant le soir en plein air dénote du beau temps pour le lendemain. Quand on voit les chats faire leur toilette, les chiens gratter la terre avec ardeur, c'est signe de pluie. Les chants des coqs pendant le jour annoncent un changement de temps : la pluie si l'on a du beau temps, ou du beau temps si l'on a la pluie. Si vous voyez le liseron et le mouron fermer leur corolle, attendez-vous à de la pluie.

Un nuage d'un blanc jaunâtre annonce la grêle. Si avant le lever du soleil, du côté de l'est, vous voyez se dresser des nuages épais, attendez-vous à de l'orage avec grêle.

Quand les hirondelles volent haut, c'est signe de beau temps. Si les étoiles brillent du plus vif éclat et se montrent en grand nombre, cela indique du beau temps.

OUTILS ET USTENSILES DU JARDINAGE

Bêche (fig. 1). — C'est l'outil principal et le plus indispensable pour le jardinier. Sa forme varie suivant les pays et d'après la nature du sol où on l'emploie. En général, la longueur du fer d'une bêche doit être proportionnée à l'épaisseur de la couche végétale. Dans les terres profondes on enfonce les labours de 28 à 33 centimètres, profondeur convenable pour les arbrisseaux et les plantes à racines pivotantes.

Dans les terres légères qui ont peu de fond, le fer de la bêche ne doit pas pénétrer au delà de 18 à 25 centimètres, afin d'éviter de ramener le tuf à la superficie.

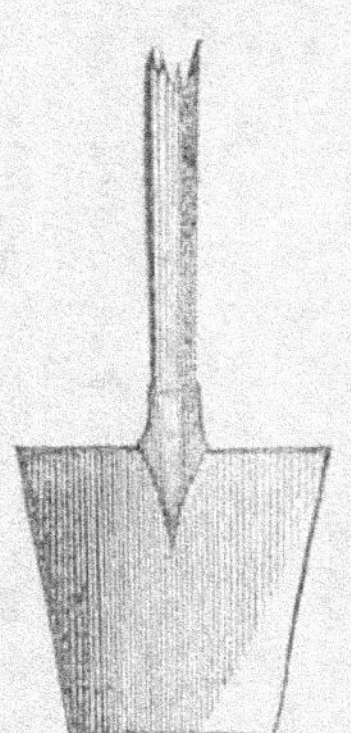

Fig. 1. — Bêche.

Le fer d'une bonne bêche doit être corroyé avec de l'acier, sans cela elle dure peu, s'émousse par le contact des pierrailles et des graviers et ne coupe plus les vieilles racines que l'on rencontre en retournant le sol.

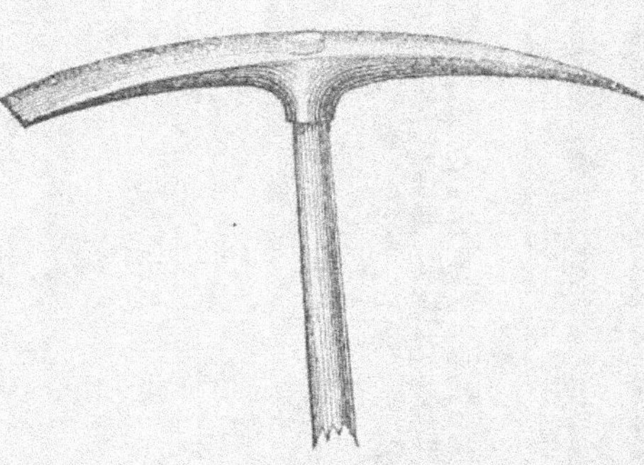

Fig. 2. — Pioche.

Pioche (fig. 2). — La pioche est fort utile pour faire des trous et pour déraciner les arbres qu'on veut abattre. Elle sert également dans les terrains compacts que la bêche ne pourrait que difficilement entamer.

Pic (fig. 3). — On l'emploie également pour les défoncements dans les
terrains pierreux.
Quoique cet ins-
trument soit plu-
tôt à l'usage des
terrassiers qu'à
celui des jardi-
niers, il n'est pas
sans utilité dans
un jardin.

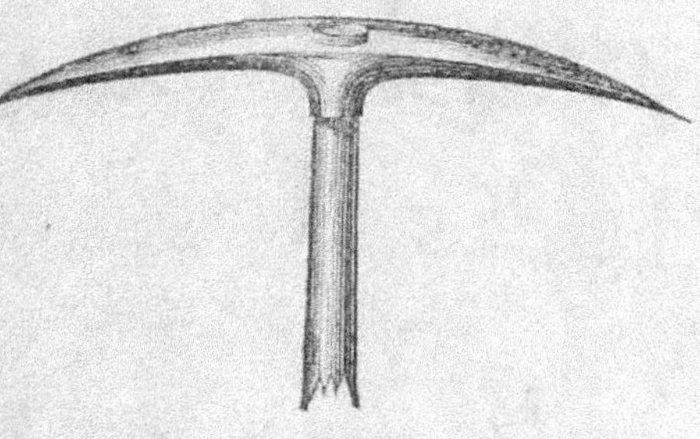

Fig. 3. — Pic.

Houe (fig. 4). — Cet instrument, très-usité dans le jardinage, sert aux labours, mais il opère d'une manière plus superficielle que la bêche ; aussi l'emploie-t-on de

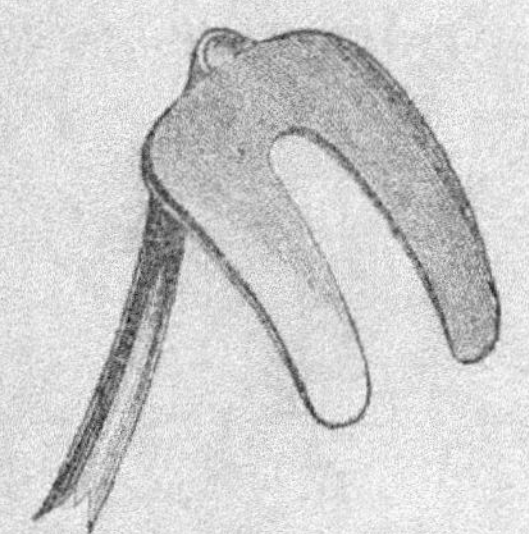

Fig. 4. — Houe à deux branches.   Fig. 4 *bis* — Houe plate.

préférence lorsqu'il s'agit de labourer au pied des arbres ou dans les pépinières. Comme le manche forme un angle aigu avec la lame on ne peut l'employer que le corps très-courbé, ce qui rend son usage pénible pour les personnes qui n'y sont pas accoutumées de longue main.

Houette (fig. 5). — Elle ne présente point le même inconvénient, mais le labour superficiel est moins parfait.

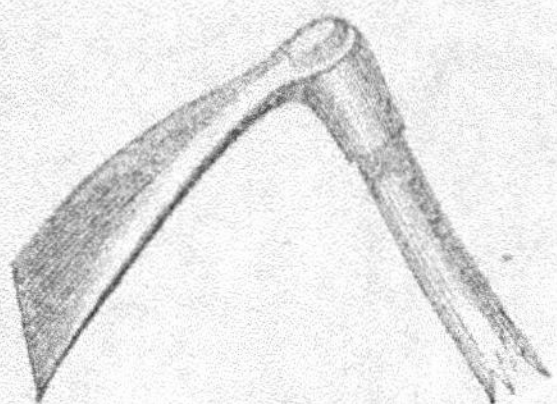

Fig. 5. — Houette.

Fig. 6. — Binette.

Binette (fig. 6). — Après la bêche c'est l'instrument le plus employé dans le jardinage. Sa lame est beaucoup plus étroite et plus légère que celle de la houe. Elle sert à des *binages*, à faire des trous ou potelets pour semer des haricots, planter des pommes de terre, butter certaines plantes, etc.

Serfouette (fig. 7 et 8). — Elle diffère de la binette

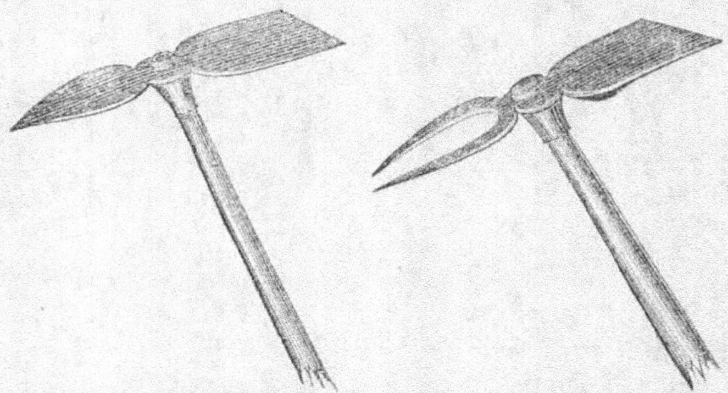

Fig. 7 et 8. — Serfouette.

par sa lame plus étroite. On emploie également la

longue et la *serfouette à fourche*, munie de deux dents formant la fourche, placées du côté opposé à la lame. Celle-ci sert particulièrement pour *serfouir* la terre autour des petites plantes, arracher les racines de chiendent, le liseron, etc.

Sarcloir (fig. 9). — Cet outil, dont le nom indique la fonction, a pour objet de briser la croûte de terre durcie qui dans les sécheresses se forme autour des plantes, et d'enlever ou détruire en même temps les mauvaises herbes. Le *sarcloir belge* diffère de la binette par une troisième dent. Quelques jardiniers le préfèrent au sarcloir français. — Le *sarcloir espagnol* (fig. 9 *bis*),

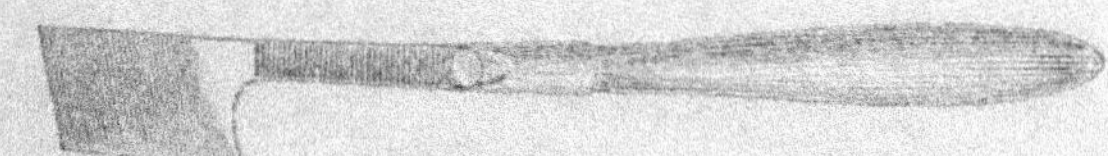

Fig. 9.
Sarcloir.

Fig. 9 *bis*. — Sarcloir espagnol.

consistant en une tige recourbée par un crochet et solidement emmanchée, est très-avantageux lorsque les plantes sont très-peu espacées et le sol très-durci.

Emoussoir (fig. 10). — C'est une sorte de grattoir servant à enlever la mousse du tronc et des branches des arbres à fruits.

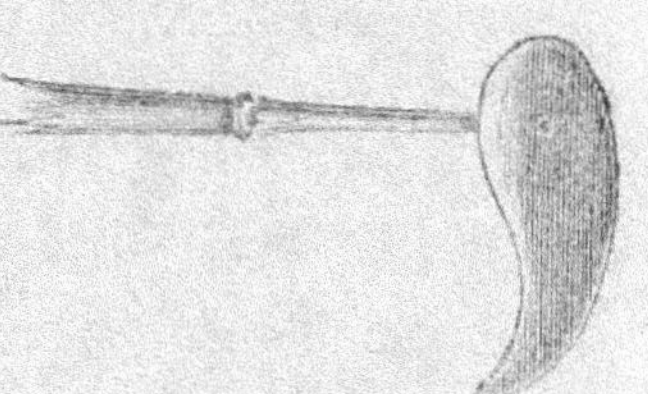

Fig. 10. — Emoussoir.

Ratissoire. — Elle sert à détruire les herbes parasites qui infestent les allées des jardins en arrachant ou coupant les racines au-dessous du collet. Il y en a de deux espèces : la *ratissoire à pousser* (fig. 11), a le tranchant de sa lame en avant

3

et la lame de la *ratissoire à tirer* (fig. 12), est placée dans le sens opposé. On se sert donc de celle-ci en marchant à reculons. Les meilleures ratissoires à tirer sont fabriquées avec des portions de lames de faulx.

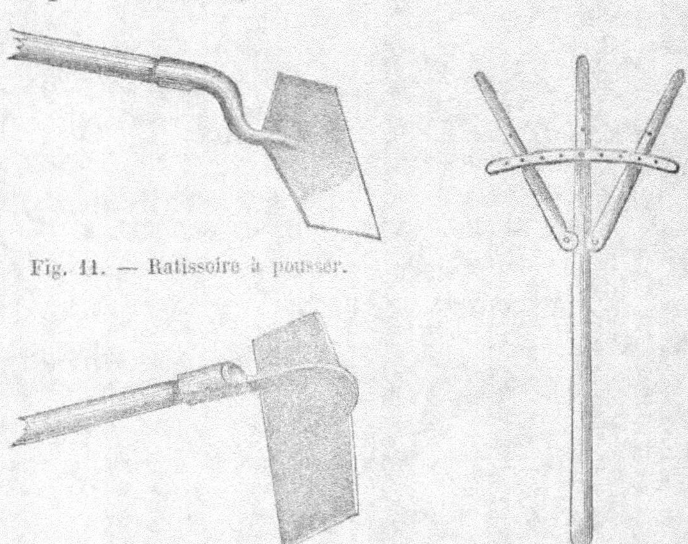

Fig. 11. — Ratissoire à pousser.

Fig. 12. — Ratissoire à tirer.   Fig. 13. — Traçoir.

Traçoir (fig. 13). — Cet instrument, tout en bois, est fort utile pour tracer sur le sol préparé les rayons dans lesquels on veut planter ou semer. On voit par la figure ci-jointe que les deux branches extérieures de cette espèce de fourche sont mobiles sur des charnières et que leur écartement se règle au moyen des chevilles et des trous correspondants percés dans une bande de bois formant la courbe.

Fourche (fig. 14). — Cet outil est trop connu pour le décrire. Le crochet à fumier est une espèce de fourche dont les dents sont tournées en dessous ; on s'en sert soit pour entraîner le fumier et le mettre en tas, soit pour former les couches.

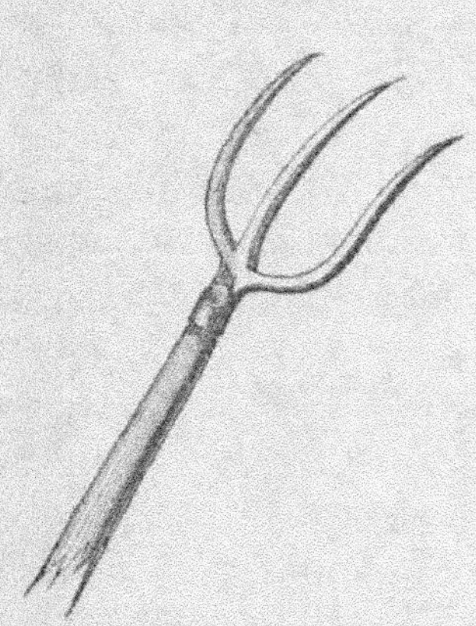

Fig. 14. — Fourche.

Fig. 15. — Rateau.

Rateaux (fig. 15). — Il faut en avoir de plusieurs dimensions et à dents plus ou moins espacées pour s'adapter aux différentes façons à donner aux jardins et à l'espacement des plantes.

Les rateaux à dents forgées et pointues sont préférables à ceux dont les dents, fabriquées avec des bouts de fil de fer, sont simplement enfoncées dans la monture.

Plantoir (fig. 16). — On le fabrique avec un bout de bois dur dont l'une des extrémités est arrondie et pointue. L'autre extrémité, recourbée et formant angle, sert à le tenir en main. Le bout qu'on enfonce en terre peut être garni en tôle de fer ou en cuivre.

Fig. 16. — Plantoir.

Transplantoirs (fig. 17, 1, 2, 3).—Le plus simple de tous les transplantoirs est une sorte de petite bêche en forme de truelle et à bords tranchants. Après avoir coupé la terre tout autour de la plante, on l'enlève sans secousse et on la dépose dans le trou préparé pour la recevoir.

Un transplantoir plus commode est celui représenté en A. C'est une espèce de bêche dont la lame est courbée en demi-cercle. On l'enfonce à une distance convenable de la plante, et d'un second coup de bêche donné de l'autre côté, on l'isole, on la cerne, puis on l'enlève en motte sans déranger ses racines.

Transplantoir à branches (fig. 3). — On l'enfonce en terre en sorte que la plante se trouve comprise entre les deux lames courbes ; on serre et rapproche ces deux lames au moyen des poignées et on enlève sans secousses la plante que l'on dépose avec sa motte dans le trou préparé.

Transplantoir à cylindre. — Ce transplantoir, représenté figure 2, est fort employé par les horticulteurs. Il se compose d'un cylindre de tôle à bords tranchants que l'on enfonce en terre de façon que la jeune plante se trouve au centre. Au moyen de deux poignées, fixées latéralement au cylindre, on imprime à celui-ci un mouvement de rotation de gauche à droite et de droite à gauche, de façon à bien isoler la motte de terre, puis on enlève cette motte. Mais comme elle adhère plus ou moins au cylindre, on la détache au moyen d'un second cylindre entrant dans le premier et qui repousse la plante au fond du trou préparé.

Truelle à dépoter (fig. 20). — C'est également une sorte de transplantoir : elle est particulièrement utile

lorsqu'il s'agit de séparer ou de transplanter de jeunes
plantes venues en pots ou en terrines.

Fig. 20. — Truelle à dépoter.

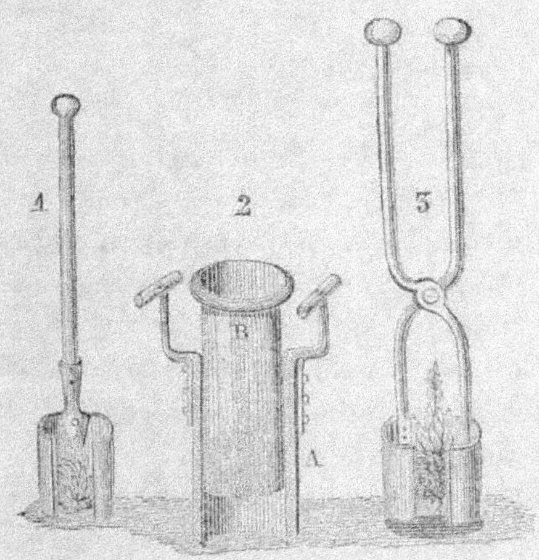

Fig. 17. — Transplantoirs.

Pelle (fig. 21-22). — Une pelle en bois ou en fer
est d'une nécessité absolue
dans un jardin pour le travail
des terres. Il est bon que le
bas de la partie plane d'une
pelle soit garni d'une bande
de tôle. On emploie également des pelles en fer, dont
la lame est recourbée et légèrement concave.

Fig. 21-22. — Pelles.

Brouette (fig. 23). — Elle est indispensable pour le transport des terres et des pierrailles que l'on veut enterrer dans les allées.

Fig. 23. — Brouette.

Une hotte et des paniers sont également utiles. — Une espèce de panier, ou plutôt de manne grossièrement fabriquée, s'emploie pour y planter de jeunes individus à racines pivotantes, dont la reprise est difficile. On les met en place avec le panier qui pourrit dans la terre, en sorte que l'arbuste ou la plante ne souffrent aucunement de la transplantation.

Rouleau (fig. 24). — Les rouleaux sont en bois dur, en pierre ou en fonte. La circonférence du rouleau de bois est souvent garnie de dents ou de chevilles qui facilitent le brisement des mottes. Les rouleaux unis s'emploient, soit pour faire taller l'herbe des prés, soit pour raffermir les terres sablonneuses ; les rouleaux de fer sont utiles pour aplanir les allées d'un jardin.

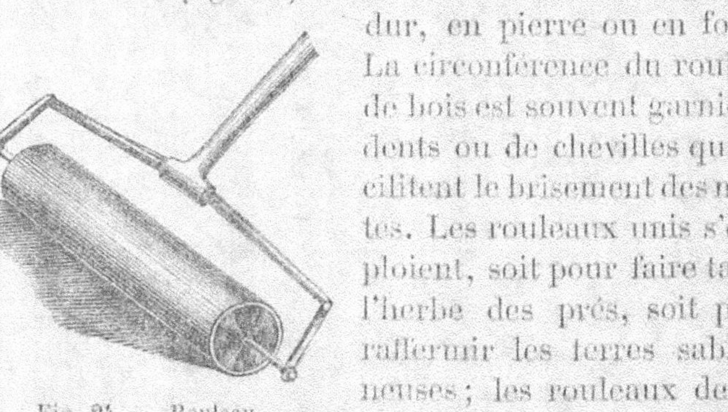

Fig. 24. — Rouleau.

Claies (fig. 25). — Elles servent à séparer la terre

végétale des cailloux et des gravats. On emploie le

Fig. 25. — Claies.

crible pour passer les terres qu'on destine aux plantes délicates.

Houlette à herboriser (fig. 26). — Cet instrument, bien connu des botanistes, sert à enlever facilement une plante avec sa racine.

Fig. 26. — Houlette à herboriser.

Pioche à herboriser (fig. 27). — Lorsque la terre est durcie et les racines profondes, cet ustensile est fort utile.

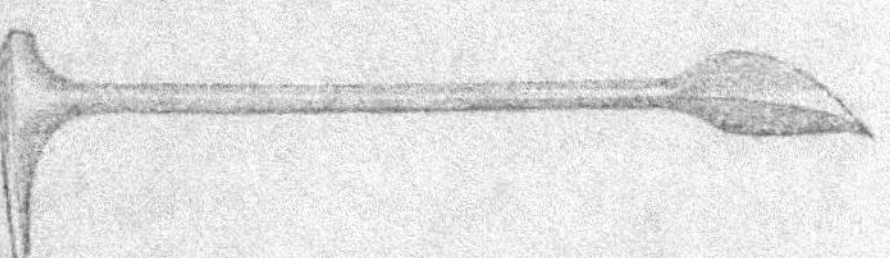

Fig. 27. — Pioche à herboriser.

OUTILS TRANCHANTS.

Serpette (fig. 27 et 27 *bis*). — Cet instrument est tellement usuel que le jardinier le porte constamment sur lui. Sa lame courbée, suffisamment forte, doit être en bon acier. Pour éviter que son manche ne glisse dans la main, on le fabrique ordinairement en corne de cerf dont les aspérités le retiennent.

Fig. 28. — Serpette.

La lame de la serpette a, pour l'ordinaire, huit centimètres de longueur sur vingt-huit ou trente de largeur. On fabrique des serpettes à lame plus petite et

Fig. 28 *bis*. — Serpette grand modèle.

plus fine pour la taille des arbustes délicats.

Greffoir ordinaire pour la greffe en écusson (fig. 29). — La base du manche de ce greffoir est munie d'un bout d'ivoire taillé en spatule et servant à soulever

Fig. 29. — Greffoir ordinaire pour la greffe en écusson.

l'écorce pour y introduire l'écusson. La lame de ce greffoir se replie comme celle d'un couteau ordinaire.

Le *greffoir à lame rentrante* (fig. 30), est disposé comme le *canif à coulisse*. L'extrémité du manche est également pourvue d'une

Fig. 30. — Greffoir à lame rentrante.

spatule. — Le métro-greffoir (fig. 30 bis), présente l'avantage de mesurer également la profondeur à

Fig. 30 *bis*. — Métro-greffoir.

faire.

Greffoir pour la greffe en fente (fig. 31). —
La partie saillante qui en forme le milieu est en acier et sert à faire la fente, l'extrémité supérieure forme une spatule propre à élargir la fente.

Fig. 31. — Greffoir pour la greffe en fente.

Il y a encore nombre d'autres sortes de greffoir. Les principaux sont le greffoir noisette, qui ne sert que pour la greffe *à la Pontoise*, et le greffoir que l'on emploie pour la *greffe en anneau*; il enlève d'un seul coup l'anneau d'écorce qui doit être appliqué sur le sujet (fig. 32).

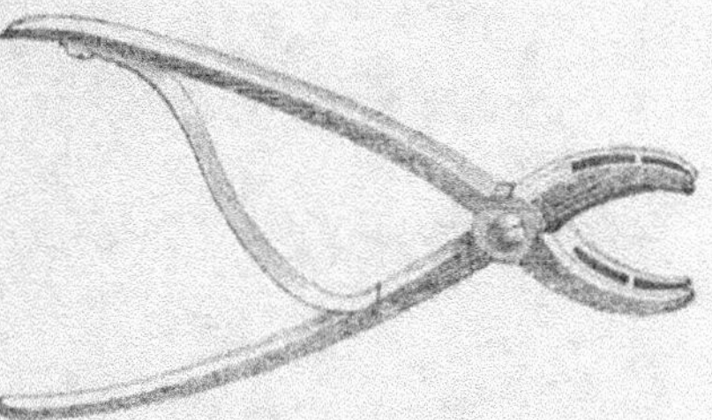

Fig. 32. — Sécateur pour la greffe annulaire.

Sécateur (fig. 33). — Cet instrument, plus expéditif que la serpette, est aujourd'hui fort répandu parmi les horticulteurs. On prétend néanmoins qu'il endommage les arbres, mais cet inconvénient n'aura point lieu si, en opérant, on tient le sécateur de manière que sa lame tranchante soit tournée en de-

Fig. 33. — Sécateur ordinaire.

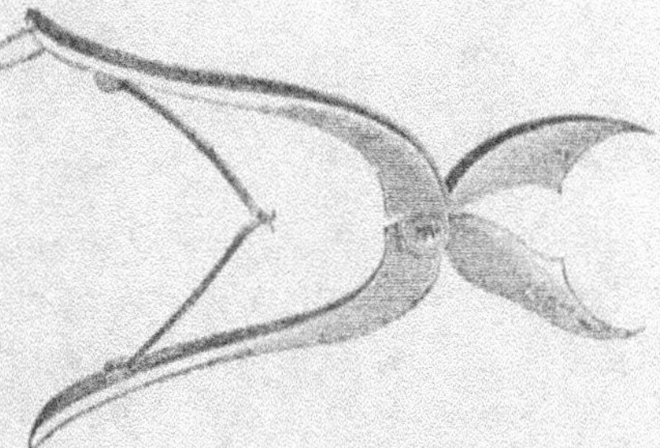

Fig. 34. — Ébranchoir.

hors et non du côté du tronc. Lorsqu'il s'agit des branches assez fortes, on se sert d'un grand sécateur, qui prend alors le nom d'*ébranchoir* (fig. 34).

Serpe (fig. 35). — Cet instrument, fort connu, doit avoir son tranchant bien aciéré. Le dos d'une serpe doit

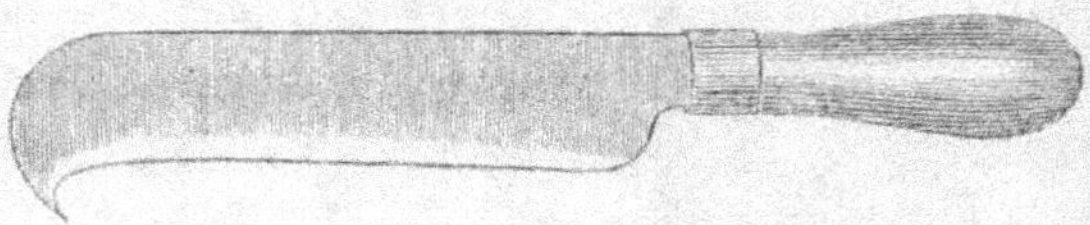

Fig. 35. — Serpe.

être épais, afin de donner une plus grande impulsion au coup, lorsqu'il s'agit d'abattre une forte branche.

Croissant (fig. 36), **Ébranchoir** (fig. 37), **Émondoir** (fig. 37 *bis*), sont des instruments que l'on em-

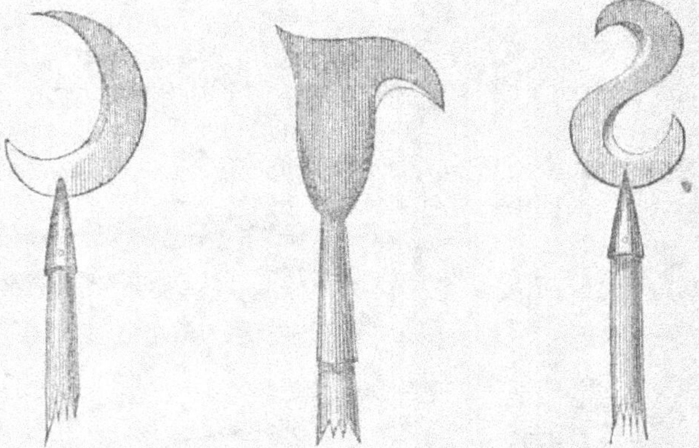

Fig. 36. — Croissant. Fig. 37. — Ébranchoir. Fig. 37 *bis* — Émondoirs.

ploie pour l'élagage et l'émondage des grands arbres. Leur base est garnie d'une douille qui permet de les fixer à un manche long de plusieurs mètres.

Échenilloir (fig. 38-38 *bis*). — Cet instrument, en forme de ciseaux, est placé au bout d'un long manche

de manière à atteindre facilement les branches les plus
élevées à l'aide d'une ficelle. Au-dessous est placée une

Fig. 38-38 *bis*. — Échenilloir.

espèce de filet qui reçoit la partie coupée. L'échenillage
se fait à la fin de l'hiver avant l'éclosion des œufs dont
les nids sont suspendus aux branches.

Cisailles de jardin (fig. 39). — Elles servent à
émonder les haies, les palissades de verdure et les ar-

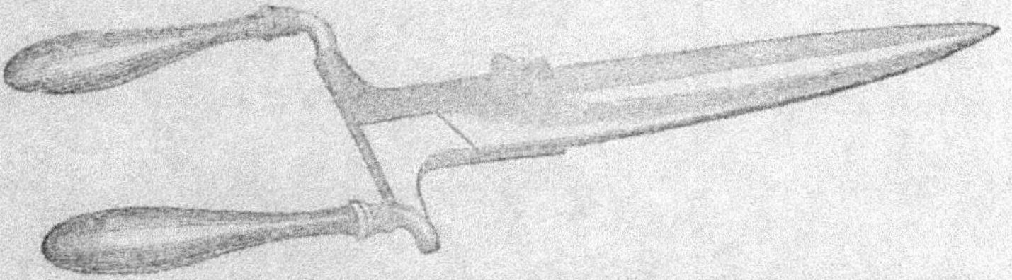

Fig. 39. Cisailles de jardin.

bustes qui garnissent le bord des sentiers. — Les *cisailles à banc* servent à débiter les branches à mesure
qu'on les coupe pour en former des fagots (fig. 40).

Scies ou égoïnes (fig. 41). — Les grosses branches doivent être coupées à la scie. On emploie pour

les branches moyennes le *couteau-scie*. Le *marteau-scie*

Fig. 40. — Cisaille à banc.

est fort commode lorsqu'il s'agit, en même temps, de

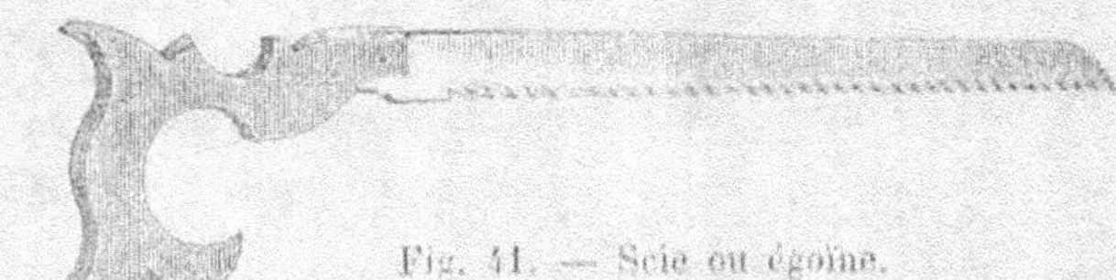

Fig. 41. — Scie ou égoïne.

palisser des arbustes.

Arrosoirs (fig. 42-42 *bis*). — Les meilleurs arrosoirs

Fig. 42-42 *bis*.
Arrosoirs.

sont en cuivre; les arrosoirs en fer-blanc, ou en zinc, se détériorant très-promptement. Ils doivent avoir des pommes de rechange percées de trous plus ou moins grands. Lorsqu'on veut arroser des pots, on remplace la pomme par un tuyau terminé par un long bec.

Pompe à main ou à seringue (fig. 43). — Elle doit être munie d'une pomme à trous fins, avec laquelle on mouille le feuillage des arbustes surtout dans les sécheresses; il doit se faire de préférence le soir.

Cueille-fruit ou cueilloir (fig. 44). — Cet instrument sert à cueillir, sans les

Fig. 43. — Pompe à main ou à seringue.

Fig. 44.
Cueille-fruit
ou cueilloir.

endommager, des fruits placés hors de la portée de la main.

ABRIS, COUCHES, CHASSIS, CLOCHES, VERRINES, ETC.

Outre les abris de paillassons, de claies d'osier (fig. 45 à 49), des palissades de thuia, if et autres conifères, on emploie des cloches, des verrines (fig. 52), de diverses dimensions et des châssis vitrés (fig. 53). Les cloches, de même que les verrines et les châssis, ont l'avantage d'admettre la lumière si nécessaire à la végétation et de concentrer la chaleur. Toutefois, il est nécessaire de garantir les plantes, à l'aide de paillas-

Fig. 45.

sons, de l'action trop vive des rayons solaires après les avoir préservées des atteintes de la gelée.

Pour donner de l'air aux plantes renfermées sous les cloches, les verrines et les châssis, on soulève les cloches sur des cales et l'on ouvre un des compartiments mobiles sur charnière de la verrine, compartiment tourné vers le midi. Quant aux châssis, on les soulève plus ou moins à l'aide d'une crémaillère. Remarquons ici que les verrines sont bien supérieures aux cloches. Elles coûtent plus cher, il est vrai, mais composées de car-

Fig. 46.

Fig. 47.

reaux de verre réunis par du plomb laminé, elles se réparent facilement et durent davantage.

Application de la chaleur à la végétation. — Pour jouir des productions végétales des contrées plus favorisées par l'influence du soleil que nos climats septentrionaux, pour les mettre à l'abri des variations de la

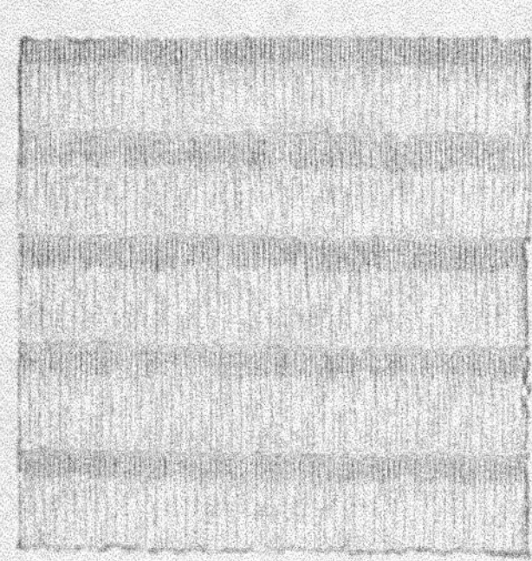

Fig. 48. Fig. 49.

température et hâter leurs progrès jusqu'au moment de la floraison et de la maturation des fruits, on a recours à l'application de la chaleur artificielle ou *culture forcée*.

Je ne parlerai pas ici des serres chaudes et même des serres tempérées, genre de culture dispendieux et qui ne convient qu'à de riches amateurs ou à des horticulteurs de profession. Je me bornerai donc à décrire les diverses espèces de couches qui n'exigent que peu de soins et qui sont à la portée des fortunes ordinaires.

Pour établir une couche on a un coffre en planches dont la longueur ordinaire est de 1 mètre 33 centimètres sur une largeur égale. Ce coffre a, en moyenne, 20 centimètres de hauteur sur le devant et 30 centimètres par derrière. Les panneaux qui doivent recouvrir le coffre ont 1 mètre 32 centimètres en tout sens.

La longueur du coffre peut être indéterminée, mais elle doit toujours correspondre à un nombre exact de châssis ; par exemple : le coffre pour deux châssis aura 2 mètres 66 centimètres de longueur, et pour trois châssis 3 mètres 99 centimètres, et ainsi de suite. On comprend facilement que la partie inclinée de ce coffre sera tournée vers le midi, afin de profiter du moindre rayon de soleil.

Pour monter une couche, on fait apporter sur le terrain une quantité de fumier proportionnée à la dimension de la couche qu'on établit. S'il est trop sec on le mouille avec un arrosoir à pomme afin d'éviter qu'il ne se brûle. On le travaille avec la fourche de manière à ce que les fumiers courts ou longs, les fumiers neufs, ou plus ou moins consommés, soient parfaitement mélangés. On procède alors à la formation de la couche à laquelle on donne les dimensions convenables. Après avoir bien tassé le fumier, on le charge de 16 à 20 centimètres de bon terreau pour y faire, soit les semis, soit pour y repiquer de jeunes plantes, soit enfin pour y enterrer les pots contenant les plantes dont on veut enlever la végétation.

Lorsqu'il est nécessaire de renouveler la chaleur des couches, on y parvient au moyen de *réchauds*. On nomme ainsi une certaine quantité de fumier neuf dont on entoure le coffre de la couche lorsque la chaleur de celle-ci commence à baisser. La chaleur du réchaud, pénétrant à l'intérieur à travers les planches dont le coffre est formé, ranime celle de la couche. C'est pourquoi beaucoup d'agriculteurs préfèrent les coffres de sapin aux

coffres en bois de chêne, moins perméables au calo-
rique.

Le meilleur fumier pour former des réchauds est
celui d'écurie, le fumier d'étable produit moins de chaleur.

CHAPITRE PREMIER

CULTURE MARAICHÈRE

DU SOL EN GÉNÉRAL ET DU TERRAIN DES JARDINS EN PARTICULIER.

Il est aussi nécessaire à un cultivateur de connaître la nature du sol, qu'à un boulanger de savoir distinguer la qualité de la farine. Celui qui quitte son pays pour aller s'établir au loin, a plus besoin de cette connaissance que le cultivateur qui n'est jamais sorti de son village ; car ce dernier a du moins pour lui la pratique de ses devanciers.

On appelle sol, la partie du terrain qu'on remue avec les instruments aratoires et qui produit des plantes. Les matières qui entrent dans la composition du sol, sont : l'argile, le calcaire, la marne, la silice, etc.

L'argile est une terre grasse, onctueuse au toucher, collante ; elle est blanche de sa nature, mais ordinairement est brune ou rouge à cause du fer qui la colore. Sous l'influence de la chaleur, la terre argileuse se fendille et durcit ; sous l'action de la gelée, elle tombe en poussière.

Le sol argileux demande de grands frais de culture, mais il donne d'excellents produits, quand il est convenablement cultivé.

Le calcaire ou carbonate de chaux, est une combinaison de chaux et d'acide carbonique. Les terres calcaires se dessèchent et se fendillent facilement ; la grande humidité les rend en bouillie, et, par les fortes gelées, la dilatation qui a lieu fait déchirer la racine des plantes. Si le sol n'était composé que de calcaire, il serait très-mauvais.

La marne est un mélange d'argile et de calcaire; on la trouve le plus souvent en dépôts souterrains, et on l'extrait pour la répandre à la surface. Le sol marneux est fertile.

La silice n'est autre chose que le sable, la pierre à fusil, le gravier, les cailloux qu'on rencontre dans certaines terres. Le sol siliceux ne craint pas l'humidité; il n'est fertile qu'en raison de sa finesse et de son humidité.

Les sols se présentent mélangés de ces éléments auxquels se trouvent presque toujours joints du fer et quelques autres substances. L'élément qui domine s'énonce le premier; ainsi, l'on dit : sol argilo-siliceux, composé d'argile et de silice.

Les plus mauvais terrains sont ceux qui sont purs; on peut corriger un sol en lui donnant l'élément qui lui manque. Ceux qui réunissent les trois, c'est-à-dire l'argile, le calcaire et la silice, sont regardés comme les meilleurs. C'est ainsi que sont constituées les terres dites d'alluvion, c'est-à-dire les terres déposées par les rivières.

Tout cultivateur qui veut faire de la culture dans un terrain qu'il ne connaît pas, doit commencer par en étudier la composition. Pour cela, il prendra une petite quantité de terre qu'il fera sécher; il versera du vinaigre dessus; s'il s'y produit une espèce de bouillonnement, cela indiquera la présence du calcaire. Pour distinguer le sable siliceux de l'argile, il suffira de mettre de la terre dans un verre d'eau et de remuer vivement; l'argile s'en ira avec l'eau, et le sable restera au fond du verre.

Il y a un moyen bien simple de reconnaître la nature d'un sol, nous voulons parler de celui qui consiste à examiner les plantes qui y poussent spontanément. Ainsi le genêt, la bruyère, l'ajonc, la fougère viennent dans les terres siliceuses; les coquelicots, les chardons, l'arrête-bœuf se plaisent dans les calcaires; l'agrostis-traçante, le sureau ièble, les laiches aiment les sols argileux.

Considérés au point de vue du jardinage, ces trois éléments silice, calcaire et argile, donnent lieu aux observations suivantes :

Les terres où la silice est en excès sont infertiles dans les climats chauds. Dans les pays froids on peut les rendre productives avec des engrais et des arrosements. En général, bien que peu productifs, les sols siliceux compensent par la qualité des légumes et des fruits, ce qui leur manque du côté de la quantité.

La couleur blanche est le principal défaut des sols calcaires, parce qu'en réfléchissant les rayons du soleil ils demeurent froids. Quand le sable domine dans une terre calcaire et forme un terrain sablonneux, ce terrain convient aux légumes et aux arbres fruitiers.

Si une terre argileuse contient 85 pour 100 d'argile, et seulement 15 de sable, elle ne peut servir qu'à faire des briques ou de la poterie; il faut pour qu'elle soit fertile 45 pour 100 de la première, et moins de 55 de la seconde. C'est le terrain qui convient aux légumes à fortes racines, à végétation luxuriante, mais les arbres fruitiers y réussissent mal.

DE L'HUMUS.

Outre les éléments dont nous venons de parler, le sol contient encore de l'humus, c'est-à-dire une terre noire, onctueuse au toucher, composée de débris de végétaux et d'animaux.

Lorsqu'un sol possède seulement 10 pour 100 d'humus, il est des plus fertiles, et forme ce qu'on nomme une *terre de jardin*. L'humus mélangé à de la terre forme ce qu'on appelle le *terreau*.

On reconnaît la présence de l'humus dans une terre, si en la faisant brûler sur une pelle rougie, elle se carbonise et exhale une odeur de corne ou de plume, de bois ou de paille brûlée.

Classement des terres. — On divise les terres en terres franches, terres légères, terres froides ou chaudes.

Les terres franches sont les meilleures en ce qu'elles contiennent de l'humus et se travaillent facilement ; c'est ainsi que l'on nomme les terrains d'alluvion et de jardin, ainsi que toute terre bien cultivée, bien amendée, bien fumée.

Les terres fortes sont celles où l'argile domine ; elles sont difficiles à travailler, car trop d'humidité les rend tenaces et lourdes ; trop de chaleur les durcit ; quand on les travaille bien, elles donnent de riches produits.

Les calcaires et les sables siliceux forment ce qu'on nomme les terres légères qui sont toujours meubles, faciles à travailler, mais moins fertiles.

Les terres humides sont généralement froides par suite de l'évaporation de l'eau qu'elles contiennent ; celles qui sont privées d'humidité sont chaudes ; il en

est de même de celles où dominent les cailloux et les
graviers, et de celles qui sont noires. Les terres calcaires
absorbent les engrais trop vite et brûlent les plantes
par la réverbération des rayons du soleil.

Du sous-sol. — Quand le sol n'a pas assez de profondeur, c'est-à-dire lorsque la couche arable a peu d'épaisseur et qu'au-dessous se trouvent des glaises, des roches,
des marnes, du tuf, du sable, des cailloux ronds, ou
pouddingues, il faut, pour l'améliorer, recourir au défoncement. Cette opération se pratique de deux manières :
ou à la pioche, c'est la meilleure, ou à l'aide d'une
charrue fouilleuse.

Quand le sous-sol peut donner passage à la herse dite
herse bataille, il vaut mieux se servir de cet instrument qui ameublit le sous-sol sans le ramener à la surface. Je l'ai employé parfois non-seulement pour ameublir le sous-sol, mais encore pour remuer la couche
arable, alors surtout que le terrain durci par les fortes
chaleurs ne permettait pas à la bêche d'y pénétrer. Cet
instrument est des plus utiles non-seulement en agriculture, mais encore dans le jardinage en ce qu'il peut
servir de rayonneur pour semer toute espèce de graines
et surtout les haricots.

Amendements. — Il est des substances qui, mélangées au sol, peuvent en modifier la nature, et par
conséquent lui donner les qualités qui lui manquent.

On donne à ces substances, servant à améliorer le sol,
le nom d'amendements.

On amende les terres siliceuses en leur fournissant
des substances tenaces et propres à les lier et à les rendre
plus pesantes, plus compactes. Les marnes argileuses
sont excellentes pour cela.

Aux terres calcaires il faut mêler des matières qui retiennent l'humidité et dont la couleur foncée puisse neutraliser la couleur blanche qui est leur principal défaut. Les engrais qui leur conviennent le mieux sont les terreaux noirs et tenaces.

Ces deux espèces de terres ne veulent pas de labours fréquents ni trop profonds parce qu'elles perdent facilement l'humidité et les sucs nourriciers.

Les terres argileuses, qui ont le défaut de n'être pas perméables, de se dessécher trop fortement à la surface, de se fendiller, de conserver l'humidité et pourrir les végétaux, peuvent être fructueusement amendées par des sables et des terres calcaires, des débris de démolition, etc. Il leur faut des labours fréquents et profonds.

Exposition du sol. — Il ne suffit pas de connaître la nature du sol et le moyen de l'amender, il faut encore se préoccuper de l'exposition, du climat, des variations atmosphériques, de l'élévation et de la pente du sol. Voici de quelle manière on classe les expositions sous le rapport des quatre points cardinaux.

Le nord ne convient qu'aux plantes dont la végétation est tardive, aux pommiers, aux choux, aux haricots, à la chicorée, aux navets, etc. L'exposition du Nord est, sans contredit, la moins bonne.

La meilleure est celle du midi; c'est la plus avantageuse parce qu'elle permet de cultiver les primeurs comme les plantes tardives et les arbres fruitiers de toutes les espèces, depuis la pêche et l'amandier jusqu'au cognassier et néflier. En hiver cette exposition jouit toute la journée du soleil, en été elle ne reçoit pas les rayons de cet astre trop tôt et ne les garde pas le soir trop tard.

On ne peut pas en dire autant de l'est et de l'ouest ou du levant et du couchant.

Le terrain qui se trouve au levant se trouve frappé par les rayons du soleil qui se lève, ce qui au printemps amène un brusque changement de température dans les plantes parfois chargées de givre. En été, le soleil ne fait qu'y passer le matin et l'abandonne le reste du jour, de sorte que la terre a eu le temps de se refroidir au moment où le soleil se couche.

Le sol exposé au couchant ne reçoit pas le soleil le matin, c'est-à-dire au moment le plus froid, alors que l'humidité y domine et maintient l'abaissement de température. Le soir, l'effet contraire a lieu, il reçoit les rayons solaires jusqu'à la nuit et le brusque changement de température qui s'y produit amène souvent une perturbation dans l'économie des plantes.

De ce qui précède nous devons conclure que l'on doit choisir, pour établir un jardin fruitier ou potager, le terrain dont la pente regarde le midi. Il faut autant que possible que ce soit dans une terre fraîche, chaude, meuble et profonde.

ABRIS.

L'art vient en aide à la nature pour corriger ce que celle-ci a de défectueux et donner à l'exposition du sol les qualités qui lui manquent.

A cet effet, il a recours aux abris.

On donne ce nom à tout ce qui sert à protéger les plantes contre le froid ou le chaud, le vent, la pluie, etc. Certaines plantes peuvent être abritées tout simplement par des murs, des ados, des paillassons, voire même

par la disposition du sol; d'autres, au contraire, ne
pourraient se contenter de pareils abris; il faut à leur
nature délicate des cloches, des couches, des châssis,
des serres.

MURS. — Les murs sont pour les arbres fruitiers disposés en espaliers les meilleurs abris artificiels. On leur
donne généralement de trois à quatre mètres de hauteur
et on les surmonte d'un chaperon qui déborde.

La sience n'a pas encore dit son dernier mot au sujet
de la couleur à donner aux murs servant d'abri : doi-
vent-ils être blancs ou noirs?

Nous allons mettre sous les yeux du lecteur les ré-
flexions d'un homme compétent en cette matière, de
M. Chevreul, afin qu'il puisse se faire une opinion à ce
sujet.

« De ce que dans l'intérieur d'une serre des murs
blancs sont préférables à des murs noirs afin de diminuer l'affaiblissement qu'éprouve la lumière en traver-
sant le verre, il ne s'ensuit pas que les murs pour espaliers en plein air doivent être blancs, car les arbres
qu'on plante contre ces murs, sont par leur forme même
d'espalier, disposés à recevoir toute l'influence de la
lumière qu'ils peuvent recevoir dans le lieu où ils sont
plantés. C'est pour cette raison, qu'en général, dans
notre climat, où il est si nécessaire une fois que la végétation a commencé sous l'influence du printemps, de
prévenir pendant la nuit un trop grand froid, des murs
noirs ou d'une couleur sombre qui leur permet de
s'échauffer en absorbant la couleur rayonnante du soleil, sont préférables à des murs blancs; mais pour que
cette considération soit applicable, il faut nécessairement que le mur noir ait une certaine masse, afin qu'il

conserve pendant un certain temps la chaleur qu'il doit perdre pendant la nuit. Il semble donc qu'un mur noir convenablement épais, ayant la propriété de s'échauffer par le soleil plus qu'un mur blanc, a par là même plus d'efficacité pour prévenir les inconvénients du froid des nuits; et si l'on considère que dans les grandes chaleurs où l'on cherche plutôt à préserver les espaliers d'une lumière trop vive qu'à les exposer à toute l'intensité de cet agent dont la blancheur du mur favorise le mouvement d'action, on verra encore dans le mur noir un agent qui tend à égaliser l'action du soleil pendant le jour et pendant la nuit.

» Enfin, dans le cas où des plantes herbacées seraient à une certaine distance d'un mur, en général le mur blanc aura plus d'influence sur leur développement qu'un mur noir.

» Au reste, c'est au jardinier à voir quel est l'effet dont il a besoin pour tel climat, telle exposition, telle culture.

Si c'est l'effet de la lumière proprement dite du soleil qu'il veut obtenir, le mur devra être blanc; si c'est l'effet de la chaleur qu'il veut avoir afin de maintenir autant que possible la température des plantes pendant la nuit, ce sera un mur noir qui dera être préféré, et, dans ce cas, plus le mur sera épais, plus il aura d'efficacité.

Apos. — On donne ce nom à une planche à surface bombée, inclinée, généralement adossée à un mur exposé au midi et destinée aux primeurs. La pente doit être en moyenne de 32 centimètres du midi au nord et la largeur de 1 mètre à 1^m,20. Les a-dos peuvent tenir lieu de châssis vitrés et pour cela on les borde de planches soutenues par des piquets et destinées à supporter des paillassons qu'on ôte et qu'on remet selon qu'on a plus ou moins à craindre des gelées.

PAILLASSONS. — Le paillasson consiste dans un assemblage de pailles disposées à une certaine épaisseur et attachées au moyen de ficelle, de fil de fer ou d'osier. On doit donner la préférence à la paille de seigle parce qu'elle est moins cassante et plus longue.

Bien que les jardiniers puissent se procurer aujourd'hui des paillassons fabriqués à la mécanique et qui seraient moins coûteux, ils aiment mieux les faire eux-mêmes à leurs heures de loisir. C'est donc pour répondre à ce besoin que nous allons indiquer ici leur procédé de fabrication pour le paillasson le plus simple celui à trois ficelles.

On dispose dans un endroit convenable trois chevilles ou crochets, espacés d'environ 25 ou 30 centimètres; on en place également trois autres à la distance voulue pour la longueur du paillasson et l'on y fixe trois bonnes ficelles bien tendues. On attache au bout de chacune de ces ficelles trois autres de longueur double et enroulées autour d'un morceau de bois qui sert de navette. Cela fait, on prend de la paille et l'on commence à tisser. Il est bon de dire d'abord que si la paille est trop courte, on doit en prendre deux poignées de 14 à 15 brins, on met en dehors les bouts et l'on rapproche les sommités pour les réunir et les enlacer dans le milieu. Si, au contraire, la paille a une longueur suffisante, on se contente d'une poignée, qu'on tisse par trois nœuds qui les fixent, entre les trois ficelles de dessous; on continue ainsi à mettre des poignées qu'on noue au moyen de nœuds coulants jusqu'à ce qu'on arrive au bout des ficelles qu'on noue solidement ensemble. Tant que le paillasson est sur le métier, on regarde si les pailles sont bien pareilles et l'on coupe celles qui débordent. Si l'on a bien procédé, les ficelles doivent être droites et parallèles.

Les paillassons servent à protéger les plantes pendant la nuit contre la gelée, on les place comme auvents au-dessus des espaliers au printemps ; des couches, des châssis, des serres, pendant l'hiver.

Au lieu de paillassons, on pourrait se servir plus avantageusement de toiles, mais cela deviendrait trop dispendieux.

Cloches et verrines. — Les cloches sont d'une seule pièce, plus larges que hautes ; les verrines se composent de carreaux de verres réunis par des lamelles de plomb. On s'en sert pour concentrer la chaleur sur des plantes qui sont sensibles aux variations de la température ou pour hâter la maturité de certains fruits. On en fait aujourd'hui un grand usage dans le Nord pour la culture du melon cantaloup.

Couches. — L'art doit venir en aide à la nature toutes les fois que par l'effet de la climatologie, la plante a une existence trop bornée pour arriver à son complet développement. Confiez tout simplement à la terre les graines de certaines plantes, qu'arrivera-t-il ? elles mettront longtemps à lever, le jeune plant sous l'influence d'un climat peu favorable, ne tardera pas à mourir ou restera étiolé et ne produira ni fleurs ni fruits. Si au contraire vous semez les mêmes graines sur des couches, la germination est activée, la plante se développe rapidement et l'on obtient des produits que seule la culture artificielle peut donner.

Nous ne nous étendrons pas trop longuement sur ce

genre de culture attendu qu'il ne peut remplir le but
que nous nous proposons. Nous l'indiquons seulement
en tant qu'elle peut se rattacher au plan de cet ouvrage
par un côté pratique, et ce côté le voici :

Il est certaines plantes qui acquièrent plus de prix,
lorsqu'elles paraissent sur nos tables à l'état de primeurs. C'est donc une question d'amour-propre, la
plupart du temps, qui pousse le jardinier à ne pas attendre la saison naturelle et à recourir aux moyens artificiels pour hâter la germination comme la végétation.
Le plus souvent c'est moins le luxe que la nécessité qui
lui sert de stimulant. Certaines plantes demandent à
être repiquées de bonne heure, afin de pouvoir arriver
à leur entier développement. Or, il faut se procurer du
plant en temps opportun et, sous certains climats, on
ne peut en obtenir que par le moyen des couches.

Cela dit, nous allons faire connaître la manière de
les préparer.

Toute couche doit être protégée par un abri contre
les vents du Nord et placée dans un terrain sec; si elle
est destinée aux primeurs, on la fait haute et étroite;
dans le cas contraire, on lui donne plus de largeur et
moins de hauteur. La largeur varie de 1 mètre à 1^m,50
et la largeur de 60 centimètres à 1 mètre. La couche
dans laquelle il n'entre que du fumier de cheval sortant
de l'écurie, prend le nom de couche chaude, sa chaleur
est de courte durée, il faut la renouveler avec des réchauds (1).

Avec du fumier de cheval et de bœuf, des feuilles, on

(1) On nomme ainsi le fumier dont on entoure les couches pour
en accroître la chaleur; on peut le renouveler selon les besoins et
pour cela on se sert de fumier de cheval sortant de l'écurie.

fait la couche tiède qui conserve sa chaleur plus longtemps que la première.

Quand on destine à ces deux couches des plantes qui
doivent y rester peu de temps, on met sur le fumier du
terreau pur ; dans le cas contraire, on fait un mélange
de terre et de terreau.

La couche sourde se pratique dans une tranchée
creusée en terre qu'on remplit de fumier et de terreau,
ou bien des matières qui composent les deux précédentes, et dont on ne se sert plus, car on ne fait guère
la couche sourde qu'en mai.

MANIÈRE DE FAIRE UNE COUCHE. — Le meilleur procédé consiste à commencer à un des bouts par disposer
le fumier à la hauteur qu'on désire, et continuer ainsi
en allant à reculons, en conservant toujours la même
hauteur, de sorte que la couche est terminée quand on
arrive à l'autre bout.

Il faut avoir soin d'étendre le fumier par petites four-
chées, de le bien mélanger, de le tasser légèrement, ensuite on le mouille avec l'arrosoir, pour lui donner un
degré d'humidité nécessaire à la fermentation, ensuite
on dispose les coffres au-dessus, et l'on y met de 15 à
20 centimètres de terreau. Si l'on n'y met pas de coffres,
on borde les couches avec des planches que les maraichers appellent dressoirs, contre lesquelles on tasse le
terreau, et qu'on enlève ensuite.

CHASSIS. — On donne le nom de châssis à des cadres
en planches recouverts de panneaux vitrés. Leurs lon-
gueurs varie de 1 mètre à 1^{m}50. On dispose les planches des cadres de telle sorte, que les vitraux soient in-
clinés vers le midi. Les châssis peuvent avoir plusieurs
panneaux, mais ceux à trois sont les plus commodes.

Quand on veut donner de l'air on lève les panneaux au moyen de crémaillères qui consistent dans de petits planchers où l'on a pratiqué des entailles ou crans destinés à supporter le panneau.

Les châssis sont destinés aux semis ou aux primeurs. Dans le premier cas, le terre-plein de la couche doit être à 15 centimètres des vitres, afin que les jeunes plantes ne s'étiolent pas. Au lieu de vitres on peut garnir les panneaux de papier huilé ; on obtient par ce moyen une chaleur plus douce.

On fait des châssis portatifs et des châssis fixes. Pour les uns, comme pour les autres, la construction en est dispendieuse, mais quand on considère les avantages qu'on en retire, on ne doit pas hésiter à leur donner la préférence sur les cloches.

Le châssis fixe est regardé comme une petite serre, et l'on peut le construire en maçonnerie. Nous ne parlerons pas ici de la construction et de l'usage des serres, ces genres d'abris étant plus spécialement réservés aux plantes exotiques.

OBSERVATIONS. — Le fumier, les feuilles, la tannée, le marc de fruits sont employés dans les couches et les châssis pour produire de la chaleur.

Le fumier de cheval a de 50 à 60 degrés de chaleur.

Les feuilles, de 30 à 35.

La tannée, de 30 à 35.

Le marc de fruits, de 40 à 50.

DES ENGRAIS.

La fertilité d'un terrain dépend de la quantité d'engrais qu'on lui donne pour réparer la perte des sucs nourriciers que les plantes lui ont enlevés.

C'est donc à se procurer le plus de fumier possible, et à l'employer judicieusement, que doit s'attacher l'horticulteur comme le cultivateur ; car, ainsi que le dit un célèbre agronome :

A petit fumier petit grenier.

Ce n'est pas ce qu'on sème, c'est ce qu'on fume qui réussit.

Sème moins et fume mieux.

Sans fumier il n'y a point de bonnes terres ; avec du fumier il n'y en a point de mauvaises.

Nous avons déjà vu que pour modifier les qualités minéralogiques et physiques du sol, on a recours aux amendements ; qu'amender une terre, c'est employer des substances propres à augmenter ou à diminuer l'humidité, à lui donner de la ténacité ou de la légèreté.

Il est des substances qui servent à la fois d'amendement et d'engrais : telles sont la chaux, la marne, la craie, le plâtre, les vases, la cendre, la suie, le sel marin.

Il en est d'autres qui ne servent que d'engrais, c'est-à-dire qu'elles sont destinées à fournir aux plantes les éléments azotés sous la forme d'ammoniaque.

Les engrais se divisent en engrais végétaux et engrais animaux.

Les végétaux sont formés de plantes vertes enfouies, de débris de récoltes, de tourteaux, de marcs, de feuilles sèches, etc.

Les engrais animaux sont le fumier proprement dit,

les débris d'animaux, le guano et les déjections de l'homme.

Nous allons faire connaitre les résultats obtenus avec chacun de ces engrais et un mélange de sable pur.

1°. — Du sable amendé et formé avec de la chaux pure convient aux plantes fourragères à feuilles larges, telles que la luzerne, le trèfle; les plantes bulbeuses, oléagineuses et les céréales n'y réussissent pas.

2°. — La chaux, mêlée à l'engrais végétal et animal, convient à toutes sortes de plantes. Il suffit de 2,000 kilogrammes de chaux et 20,000 kilogrammes d'engrais végétal et animal mélangés pour bien fumer un hectare. Cet engrais est le meilleur qu'on puisse employer.

3°. — Le sable amendé avec des plâtres est impropre à la végétation. Le plâtre n'est qu'un excitant; il ne produit de l'effet que par l'humidité qu'il appelle sur les plantes. C'est pour cela qu'il ne doit être étendu sur les prairies que lorsque la rosée ne doit pas tarder à tomber.

4°. — Si dans du sable fumé avec de la cendre de toute espèce de plantes vous semez des graines, toutes les plantes ne prospéreront pas; il n'y aura que les céréales qui réussiront au delà de toute espérance.

5°. — Si vous mêlez du sable pur avec de bon terreau de brebis, vous verrez réussir toutes les plantes, mais surtout celles qui sont annuelles. En mêlant de la chaux à la terre qui a été mise sous des animaux de la race ovine, on obtient un des meilleurs engrais. Il faut 40,000 kilogrammes de ce terreau par hectare et 6 hectolitres de chaux suffisent pour l'améliorer.

6°. — Avec du fumier de cheval on n'obtient pas des résultats aussi avantageux dans la première année, mais on peut compter sur une grande amélioration pour la seconde. Il faut 30,000 kilogrammes de fumier par hectare.

7°. — Avec le fumier de bœuf, parce qu'il est moins énergique, les plantes réussissent moins bien. Cet engrais est cependant plus durable et il convient aux terres légères et chaudes.

8°. — Le fumier de porc vaut mieux que la réputation qu'on lui a faite. Les plantes qui sont lentes à se développer s'en trouvent bien ; les arbres fruitiers surtout.

Voici ce que m'a raconté un jour un jardinier de Meaux à propos de ce fumier :

« Un jour, me dit-il, j'avais besoin de fumier, je ne pouvais m'en procurer nulle part ; je me souvins que dans un coin de la cour se trouvait un tas de fumier de porc qui était resté là longtemps dédaigné. J'hésitai d'abord à m'en servir, en songeant au peu de confiance qu'il inspirait aux cultivateurs puisque la plupart stipulaient dans leurs baux qu'il ne serait point fait usage, dans leurs terres, de fumier de porc. Puis, je me dis à moi-même : mieux vaut celui-là que rien ; et je me décidai à l'employer.

» J'en ai été si satisfait que j'ai continué depuis, et j'avoue même que je donne aujourd'hui la préférence au fumier de porc pour la fumure de mes espaliers qui s'en trouvent fort bien. J'y trouve même de l'économie, car le fumier de porc est celui qui coûte le moins. »

Ce qu'on nomme fumier de ferme, c'est-à-dire celui de mouton, celui de cheval, celui de bœuf et celui de porc, bien mélangés, donne les résultats les plus satisfaisants. 30,000 kilogrammes suffisent pour un hectare.

9°. — La colombine contient beaucoup de principes

fécondants, c'est pour cela que cet engrais doit être employé avec modération. Il suffit de répandre 900 kilogrammes par hectare.

10°. — Le guano est une espèce de colombine produite par des oiseaux de mer; il convient mieux aux céréales qu'aux légumineuses. On estime à 300 kilogrammes seulement la quantité nécessaire à une bonne fumure; nous croyons que cette quantité n'est pas suffisante. On est bien revenu de l'usage du guano grâce aux fraudes nombreuses auxquelles la spéculation a eu recours.

11°. — Parmi tous les engrais, nul ne renferme autant de principes fécondants que les matières fécales. On en fait la poudrette dont le prix est trop élevé pour l'agriculture, mais qui est d'un grand secours dans la culture maraîchère des environs de Paris et de certains grands centres de population.

12°. — Les os sont un excellent engrais à cause de la chaux qu'ils contiennent.

La suie convient aux sols humides qui ont besoin de chaleur; c'est un bon excitant de chaleur, surtout au printemps, pour faire pousser l'oseille.

Observations. — Donnez aux terres froides et humides du fumier frais et pailleux; aux terres sèches et légères il ne faut, au contraire, que du fumier à l'état gras, qu'on coupe avec la bêche.

Celui de cheval employé frais divise et échauffe les sols argileux, celui du bœuf bien consommé donne de la fraîcheur aux terres légères où l'évaporation se fait trop rapidement.

La chair, le sang, les chiffons, les cornes, etc., sont des engrais riches en azote.

Les boues des villes ou gadoues, quand elles ont fermenté plusieurs mois, sont employées avantageusement dans la culture maraîchère.

Les fumiers qu'on destine à faire des couches doivent être placés en tas dans un lieu sec afin qu'ils se pourrissent moins vite. Les autres doivent être déposés dans une fosse où on les arrose pendant les fortes chaleurs. Il faut avoir soin de n'y pas laisser développer ce qu'on nomme le blanc de champignon.

Compost. — On donne ce nom anglais à des terres artificielles dont on fait grand usage dans l'horticulture et surtout quand on se livre à la culture des végétaux exotiques. La base principale de ces sols artificiels est la terre de bruyère.

Culture des terres. — Pour ameublir la terre et la rendre propre à recevoir les diverses semences ou les plantes qu'on désire lui confier, on a recours au défoncement ou au labour.

Le défoncement doit être fait à une profondeur d'un demi-mètre, quand il ne s'agit que de la culture des plantes herbacées. On défonce à 80 centimètres et à un mètre, lorsqu'on veut planter des arbres fruitiers.

On commence par ouvrir une tranchée de 1 mètre de largeur, on enlève la terre à l'endroit où doit finir le défoncement, ensuite on rabat dans cette tranchée la terre de celle qu'on ouvre de nouveau et l'on procède ainsi jusqu'à ce qu'on arrive au bout du carré. On a soin de bien diviser la terre et d'en enlever les pierres et les racines.

Dans le jardinage, les labours se pratiquent à la bêche ou à la houe. Ceux à la houe sont plus économiques, mais ils ne valent pas ceux qu'on pratique à la bêche.

La profondeur des labours doit être en raison de la nature du sol. Dans les terres légères et peu profondes, 15 à 20 centimètres suffisent, on pénètre de 30 à 35 centimètres dans les terres fortes. Dans les premières on ne peut cultiver que des plantes à racines courtes et traçantes; dans les secondes on met des plantes à racines pivotantes et des arbrisseaux.

Les travaux de binage et de sarclage ne viennent qu'en seconde ligne; ils servent à ameublir le sol durci par les pluies ou la sécheresse et à détruire les mauvaises herbes. Les instruments qui servent pour ces opérations sont la binette et la serfouette. La première est employée dans les cultures en lignes; la seconde, pour les plantes semées à la volée.

DISPOSITION D'UN MARAIS. — Lorsqu'on ne cultive que des légumes, on doit ménager peu d'allées destinées au passage de la brouette; il suffit de sentiers d'un demi-mètre de largeur. Le long des allées principales, on laisse des plates-bandes plus ou moins larges dans lesquelles on plante des arbres fruitiers, on met en bordures dans les plates-bandes des plantes employées en assaisonnements. Les carrés compris entre les allées sont destinés à la culture des légumes, on ménage, de distance en distance, d'étroits sentiers entre les planches, afin de pouvoir procéder facilement aux sarclages, aux binages ou à l'*esherbage*.

Il faut avoir soin de ne jamais placer deux fois de suite la même plante, dans le même endroit, car il faut alterner les cultures pour obtenir d'excellents résultats.

SOINS DIVERS. — S'il ne suffisait que de planter et de semer pour obtenir des récoltes, sans plus de peines, le jardinage serait la plus commode des cultures, mais il n'en est pas ainsi ; c'est, sans contredit, celle qui demande le plus de temps et le plus de peine. A peine a-t-on confié les semences à la terre que les travaux se succèdent sans interruption. Il s'agit d'arroser, de ratisser, de sarcler, de biner, de butter, d'*esherber*, etc.

L'eau joue un grand rôle dans la végétation ; elle porte aux plantes les matières qui servent à leur nutrition et à leur développement. L'eau n'est jamais pure, elle contient des sels ou du gaz en dissolution. L'eau de pluie est celle qui en contient le moins. Celle qui renferme une certaine quantité de carbonate de chaux ou de fer est peu favorable à la végétation. Celle qui a du chlore, des sulfates alcalins, des sels ammoniacaux, en petite quantité est favorable à la végétation.

L'eau de pluie est la meilleure pour arroser les plantes parce qu'elle contient en dissolution de l'azotate d'ammoniaque, celle de source est froide et doit être exposée à l'air, avant d'être employée. On doit toutefois, avant de s'en servir, s'assurer de leurs propriétés, car selon les sels qu'elles contiennent, elles peuvent être avantageuses ou nuisibles.

L'eau de rivière peut être employée avec avantage ; l'eau stagnante est mauvaise parce qu'elle est corrompue et manque d'oxygène. L'eau de puits est très-mauvaise parce qu'elle contient très-souvent du sulfate de chaux. Avant de s'en servir, il est bon de la battre de manière à faire précipiter la chaux.

On répand l'eau avec les arrosoirs, les petites pompes et les tuyaux en cuir auxquels on adapte un jet ou lance.

Au printemps et en automne, on n'arrose que le matin ; en été, c'est le matin et le soir ; l'arrosage du milieu du jour est plutôt nuisible qu'utile. Très-souvent, on voit dépérir les plantes par suite d'un arrosement intempestif.

Les légumes et les fourrages exigent plus d'eau que les plantes cultivées ; seulement, pour les fleurs et les fruits, on emploie une quantité d'eau plus ou moins grande, selon le temps et la nature du sol. Les plantes repiquées ont besoin d'être arrosées souvent et peu à la fois.

De toutes les opérations de jardinage, l'arrosement est la plus importante comme la plus laborieuse.

AGENTS PHYSIQUES DE LA VÉGÉTATION.

Les agents qui jouent un rôle dans la vie végétale, etc., sont : la chaleur, la lumière, l'électricité, l'humidité, toutes choses qui font partie de l'atmosphère en se mêlant à l'air.

L'atmosphère influe sur la vie des animaux et des végétaux, c'est le grand réservoir où puisent les uns et les autres certains éléments qu'ils s'assimilent en rejetant ceux qui ne leur conviennent pas. L'animal ne garde pas le carbone qui ne convient qu'au végétal, et, ce dernier, en puisant dans l'air l'élément qui n'est pas employé par l'animal et s'y trouve en excès, assainit l'air et le rend respirable. C'est ainsi que les deux règnes se rendent un mutuel service.

L'air atmosphérique se compose d'oxygène, d'azote et d'un gaz qu'on nomme acide carbonique.

L'oxygène est la partie la plus active de l'air, c'est le principe de la combustion ; il est tempéré par l'azote,

car s'il était pur, il consumerait les organes qui le respi-
reraient.

L'azote, s'il était seul, tuerait les animaux et les
plantes.

Un grand nombre d'analyses ont démontré que l'air
atmosphérique contient, en poids, 76,90 d'azote et 23,10
d'oxygène. L'acide carbonique y entre pour une bien
faible partie.

Les feuilles des plantes, quand elles sont frappées par
les rayons solaires, absorbent l'acide carbonique, le dé-
composent, s'emparent du carbone et émettent l'oxygène ; dans la nuit, au contraire, elles exhalent de
l'acide carbonique en s'appropriant l'oxygène de l'air.
C'est ainsi que notre atmosphère se trouve purifiée d
l'acide carbonique qu'y répandait la respiration des
animaux, la putréfaction des détritus animaux et végétaux.

L'azote, comme le carbone, est un des éléments nu-
tritifs des plantes, mais il n'a la faculté de s'y assimiler
que sous la forme d'ammoniaque ou de sels ammoniacaux fournis par les matières animales.

L'air atmosphérique est donc indispensable à la vie
des plantes, c'est pour cela qu'elles demandent à végéter
dans les lieux aérés et n'être pas semées trop drues, ni
plantées trop pressées ; dans l'un et l'autre cas, elles
s'étiolent et meurent sans rien produire, car leurs tiges
s'allongent pour aller chercher l'air qui leur manque.

D'après ce que nous venons de dire, on comprend
qu'il est nécessaire que les couches d'air se renouvellent
à mesure que les végétaux ou les animaux leur ont pris
les éléments nécessaires à leur existence. Il est des agents
mystérieux qui se chargent de cette opération ; ce sont

les vents. Ils rétablissent l'équilibre dans les couches d'air, y distribuent l'humidité, tout en favorisant la fécondation des plantes en emportant au loin leurs semences ailées.

L'air contient de l'eau à l'état gazeux; cette vapeur d'eau forme de petits globules creux comme des bulles de savon qui forment les brouillards et les nuages. Elle monte de la terre où elle se forme sous l'action de la chaleur.

Lorsque les vésicules d'eau deviennent plus nombreuses, elles se réunissent et forment des gouttes d'eau que leur poids fait tomber sur la terre. C'est ce qui donne la pluie.

La quantité de pluie qui tombe annuellement varie selon les lieux. On a remarqué qu'elle diminue en allant de l'équateur au pôle. En Europe, on constate qu'il tombe beaucoup plus de pluie sur les versants sud et sud-ouest des montagnes; qu'il pleut moins dans les plaines qui ne se trouvent pas dans le voisinage de la mer.

La quantité moyenne qui tombe annuellement sur toute la surface de la France est de 680 milimètres.

L'eau de pluie est regardée comme la meilleure pour les arrosements ainsi que nous l'avons déjà dit.

En hiver, il arrive parfois que la pluie se congèle et tombe sous la forme de neige, et forme à la surface de la terre une espèce de couverture qui la préserve des grands froids.

Lorsque la nuit est sereine et sans nuage, la surface du sol se refroidit; l'air environnant dépose alors son humidité sous forme de rosée.

La rosée se trouve ainsi dans les temps secs, remplacer la pluie et tenir lieu d'un arrosement. Quand le ciel est couvert, on sait qu'il n'y a pas de rosée, parce que les nuages empêchent la terre de se refroidir assez pour condenser l'humidité de l'atmosphère.

S'il arrive que l'abaissement de la température soit tel que la rosée se congèle, on voit ce qu'on nomme la gelée blanche. On peut donc, avec des précautions, se mettre à l'abri des gelées blanches en disposant au-dessus des plantes des paillassons, des châssis, des cloches, etc. Dans certaines contrées lorsqu'on a à craindre, par les belles nuits de printemps et d'automne, un abaissement dans la température, on brûle des herbages pour produire des brouillards artificiels.

Si le froid est nuisible aux plantes, il n'en est pas de même de la chaleur quand elle n'est pas portée à un haut degré. Elle influe, comme l'humidité, sur la végétation et toutes deux sont indispensables à la germination. Il est démontré, par l'expérience, qu'une plante ne peut résister à une température de 50 degrés. Il ne faut pas non plus qu'elle passe brusquement d'une température chaude à une température froide et *vice versa*, car cette transition est toujours fatale. Il est bon de connaître le degré de chaleur que chaque plante exige pour se développer dans des conditions normales. Il faut au chêne plus de chaleur qu'au chèvre-feuille, au groseillier ou au lilas. Le noisetier et le pêcher fleurissent à une température de 5 degrés lorsqu'il en faut 18 à la vigne et 19 à l'olivier et au chanvre. La graine de l'ormeau mûrit à 12 degrés, et il en faut 22 aux raisins et aux melons.

Autant que la chaleur la lumière est indispensable aux plantes. C'est elle qui favorise leur nutrition, elle

qui donne la couleur aux feuilles et aux fruits. On sait,
du reste, par expérience, que les végétaux qui en sont
privés blanchissent et s'étiolent. Voyez les plantes déposées dans des caves, leurs tiges sont effilées et blanches, et elles s'allongent pour aller chercher la lumière.
C'est en en privant certaines plantes, comme les chicorées,
les cardons, etc., qu'on les fait blanchir.

DES MOYENS DE MULTIPLICATION.

La Providence, toujours prévoyante, n'a rien négligé
pour assurer la reproduction des végétaux. Abandonnés
à eux-mêmes, ils se reproduisent également, mais ils
ne présentent plus les qualités qui les rendent si précieux pour l'alimentation. C'est donc au travail de
l'homme qu'il appartient de tirer de cette nature sauvage les produits perfectionnés dont nous faisons usage.

Toutes les plantes peuvent se reproduire de graines;
mais, comme pour quelques-unes ce mode de reproduction présente moins d'avantages, alors on a recours à
des moyens artificiels et l'on arrive aux mêmes résultats
par la division des racines, par les tiges, les branches et
même quelquefois par des parties accessoires de la
plante, telles que les feuilles, les pétioles, les pédoncules, comme chez le *gloxinia*, mais, en général, la
voie de multiplication la plus simple et la plus fructueuse
est le semis. Les plantes qu'on obtient sont plus vigou-
reuses et viennent plus vite. C'est, du reste, le seul
mode employé pour les plantes annuelles.

Deux choses sont à considérer dans le semis : le
choix et la préparation du terrain, et la qualité de la
graine qu'on emploie.

Le sol destiné à recevoir la semence doit être bien fumé, très-meuble. Il faut quelquefois le tasser quand on lui a confié la graine, surtout s'il perd facilement son humidité. Plus une graine est petite, moins elle doit être enfoncée en terre.

Il est essentiel de n'employer que des graines bien mûres, ce qu'on reconnaît facilement à la grosseur et à la couleur. Quand on les récolte soi-même, on ne doit prendre que celles qui proviennent des plus beaux porte-graines.

Une chose qui est plus difficile à reconnaître, c'est lorsque la graine, trop vieille, a perdu sa propriété germinative. C'est un cas qui se présente assez fréquemment dans le commerce. Il n'y a qu'un moyen de ne pas s'exposer à l'erreur; c'est de faire lever quelques graines avant de confier la semence à la terre.

Les graines conservent plus ou moins longtemps la faculté de germer. Voici, pour la culture maraîchère, un tableau faisant connaître le temps pendant lequel une graine peut germer :

Ail.........	2 ans.	Cresson....	3 ans.	Melon......	5 ans.
Asperges...	3 —	Endive.....	6 —	Millet......	2 —
Betteraves..	4 —	Épinards...	4 —	Ognons	2 —
Carottes....	4 —	Fèves de ma-		Oseille.....	1 —
Céleri......	3 —	rais	5 —	Panais.....	2 —
Cerfeuil....	4 —	Haricots....	2 —	Persil......	2 —
Choux......	5 —	Laitues	4 —	Pourpier....	4 —
Citrouille...	3 —	Lentilles ...	2 —	Radis......	4 —
Chicorée ...	5 —	Lupin	3 —	Raves......	4 —
Concombre.	6 —	Maïs.......	5 —	Salsifis.....	3 —

Les graines se conservent bien mieux et plus long-temps lorsqu'on les laisse dans leur enveloppe naturelle, à moins que cette enveloppe soit charnue comme la tomate, par exemple. Dans ce cas, il est bon d'en extraire les graines et de les faire sécher, mais sans les laver.

Quand on peut laisser les graines dans leurs enveloppes, on doit les enfermer dans des sacs en papier et les placer en lieu sec.

Les modes de semer varient selon la forme et le volume des graines.

On sème à la volée les plus petites en les répandant le plus également possible et on les recouvre avec le râteau, ou bien, on se contente tout simplement de tasser la terre avec un rouleau ou une *batte*. Si l'on sème des noyaux ou des graines qui restent longtemps à lever, on les met pendant l'hiver dans le sable où ils commencent à germer et on les confie à la terre au printemps ; c'est ce qu'on nomme fructifier. On sème en rayons les plantes qui doivent être sarclées et buttées. Ce mode convient aux graines grosses et petites ; sans contredit, c'est le meilleur quand on ne manque ni de temps, ni de bras pour l'employer. A cet effet, on peut, du reste, se servir d'un rayonneur, ainsi que nous l'avons dit plus haut. On donne aux rayons la profondeur et l'espace qu'exige les plantes qu'on y sème.

Le semis en poquets se pratique au moyen de trous qu'on ouvre de distance en distance avec la binette ou la bêche. Ce mode est fréquemment employé par les maraîchers des environs de Paris, surtout pour le haricot. Nous croyons qu'il ne vaut pas le semis en rayon. Il est même défectueux lorsque on a recours au plantoir pour pratiquer les trous : d'abord, parce que la semence se trouve trop enterrée, et, en second lieu, parce que la terre est durcie par l'instrument et les racines ont de la peine à se développer.

On doit faire en sorte de ne pas trop semer trop dru, afin que les plantes ne s'étiolent pas et se développent librement, surtout quand elles doivent rester en place. Lorsqu'on les destine à être transplantées, on peut jeter plus de semences, parce qu'on éclaircit à mesure qu'on retire le plant le plus fort pour le repiquer.

AUTRES MOYENS DE MULTIPLICATION. — Pour beaucoup de plantes on n'a pas recours à la graine, quand il s'agit de reproduction ; il est des moyens plus expéditifs que l'industrie du jardinier a su mettre en usage.

Ces procédés de multiplication se font par les racines, les rejetons, les drageons, les œilletons, les stolons, les boutures et les marcottes.

Les ognons se reproduisent, soit de graines, soit au moyen de petits caïeux qu'on enlève de la plante ; l'ail l'échalotte, la ciboule ne se reproduisent que par les caïeux qu'on plante. Certaines plantes se multiplient par les tubercules ; de ce nombre sont la pomme de terre, le topinambour. On n'a recours à la graine que lorsqu'on veut obtenir des variétés.

Certaines plantes se multiplient par éclat des racines, comme l'artichaut, par des stolons ou filets, comme le fraisier, par des *soboles*, comme chez des plantes bulbeuses où de petites bulbes croissent à la place des graines et tiennent lieu de caïeux.

La multiplication peut encore avoir lieu par la tige au moyen des marcottes et des boutures.

DES MARCOTTES. — Quand on veut marcotter une plante, on enveloppe de terre un de ses rameaux qu'on laisse tenir à la plante mère, et par ce moyen on y provoque la production de racines. Dans l'acception la plus étendue de ce mot, dit M. Leclerc-Thouin, la marcotte est une tige à laquelle on fait pousser des racines, ou une racine à laquelle on fait pousser une tige, avant de la séparer de l'individu dont elle fait partie.

Il y a plusieurs espèces de marcottes, ainsi que le remarque l'auteur que nous citons : les drageons et les rejetons sont de véritables *marcottes naturelles*. Certaines espèces d'arbres, telles que le robinier ou acacia, quelques peupliers et pruniers émettent autour d'eux une si grande quantité de rejetons, que le sol en est bientôt couvert. Mais d'autres espèces exigent l'emploi de moyens artificiels, tels que ceux que nous indiquons pour les boutures.

La figure 50, représente le marcottage par *cépée*, qui a lieu en rabattant près du collet, la tige principale avant le printemps. Le tronc étant ensuite recouvert de terre, de nombreux bourgeons se développent et s'enracinent.

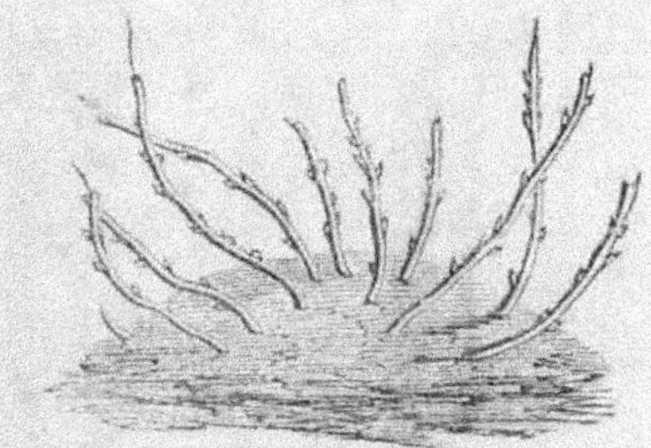

Fig. 50.

Le *marcottage par provins* (fig. 51), s'emploie fréquemment pour la vigne ou pour garnir des clairières dans un massif.

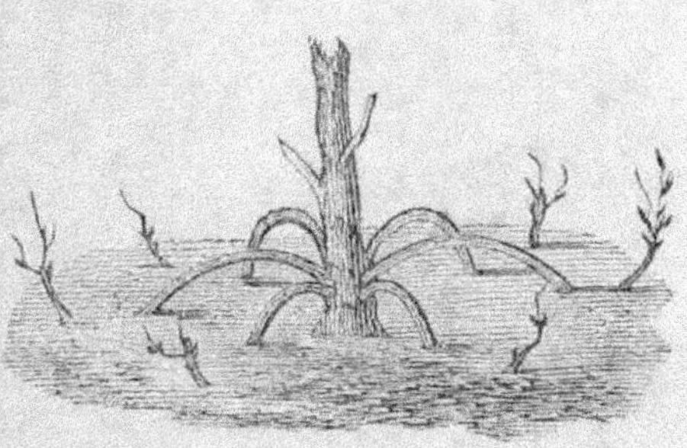

Fig. 51.

La figure 52 représente le marcottage employé pour

Fig. 52.

multiplier certaines espèces rares, cultivées dans les
jardins.

DES BOUTURES. — Une bouture est un morceau déta-
ché d'une plante, et qu'on met en terre dans des conditions telles qu'il puisse
végéter et mettre des
racines et des feuilles.
Les boutures doivent
être pratiquées à l'é-
poque de l'année où
il y a le plus de sève
dans les rameaux.
Comme les bourrelets
facilitent le développe-
ment des racines, il est
bon de choisir les ra-
meaux qui en possé-
dent ou d'en produire
préalablement d'arti-

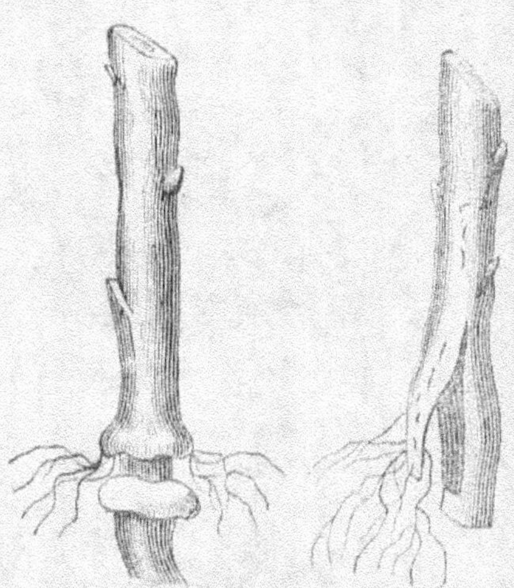

Fig. 53 et 54.

ficiels au moyen d'incisions ou de ligatures (Voy. les
fig. 53 et 54).

Les boutures doivent être mises en terre plus ou

moins profondément selon les espèces, et dans une position un peu inclinée. On doit choisir les rameaux de la dernière pousse auxquels on laisse un morceau de la pousse précédente qui forme bourrelet. Cependant la vigne, le groseillier produisent plus vite des racines avec des boutures de deux ans.

L'extension prodigieuse que la culture des plantes d'ornement, a pris depuis quelques années, a donné naissance à des moyens nouveaux et à des procédés expéditifs pour leur multiplication, et particulièrement pour leur bouturage. L'un des plus remarquables, est le bouturage dans la mousse. Jusqu'ici il n'était guère appliqué qu'aux plantes de serre chaude, mais M. Lierval, horticulteur, rue Villiers-aux-Ternes, l'a mis en usage pour beaucoup de végétaux qu'on range sous le nom de *plantes molles*, telles que fuchsias, verveines, pélargoniums, héliotrope du Pérou, lantanas sauges, etc. Pour procéder avec la certitude du succès on commence par pincer les sommités des sujets-mères, afin d'amener le développement de nombreuses pousses latérales ; on sépare celles-ci que l'on plante dans de la mousse, recouverte d'un centimètre de terre, et dont on a soin d'entretenir l'humidité. Il se forme alors un chevelu abondant, et la reprise du jeune sujet repiqué en terre légère est assuré.

Nous traiterons de la greffe, et par conséquent de la multiplication par la greffe, au chapitre de l'arboriculture.

Soins à donner aux semis. — Il ne suffit pas de faire naître des plantes et de les abandonner ensuite aux soins de la nature comme il arrive pour celles qui n'ont pas besoin de la main de l'homme. Elles réclament des soins de chaque instant, et des soins qui doivent durer plus ou moins longtemps, selon le temps et le lieu.

Les unes demandent à rester en place, et n'ont besoin, par conséquent, que d'eau, d'air et de chaleur; il faut donc veiller à ce qu'elles ne se gênent pas en grandissant, et les débarrasser des herbes parasites. D'autres, et c'est le plus grand nombre, veulent être repiquées pour se développer librement. Dans ce cas, lorsqu'elles ont grandi en pépinière pour pouvoir résister aux épreuves du repiquage, on lève les pieds à nu ou en motte, et on les transplante dans un terrain convenablement préparé pour les recevoir.

Maladies des plantes. — Il arrive parfois que les plantes ne se trouvent pas placées dans les conditions nécessaires à leur développement; elles languissent, souffrent et meurent. D'autrefois, ce n'est pas seulement la maladie qui les attaque, ce sont des animaux qui les détruisent pour s'en nourrir, eux, et leur progéniture.

C'est donc au jardinier à les prémunir contre les maladies qui peuvent les attaquer, ou à les guérir, quand elles sont malades. Il est de son devoir et de son intérêt de les protéger contre les animaux nuisibles.

Les maladies sont ordinairement occasionnées par des plantes parasites comme les mousses, les lichens, les champignons, les guis, par le dérangement dans les fonctions des organes.

Dans le premier cas, il s'agit de débarrasser le végétal des parasites et le placer dans des conditions hygiéniques telles que ses ennemis ne puissent plus l'attaquer.

Dans le second, il faut savoir appliquer un remède au mal dont on a reconnu la cause.

La plupart des maladies sont produites par l'excès de nourriture qui produit la pléthore ou l'excès de végétation ; par le manque de nourriture suffisante qui produit la débilité, l'étiolement, la stérilité ; par la putréfaction qui vient parfois d'un excès d'humidité ; et enfin, par des lésions qui donnent naissance à des ulcères, des excroissances, etc.

Les plantes ligneuses sont plus exposées aux maladies que les plantes herbacées, par conséquent, nous aurons occasion de revenir sur cette intéressante question lorsque nous traiterons des arbres.

Animaux nuisibles. — L'insecte s'attaque à l'arbre comme à la plante ; il choisit la partie qui lui convient le mieux ; les uns ne recherchent que les racines, les autres s'adressent aux bourgeons, aux feuilles, aux fleurs, aux fruits.

Tout le monde connaît le hanneton, c'est un grand ennemi de l'arbre et de certaines plantes herbacées dont il attaque les racines lorsqu'il est à l'état de ver blanc (larve). Il paraît avoir une prédilection pour la laitue ; on se sert même de cette particularité pour lui faire la chasse, car on s'aperçoit de sa présence à l'aspect fané de la plante attaquée de sa morsure. A l'état parfait, le hanneton est moins nuisible qu'à l'état de larve, et il est plus facile à détruire ; pour cela, il suffit, au printemps, de secouer les arbres et de les écraser.

La larve du cerf volant est peut-être plus grosse que celle du hanneton, mais elle ne s'attaque qu'aux troncs des vieux chênes et des arbres fruitiers.

Le charançon satiné vert dépose ses œufs sur des

feuilles qu'il roule pour les protéger, et lorsqu'il est à l'état de larve il ronge les feuilles.

Le scolyte destructeur et le scolyte typographe exercent leurs ravages sous l'écorce des arbres ; ils s'attaquent surtout aux ormeaux.

La saperde chagrinée confie sa larve aux peupliers, et les jeunes plants sur lesquels elle exerce ses ravages sont bientôt détruits.

L'altise, ou puce de terre, est l'ennemi des crucifères ; il s'attaque au chou, au colza, à la rave, au navet, au rutabaga ; il crible les feuilles quand elles sont fortes, et les détruit complétement quand elles sont encore petites.

Il est difficile de se débarrasser de ces insectes nuisibles qui bravent tous les remèdes indiqués jusqu'à ce jour, tels que le *chariot à goudron*, la lessive de tabac, les cendres et la chaux.

La courtilière, en cherchant les vers et les insectes destinés à sa nourriture, déchire les racines qui se trouvent sur son passage, et les plantes atteintes se fanent et meurent. Malgré l'eau bouillante et l'huile qu'on prône comme moyen de destruction, la courtilière n'en continue et n'en continuera pas moins ses ravages. Le meilleur moyen de s'en débarrasser, c'est de chercher leurs nids et détruire les œufs. On reconnaît leur place, en automne surtout, à de petits monticules ronds de 30 à 40 centimètres de diamètre.

La guêpe ne fait de tort qu'aux fruits, et ne s'attaque qu'aux meilleurs. On doit chercher les nids ou guêpiers dans les trous de la terre et les brûler.

La fourmi est nuisible aux plantes comme aux fruits ; c'est un hôte incommode dont on doit chercher à se débarrasser. Malgré la guerre qu'on fait aux fourmis dans les jardins, on parvient difficilement à les détruire, et l'on n'a pas encore trouvé de moyen bien efficace. On les prend avec des matières sucrées et gluantes. Pour les empêcher de grimper sur les arbres, on entoure le tronc d'un fil de laine ou de coton enduit de goudron ou de glu ; on parvient quelquefois à détruire toute une fourmilière au moyen d'eau bouillante qu'on répand dessus le soir ou le matin.

Les pucerons qu'on nomme vaches des fourmis parce qu'ils produisent un liquide sucré dont ces dernières sont très-friandes, sont remarquables par leur fécondité. Ils sont quelquefois si nombreux qu'ils recouvrent les jeunes pousses des végétaux. Ils nuisent de deux manières aux plantes par leurs piqûres et par leur exsudation ou miélat qu'ils répandent. On les détruit en arrosant les plantes avec de l'eau de chaux, en les soupoudrant tout simplement de chaux en poudre. Les pucerons lanigères peuvent être écrasés avec une brosse rude. Depuis quelque temps, cet insecte se multiplie et se répand au point de faire craindre pour les récoltes.

Chenilles. Il est une foule d'insectes à quatre ailes, appartenant aux lépidoptères, dont les larves sous forme de chenilles sont très-nuisibles aux plantes. Les plus redoutables sont : la piéride des choux, l'écaille à queue d'or qui dépouille les arbres de leurs feuilles, la pyrale de la vigne, la pyrale de la pomme et de la poire qui se loge dans les fruits et les rend véreux.

Les plus grands ennemis des chenilles sont les oiseaux, mais il est arrivé qu'on n'a pas assez tenu compte, dans certaines contrées, des services qu'ils rendent à l'agriculture, et on a détruit les oiseaux. Tout en

comptant sur ces auxiliaires, le jardinier ne doit pas
oublier de faire la guerre à ces insectes. On procède à
l'échenillage des arbres en brûlant au printemps les
nids des chenilles, et l'on dispose un lien de paille autour du tronc, ce qui empêche les insectes d'y grimper.
Pour la période des choux, le meilleur moyen consiste
à écraser les œufs qu'il est facile de reconnaître à leur
couleur jaune. Quant à la pyrale de la pomme et de la
poire, on n'a pas encore cherché à en préserver les
arbres.

La pyrale de la vigne est plus facile à détruire, soit à
à l'état d'œuf, soit à l'état de larve ou de papillon. Les
œufs donnent à la feuille de la vigne une espèce de coloration qui les fait apercevoir ; la chenille et la chry-
salide se logeant dans des feuilles roulées peuvent être
enlevées et écrasées. Si la nuit on allume de petits feux
de distance en distance, l'insecte, à l'état de papillon,
vient s'y brûler.

Les limaces et les escargots causent de grands dégâts
dans les cultures maraîchères, surtout au printemps et
dans l'automne si l'on n'a pas le soin de les détruire.
On a indiqué plusieurs moyens de s'en débarrasser,
mais le plus efficace est sans contredit celui qui consiste à se munir d'un vase dans lequel on a mis de l'eau
de chaux et à y jeter les limaces ou limaçons à mesure
qu'on les ramasse.

Le Créateur, dans sa sagesse, a pris soin d'assigner
à chaque créature le rôle qu'elle doit jouer dans cet
immense mouvement que l'on nomme la nature. Il n'est
pas jusqu'au crapaud qui n'ait bien sa mission à remplir.

Les cultivateurs anglais, plus sages que nos villageois, font acheter en France une grande quantité de crapauds qui, détruisant un nombre prodigieux d'insectes, garantissent les cultures maraîchères de leurs ravages.

Ce que nous disons du crapaud peut s'appliquer aux oiseaux. Que de services ne nous rendent-ils pas ? Il est certain que depuis qu'on a dévasté les forêts et fait aux pauvres oisillons une rude guerre, le nombre des insectes nuisibles aux plantes s'est accru considérablement. Il est certain qu'on ne saurait trop appeler l'attention des cultivateurs sur la conservation des oiseaux, et surtout sur la nombreuse tribu, dite *becs fins*, qui, se nourrissant exclusivement d'insectes, rend d'immenses services à l'agriculture.

Les mulots et les rats causent aussi des ravages dans les jardins. On doit avoir recours, pour les détruire, aux pièges ou à la pâte phosporée.

CULTURE DES PLANTES POTAGÈRES

Il nous reste maintenant à parler de chacune des plantes adoptées dans la culture maraîchère, à faire connaître la manière de les cultiver, de les récolter, de les conserver, etc. Afin de mettre plus de méthode et de clarté, nous n'adopterons pas l'usage généralement suivi par tous nos confrères, de les présenter dans l'ordre alphabétique comme on le ferait dans un dictionnaire d'horticulture. Nous les classerons d'après les parties employées dans l'alimentation et les diviserons, par conséquent, en quatre catégories :

La *première* comprendra les plantes dont on ne mange que la racine ;

La *deuxième*, celles dont les feuilles et les tiges sont seules comestibles ;

La *troisième*, celles dont on ne mange que la fleur et le fruit ;

La *quatrième*, celles dont on mange les graines, soit seules, soit avec leurs siliques ou gousses.

PREMIÈRE CATÉGORIE.

Végétaux dont on ne mange que la racine ou légumes-racines.

Cette catégorie comprend le plus grand nombre de plantes utiles en cuisine. Leur usage ne s'étend pas seulement à l'homme ; les animaux trouvent dans leurs produits un aliment convenable.

Il y a deux choses à considérer dans la culture des légumes-racines qui est, sans contredit, la plus productive. D'abord il faut confier la graine ou le plant des tiges ou des tubercules à une terre meuble, profondément labourée, bien divisée, et qui n'est ni tenace ni compacte ; en second lieu, il faut les espacer, les biner, les sarcler, les butter et, finalement, les récolter en temps opportun, de manière à en assurer la conservation le plus longtemps possible.

Nous reviendrons du reste sur l'article : conservation, à la fin de ce chapitre.

Passons d'abord en revue les légumes-racines, et faisons connaître le genre de culture qui leur convient. Nous commencerons par les pivotantes, puis par les tuberculeuses et, finalement, par les bulbeuses.

Carotte. — La carotte est une plante bisannuelle, appartenant à la famille des ombellifères qui compte un grand nombre de variétés dont les principales sont :

La carotte rouge courte de Hollande ; la carotte blanche longue et demi-longue ; la jaune courte ; la rouge longue, et la blanche à collet vert ; la rouge très-courte ; la violette d'Espagne, etc.

Les carottes blanches et la carotte rouge à collet vert, étant plutôt destinées à la nourriture des animaux qu'à celle de l'homme, appartiennent à la grande culture et non à la culture maraîchère.

On doit donner, pour la cuisine, la préférence à la carotte rouge, car elle est plus aromatisée et a plus de saveur que la jaune et la blanche.

L'espèce qu'on recherche pour ses qualités et sa précocité surtout, c'est la carotte rouge courte hâtive, dite de Hollande. Les maraîchers de Paris qu'on peut citer avec juste raison comme des modèles quand il s'agit de primeurs, la sèment sur couche et sous châssis en novembre et en février, et ils les vendent fort petites à partir d'avril.

Lorsqu'on ne tient pas aux primeurs, on sème les carottes en pleine terre. On doit commencer les semis en février ; ce sont ceux qui réussissent le mieux, parce qu'au moment où les graines lèvent, la jeune plante a moins à craindre le limaçon et l'araignée. Les semis de mars et d'avril sont plus exposés aux ravages de ces insectes, et il arrive souvent qu'ils sont complétement détruits.

On fait quelquefois des semis en septembre, mais c'est pour avoir des carottes au printemps.

Il en est de cette plante comme de toutes les autres,

la nature du terrain exerce une grande influence sur ses produits ; elle est meilleure dans un sol sablonneux, gras et profond, que dans un terrain argileux et avec une fumure vieille plutôt que nouvelle.

On sème à la volée ou en lignes espacées de 20 centimètres, on couvre au rateau, et si le sol est léger et sablonneux, il est bon de tasser la terre avec le rouleau ou avec une batte. La graine qu'on emploie doit avoir deux ans, afin de n'avoir pas des plants sujets à monter; on a soin de bien la frotter pour la débarrasser de ses poils et la répandre également partout. La quantité de semence varie selon l'époque du semis, la qualité du sol, et la grosseur de la graine. On repand moins de semence en lignes et en février qu'en mai. Nous croyons qu'on peut répandre en toute sûreté de 40 à 50 grammes par are ou cent mètres carrés, c'est-à-dire presque un gramme de graine par mètre carré.

La graine de carotte met longtemps à lever, un mois souvent quand le temps n'est pas favorable à la germination. Le jeune plant demande à être protégé contre les insectes qui ont bien vite dévoré ses cotylédons. Il faut ensuite l'éclaircir, en enlever les plantes parasites, sarcler et espacer à 15 centimètres au moins pour que chaque pied se développe librement.

Lorsqu'il manque du plant on en repique, mais il arrive souvent que la carotte repiquée ne réussit pas, car elle durcit et se garnit de petits filaments. Il vaut mieux semer d'autre graine ou confier à la terre toute autre plante.

La carotte courte doit être récoltée de bonne heure ; la longue peut rester plus longtemps en terre. Elle résiste assez bien aux gelées, et on peut la conserver sur place en la recouvrant de sciure de bois ou de litière. On doit toujours la récolter au commencement de l'hiver, et la placer dans du sable ou dans une cave.

On doit choisir pour porte-graines les racines les plus belles, et les conserver en terre, en les abritant contre les rigueurs de l'hiver.

Navet. — Le navet est une plante bisannuelle de la famille des crucifères. Il offre un grand nombre de variétés modifiées par le sol et la culture. Les principales sont : le navet de Freneuse, demi-long, petit et roussâtre ; de Meaux, long et blanc ; le navet jaune long qui est excellent dans les terres sablonneuses, et le navet de Berlin. Ces variétés sont dites navets secs. Les navets tendres sont : le blanc et le rouge plats hâtifs ; le rose du Palatinat ; le rouge et blanc ; le navet des Vertus ; cette variété plus hâtive réussit mieux dans les terres qui ne sont pas sablonneuses.

Les navets demi-tendres sont : le navet boule d'or, les jaunes d'Écosse, de Malte, de Finlande, le noir d'Alsace.

Il faut aux navets une terre légère et un certain degré d'humidité ; trop de sécheresse les rend filandreux et durs, et leur donne de l'âcreté et une saveur forte. C'est pour cela que les navets d'automne sont préférables. On sème les navets depuis la fin de juin jusqu'en octobre. Plutôt, ils montent, même en employant de la graine vieille. Ceux qui s'accommodent le mieux des premiers semis, sont les navets des Vertus et le plat hâtif.

La quantité de semence est, selon la saison, de 1 kilogramme et demi à 2 kilogrammes, c'est-à-dire de 15 à

20 grammes par are. On sème sur terre fraîche, à la volée et par un temps couvert. On couvre au rateau. Quand la graine a levé, il n'y a pas d'autres soins à donner que d'éclaircir et d'enlever les herbes parasites.

En Angleterre, on ne mange pas seulement la racine, on emploie aussi en cuisine les pousses du printemps, alors que les navets commencent à monter en graine.

De la rave. — La rave ressemble au navet et demande les mêmes soins pour la culture ; elle a seulement une chair plus délicate que le navet, et se conserve moins longtemps. Elle ne réussit que dans les terres sablonneuses et sous les climats humides. On sème à partir du commencement de juillet pour récolter en novembre. On compte plusieurs variétés de raves : la blanche, la petite hâtive, la rouge longue, la rose et la rave tortillée du Mans.

Le rutabaga, le chou-rave. — Le rutabaga ou navet de Suède, est une des meilleures racines sarclées, en ce qu'elle réussit dans les sols argileux, comme dans les terrains sablonneux, et qu'elle est très-rustique et supporte assez bien la gelée. On sème en février ou en mars, si le temps le permet, en pépinière, et l'on repique les plants comme on fait des choux ordinaires. Cette méthode vaut mieux que de semer en place, car on obtient des racines plus grosses. Pour les repiquer on coupe l'extrémité des fanes, et l'on choisit un temps couvert et une terre fraîche, parce que cette plante ayant peu de racines, a de la peine à prendre.

On distingue un grand nombre d'espèces de choux-raves : le chou-navet de Laponie, ordinaire, hâtif, à collet vert, le chou-rave de Siam, dont la tige forme une boule sur le sommet de laquelle se trouvent les feuilles, et qui grossit à mesure que la plante vieillit ; c'est cette partie charnue qu'on mange. Tous se cultivent comme le rutabaga et exigent les mêmes soins. On peut conserver jusqu'en juin de l'année suivante les choux-raves, et surtout les rutabagas, qui deviennent une précieuse ressource alors que les navets font défaut.

Salsifis et scorsonère. — Ces deux plantes qu'on a l'habitude de confondre souvent, surtout à Paris, appartiennent à la famille des composées.

Le salsifis, proprement dit, se reconnaît à sa racine très-allongée, blanche ou jaune, à ses feuilles longues, étroites, demi-cylindriques, à sa fleur d'un beau violet.

Il demande un terrain meuble, profond et un peu frais ; on sème en lignes espacées de 20 centimètres, depuis mars jusqu'en septembre. Les semis de mars fournissent des racines bonnes à récolter à partir de septembre, tandis que ceux qui ont lieu plus tard ne donnent des racines qu'au printemps, et elles sont toujours filandreuses, parce qu'alors la plante monte en graine. Nous croyons que pour avoir des salsifis sucrés et délicats, il ne faut pas qu'ils restent plus d'un an en terre. Il n'en est pas de même de la scorsonère, qui doit être bisannuelle.

On reconnaît la scorsonère à sa racine à écorce noire, plus grosse, moins allongée que celle du salsifis ; ses feuilles sont plus larges, plus courtes et moins bonnes en salade que celles du salsifis, qui sont fréquemment employées, sa fleur est jaune. Ses racines ne sont bonnes à manger qu'à la seconde année, c'est ce qui fait qu'elles sont plus filandreuses et plus mollasses. On donne à la scorsonère le nom de salsifis d'Espagne, parcequ'elle nous vient de cette contrée. On sème la graine à partir de février, en lignes, sur un terrain bien ameubli et profondément labouré ; on doit arroser si la graine tardait trop à lever par suite de la sécheresse. Les soins à donner plus tard au salsifis comme à la scorsonère consistent à éclaircir, sarcler et biner. On se contente d'arracher les racines à mesure des besoins, car elles sont rustiques et peu sensibles au froid.

Panais. — Le panais appartient à la famille des ombellifères ; c'est une plante bisannuelle, à racine longue, sucrée et aromatique ; il n'a pas les qualités de la carotte, et on ne l'emploie que comme assaisonnement, dans les potages. Il se sème en février et demande peu de soin, car, ainsi que le panais sauvage, il vient presque sans culture. On en distingue plusieurs variétés qui sont : le panais long, le panais de Siam, le panais rond, le panais de Hollande.

Radis, raifort. — Le radis est une plante annuelle qui nous vient de la Chine et offre beaucoup de variétés. Ce sont : le radis blanc hâtif, petit rose ou saumoné, demi-long rose, rose hâtif, le rouge, le violet, le jaune hâtif, etc. Le raifort noir d'hiver, etc. Les petits radis ronds se sèment presque toute l'année. En hiver et au commencement du printemps on sème sur couche ; dans les autres saisons, en pleine terre. La terre sablonneuse demande à être tassée, afin que le radis garde sa forme ronde ; en été il faut à cette plante beaucoup de fraîcheur. On doit semer par petites quantités, et tous les quinze jours si l'on tient à en avoir en tout temps. Le radis gros noir se sème depuis juin jusqu'à la fin d'août. On le conserve pendant tout l'hiver en l'enterrant dans du sable. Le petit noir est excellent pour l'été et l'automne. Le demi-long rose est précoce et de qualité supérieure aux autres.

Le raifort sauvage ou cranson ressemble à un navet à écorce noire, dont il a le goût, mais avec une saveur plus piquante; on sème en été dans un terrain frais et ombragé.

Chervis. — Le chervis est une plante vivace de la famille des ombellifères, originaire de la Chine, dont les racines charnues et sucrées se mangent comme celles des scorsonères. Elle se reproduit par éclats ou par graine, qu'on sème en terre légère en rayons, au printemps ou en septembre. Quand les graines sont levées il faut biner, sarcler et arroser, car le chervis demande un sol toujours frais. On ne doit pas se servir de la graine que le chervis porte la première année.

Le scolyme d'Espagne. — Plante vivace appartenant aux chicorées, originaire de l'Espagne et du midi de la France, où on la trouve à l'état sauvage. On sème de mai en juin en lignes espacées de 50 centimètres dans une terre un peu compacte et profonde. Elle est rustique et supporte bien le froid. Dès la fin de juillet on récolte des racines assez grosses, dont la saveur ressemble beaucoup à celle du salsifis.

Céleri-Rave. — Le céleri-rave fournit à la cuisine une racine tendre et d'une saveur agréable. On sème en avril dans une terre profonde, fraîche et meuble; on repique à distance de 50 centimètres environ, et l'on se contente de sarcler, mais on ne butte pas comme le céleri ordinaire. Au moment du repiquage, on retranche les grandes feuilles et les racines latérales. Au commencement de l'hiver on récolte les racines auxquelles on laisse les feuilles du cœur, et on conserve dans le sable. On peut laisser en terre pour arracher à mesure des besoins, mais il faut avoir soin de mettre une couverture de litière dans les fortes gelées.

Cerfeuil bulbeux. — Cette plante, peu connue encore, produit une racine petite mais sucrée, et ayant une saveur analogue à celle du chervis. La graine, confiée à la terre en automne, lève au printemps ; il faut semer dans une terre meuble, mais pas trop dru, parce que l'éclaircissage n'est pas facile. On conserve les racines comme les pommes de terre dans une cave. On peut laisser en terre les porte-graines, ou bien replanter au printemps les racines destinées à la reproduction.

Enothère ou jambon des jardiniers. — Cette plante bisannuelle n'est guère cultivée qu'en Allemagne. On sème en avril dans une terre meuble, et l'on repique à 50 centimètres de distance ; on sarcle et l'on arrose. A l'automne, les racines sont bonnes à récolter ; on les met en cave ou bien on les laisse en place, car cette plante ne redoute pas le froid. Cette racine est employée comme le salsifis ; on s'en sert même pour le potage. Passé le mois d'avril, cette racine devient fibreuse et n'est plus bonne à manger.

Betterave. — Cette plante de la famille des chénapodies, est peu cultivée dans le jardinage, car elle n'est guère employée en cuisine que pour faire des salades. Les variétés potagères sont : la grosse rouge et la petite rouge ; la betterave turneps, rouge très-foncée, une des meilleures pour la table, et la jaune de Castelnaudary.

La betterave demande un sol meuble, profond ; on sème à la volée ou en rayons, et on espace les plants à 50 centimètres environ. On peut semer en pépinière et

repiquer ; cette méthode est la moins bonne. On sème
sur vieille fumure, ou si l'on emploie du fumier, il faut
qu'il soit bien consommé. La récolte des racines a lieu
en novembre ; on les met en cave pour les conserver.
Au printemps, on choisit les plus belles pour porte-graines et on les met en terre.

RACINES TUBERCULEUSES.

Pomme de terre. — Cette plante appartient à la
famille des solanées ; elle est originaire d'Amérique, et
c'est sans contredit une des plus utiles à l'homme. Nous
ne parlerons ici que des variétés les plus précoces qu'on
doit cultiver dans le jardin, afin d'en avoir de bonne
heure. Les variétés les plus hâtives sont : la Marjolin,
la pomme de terre Blanchard, la naine hâtive, la Shaw
ronde jaune, et la Ségonzac moins précoce que cette
dernière. Les variétés plus tardives, admises dans la
cuisine, sont : la longue jaune de Hollande ; la truffe
d'août rouge et ronde ; la rouge longue de Hollande et
la vitelotte rouge longue qui ne s'écrase pas dans les
ragoûts ; la châtaigne Sainville, jaune et oblongue ; la
pomme de terre haricot, et la pomme de terre Descroi-
zille.

Comme dans les grands centres de population les
pommes de terre précoces sont très-recherchées, les
maraîchers doivent s'attacher à obtenir de bonne heure
des tubercules ; pour cela, ils placent sous châssis, vers
la fin de décembre, les pommes de terre destinées à la
plantation. Quand elles ont bien poussé, on les plante
à demeure sur une couche, composée par parties égales,
de bonne terre et de terreau. On espace et on met à 10

ou 15 centimètres de profondeur. Dans les premiers temps, on maintient la couche chaude, puis on se contente d'une température douce, et quand le temps le permet on donne de l'air. Par ce procédé, on peut obtenir des pommes de terre vers le milieu d'avril. La variété connue sous le nom de Marjolin, est celle qu'on emploie de préférence pour planter sous châssis.

En Angleterre, on récolte en mars et avril des pommes de terre qu'on a mises en terre en août, et qu'on a recouvertes pendant l'hiver avec de la litière, quand les fanes ont été gelées.

Lorsqu'on cultive la pomme de terre en pleine terre, on plante les tubercules en février ou en mars ; on choisit une terre meuble et légère, sablonneuse plutôt que forte et pourvue d'engrais. On sème en rayon ou par poquets, en ayant soin d'espacer suffisamment et d'enterrer peu profondément. On sarcle et bine aussi souvent que possible, et l'on butte ensuite. L'espace entre les pieds doit être de 50 à 60 centimètres au moins. Il faut couper les tubercules en deux, et choisir toujours les plus beaux pour la plantation.

La culture des pommes de terre ordinaires est trop connue pour que nous entrions dans de plus longs détails à ce sujet. Toutefois, nous donnons ci-contre une espèce de charrue dont le soc est disposé de manière à faciliter la récolte des pommes de terre (fig. 55.)

Fig. 55.

Topinambour originaire du Brésil. — Cette plante appartient à la famille des radiées ; elle était beaucoup plus cultivée en France avant l'introduction de la pomme de terre à laquelle on a donné la préférence comme étant plus agréable et plus nourrissante. Le tubercule du topinambour est du reste peu employé en cuisine, quoiqu'il ait quelque chose du goût du fonds d'artichaut. On commence à l'introduire dans la grande culture pour la nourriture du bœuf et des moutons, et pour en faire de l'alcool.

Le topinambour se multiplie par les tubercules, et se plante comme la pomme de terre, seulement on ne doit pas couper les tubercules. Il s'accommode bien des terres fortes, et réclame peu de soins, car les fanes le débarrassent bien vite des mauvaises herbes. On plante en février et mars, et l'on récolte à mesure des besoins, car le topinambour résiste aux plus grands froids. Lorsqu'il a été introduit dans un terrain, il est difficile de l'en faire disparaître complétement. C'est du reste le reproche que lui adressent tous les cultivateurs.

Patate ou Batate. — Cette plante, originaire de l'Inde et de l'Amérique méridionale, appartient à la famille des convolvulacées ; elle est pour les pays chauds ce qu'est chez nous la pomme de terre : une ressource précieuse. La racine est grosse et charnue ; sa tige et ses feuilles sont comme celles du liseron. On en connaît plusieurs variétés : la rouge longue, la jaune longue, la rose de Malaga, la blanche de l'Ile-de-France, la patate igname, etc. La culture en grand de ce tubercule n'est guère possible que dans le midi de la France, et exige beaucoup de soins.

Vers le commencement de mai, on fait une couche

de fumier de cheval qu'on recouvre de 7 à 8 centimètres de terre ; on y place les tubercules qu'on recouvre d'un peu de terre. Quand les jets ont atteint une longueur de 8 à 10 centimètres, on les détache et on les transplante dans un terrain meuble et bien exposé, en mettant un intervalle de 1 mètre 40 entre les rangs, et 25 à 30 centimètres entre les pieds. Les seuls soins à donner consistent en un sarclage. Les patates mères donnent jusqu'à trois provisions de jets qu'on peut repiquer jusqu'à la fin de juin. On récolte les tubercules en octobre, et on les conserve dans un lieu sec.

Igname. — Cette plante, originaire de la Chine, qu'on a proposée pour remplacer la pomme de terre, comme beaucoup d'autres, a longtemps à attendre pour détrôner la parmentière. Elle mérite cependant de trouver place dans la culture maraîchère comme plante facile à cultiver, d'un rendement considérable, d'une saveur agréable et d'une conservation facile.

Voici la manière de la cultiver dans les pays où l'on a à craindre les gelées du printemps. On coupe les tubercules en morceaux, et l'on met végéter dans des pots ou sur couche, et l'on place en terre quand les froids ne sont plus à craindre ; on met une dizaine de pieds par mètre carré, et l'on rame les tiges qui s'enchevêtreraient comme celles des haricots. On récolte les tubercules le plus tard possible, car c'est en automne qu'ils grossissent. Ces tubercules se conservent facilement dans un lieu sec.

L'igname se reproduit également de bouture. A cet effet, on coupe au mois de juillet les tiges en autant de morceaux qu'elles portent de feuilles et l'on met sous verre, dans une terre sablonneuse, en enterrant le bourgeon d'un centimètre à peu près. Un mois suffit pour que les boutures aient des racines et produisent des tubercules gros comme une noisette qu'on plante au printemps suivant. La reproduction de l'igname a également lieu par la graine.

Oxalis crénelée. — Cette plante de la famille des oxalidées est originaire du Pérou, d'où elle a été importée en Angleterre et de là sur le continent. Elle demande une terre légère et bien fumée. On plante les tubercules à un mètre de distance, en même temps que les pommes de terre. Il faut procéder de bonne heure au buttage et renouveler cette opération à mesure que les tiges se développent; on doit leur faire prendre la direction horizontale et les charger de terre; par ce moyen on opère une espèce de marcotage et l'on obtient un rendement supérieur. On ne procède à l'arrachage des tubercules que lorsque les fanes sont gelées, et on les conserve dans le sable ou dans un lieu sec. On doit les mettre à l'abri de la dent des mulots, car ces animaux en sont très-friands.

Souchet comestible. — Le souchet appartient à la famille des Cypéracées, et demande un terrain bien ameubli. On plante ses tubercules en mars ou avril après les avoir fait gonfler dans l'eau. On en met 3 ou 4 ensemble, à un demi-mètre environ de distance, et à 3 ou 4 centimètres de profondeur. Il faut biner, sarcler et arroser souvent. L'arrachage des tubercules se fait en octobre et on les conserve dans un endroit sec.

Racines bulbeuses. — L'ognon appartient à la famille des liliacées; c'est une des plantes potagères les plus importantes et qui comptent un grand nombre de variétés.

L'ognon blanc, gras, hâtif.

L'ognon blanc de Noura.

L'ognon d'Égypte, à rocambole.

L'ognon d'Espagne.

L'ognon de Madère.

L'ognon de Danvers.

L'ognon à double tige, rouge.

L'ognon rouge foncé.

L'ognon rouge pâle.

L'ognon globe et l'ognon James de couleur blonde.

L'ognon jaune des vertus.

L'ognon poire, rougeâtre, ayant une saveur forte.

Les ognons blancs sont destinés à la consommation du printemps et de l'été ; les autres espèces, se conservant plus facilement, se consomment en automne et en hiver.

Cette plante n'est pas cultivée partout de la même manière : dans le nord on laisse les semis en place ; dans le midi on sème en pépinière avant l'hiver pour transplanter au printemps ; dans les environs de Paris, on emploie le dernier mode pour l'ognon blanc.

Comme il faut parfois se conformer aux usages du pays, nous dirons que l'un et l'autre mode de culture peuvent avoir leur raison d'être ; toutefois, celle du nord nous parait préférable et plus économique. Bien plus, par ce procédé on obtient des ognons très-gros ou très-petits, selon les besoins de la cuisine. Nous allons faire connaître les deux modes de culture généralement employés.

SEMIS EN PLACE. — On choisit une terre légère et fumée de l'année précédente. Si l'on était obligé d'y mettre du fumier, il faudrait qu'il fût presque à l'état de ter-

reau. On tasse la terre en passant le rouleau, puis, on
sème à la volée, en jetant de 100 à 125 grammes de
graines par are; on enterre légèrement avec le rateau
et on passe le rouleau par-dessus. Il faut semer en février ou en mars, selon le temps, arroser, si c'est nécessaire, enlever les herbes parasites, et sarcler; si le semis
est trop dru, on éclaircit. En août ou septembre on
couche les fanes des ognons pour arrêter la sève et
hâter la maturité; on procède ensuite à l'arrachage et
on rentre en temps sec.

CULTURE PAR TRANSPLANTATIONS. — Quand il s'agit de
transplanter l'ognon, on le sème plus dru, mais toujours de la manière que nous venons de dire et en août
ou septembre. S'il s'agit d'ognon blanc, on repique
avant l'hiver; dans le cas contraire, on ne procède à la
transplantation qu'au printemps. Pour cela, on fait des
rayons avec une houe et l'on y plante les ognons à une
distance raisonnable et de manière que les racines
soient seulement recouvertes; quand le plant a bien
pris, on sarcle et l'on enlève les mauvaises herbes. La
récolte a lieu comme pour les semis d'ognons en août
ou septembre.

Il est une méthode de transplantation qui nous a toujours parfaitement réussi, lorsque nous n'avons pas
voulu cultiver l'ognon trop en grand. Elle consiste à
laisser mûrir sur place des ognons semés dru et en
hiver, si le temps est favorable, ou au commencement
du printemps on sème en lignes tous ces petits ognons
comme on repique du plant. On sarcle, on enlève les
mauvaises herbes, on a soin de couper la graine quand
on s'aperçoit qu'ils commencent à monter en graine;
sans cette précaution ils ne grossiraient pas. Les ognons

qu'on obtient par ce procédé sont aussi gros que les autres.

AIL. — L'ail appartient, comme l'ognon, à la famille des liliacées; il est originaire de la Sicile et très-cultivé dans le midi où l'on en fait une grande consommation. On en compte quatre variétés : l'ail ordinaire, l'ail rose hâtif, l'ail d'Espagne et l'ail d'Orient.

Cette plante se plaît dans une terre forte, mais un peu sèche et fumée, surtout avec du fumier de cheval. On plante les caïeux à 15 ou 20 centimètres de distance et en rayons, en automne ou au printemps. L'ail qui passe l'hiver se récolte en avril ou mai, tandis que celui de printemps ne mûrit qu'en août ou septembre. Si l'on veut obtenir l'ail qu'on appelle rond, c'est-à-dire, n'étant pas divisé en compartiments ou caïeux, il faut avoir soin de planter l'ail en pleine lune de mars.

Nous ne garantissons pas l'influence de la lune en cette occasion, mais nous pouvons affirmer que ce moyen nous a toujours réussi. C'est dans les contrées du midi surtout que cette espèce d'ail est apprécié dans la cuisine.

L'ail est exposé à *graisser*, surtout dans un sol humide et quand on n'a pas la précaution de procéder à l'arrachage, quand les fanes jaunissent. On le récolte comme l'ognon et on le lie par bottes pour le suspendre dans un endroit sec.

L'ail d'Espagne se reproduit par bulbilles comme l'ognon d'Espagne, mais ce moyen ne réussit pas comme celui des caïeux.

L'ail d'Orient a des caïeux plus gros et moins nombreux que l'ail ordinaire.

Ciboule et ciboulette. — Cette plante est vivace

comme toutes celles qui appartiennent à la famille des liliacées. On la reproduit par éclats qu'on détache des grosses touffes qui se forment chaque année, et que l'on plante en bordures au printemps ou à l'automme. On la reproduit également de graine qu'on sème en février et mars, mais ce mode n'est pas le plus suivi.

La ciboulette est plus petite que la ciboule commune et se cultive de la même manière.

Échalotte. — L'échalotte qui appartient aussi aux liliacées, est originaire de la Palestine. Elle se multiplie par la plantation de ses bulbes qu'on plante dans une bonne terre, en rayons à 15 centimètres de distance, vers le commencement d'octobre ou en février. On récolte en août quand les fanes sèchent, on fait sécher, et l'on suspend dans un endroit sec, comme l'ail et l'ognon.

On en compte plusieurs variétés : la petite échalotte, l'échalotte de Jersey, et la grosse échalotte d'Alençon.

Poireau ou porreau. — Cette plante, de la famille des liliacées, est originaire de la Suisse et a plusieurs variétés : le poireau long ordinaire, le gros court, le gros court de Rouen, le court du midi, le jaune du Poitou. On sème en février ou mars dans une terre substantielle et bien ameublie, fumée, si c'est possible, avec du fumier de cheval ou de mouton. On sème dru comme pour le plant d'ognon. Aussitôt que le poireau a la grosseur d'un tuyau de plume d'oie, on le replante.

Pour cela, on coupe l'extrémité des feuilles et des racines qui sont ordinairement très-longues, on trace des rayons de 15 centimètres de profondeur et à 8 ou 10 centimètres de distance. Quand le plant a bien pris, on sarcle, on enlève les plantes parasites et l'on arrose souvent, surtout en temps sec. On coupe de temps en temps les fanes pour faire grossir la tige.

On obtient du poireau de bonne heure, en semant sur couche et sous châssis à la mi-décembre, pour repiquer en février. On a du poireau bon à manger en juillet, tandis que par l'autre méthode, il n'est bon que pour l'hiver et le printemps. On peut le conserver quelque temps sans qu'il monte en graine, en l'arrachant et le replantant en touffes dans des tranchées profondes. Pour obtenir de la graine on repique des pieds choisis, et lorsque les têtes sont mûres on les suspend dans un endroit sec, et on peut conserver ainsi la graine pendant deux ans.

Conservation des racines. — Il faut les cueillir par un temps doux qui ne soit ni froid ni chaud, on les nettoie bien et on les met dans le sable ou entre des lits de paille sèche. Quelques jardiniers les conservent dans des fosses peu profondes. Les racines bulbeuses, telles que ognon, ail, échalotte doivent être suspendues dans un lieu sec et aéré. Voici comment on peut disposer l'ognon pour le suspendre sur des cordes. On le pend par les fanes dans des tresses de paille qu'on relie de deux à deux. Les pommes de terre et autres légumes se conservent bien en cave ou dans des silos pratiqués dans des terrains secs.

PLANTES A FEUILLES ET TIGES COMESTIBLES.

Asperges. — Cette plante indigène appartient à la famille des liliacées. On en compte plusieurs variétés qui se rattachent aux deux espèces principales : la verte commune et la grosse violette d'été, de Hollande.

Elle se reproduit par graine qu'on sème quelquefois en place, mais le plus souvent en pépinière, d'où l'on tire les griffes destinées à établir les carrés.

On choisit une terre légère, sablonneuse, bien préparée, bien meuble, on sème en février ou mars, quelquefois en octobre en rayons ou à la volée, et l'on recouvre la graine avec du terreau ou en tassant la terre avec le rouleau. Si l'on trace des rayons on doit les mettre à 25 centimètres de distance l'un de l'autre. Il faut, quand le plant est levé, biner, sarcler, enlever les plantes parasites et arroser. Lorsqu'il a un an on peut commencer à le transplanter.

Pour cela il faut choisir une terre sablonneuse, où l'humidité ne soit pas stagnante; si le fond était humide, il faudrait l'assainir en le creusant plus profondément et y mettant des plâtras et des cailloux. S'il était au contraire trop maigre et dur, il faudrait le remplacer par du gazon ou du terreau. Toujours est-il qu'il ne faut pas ménager l'engrais, car l'asperge en est très-gourmande. On creuse des fosses d'un demi-mètre à 1 mètre de profondeur, dont on remplace la terre par d'autre terre meilleure et par des engrais, selon la qualité du terrain. On recomble ainsi les fosses en laissant une petite différence de niveau, 25 centimètres environ, qu'on garnit alors de la meilleure terre, et c'est là qu'on plante les griffes en mettant entre elles une distance de 40 à 50 centimètres. Si la fosse à 1 mètre 50 de largeur, on peut mettre trois rangs. La plantation doit avoir lieu en mars ou avril : on doit prendre des précautions pour ne pas casser les racines et ne pas les exposer trop longtemps à l'air. De petits monticules étant préparés et alignés au cordeau, on y place chaque griffe, en arrangeant les racines, et l'on recouvre 8 à 10 centimètres de terre. On répand ensuite du terreau sur les planches, ensuite il faut esherber, sarcler, à l'automne couper les tiges sèches et répandre de bonne terre ou du terreau pour charger les plants. On soigne ainsi chaque année ce plant, et à la troisième année on peut commencer à récolter les plus belles asperges. Les soins à donner à partir de ce moment consistent à couper les tiges en automne, à fumer et à donner un labour, à la fourche, au printemps.

Pour obtenir des primeurs il faut recourir au châssis et à la couche. On se sert surtout des griffes d'un plant qu'on veut détruire; on les place debout, les uns près des autres de manière qu'elles soient sur la même ligne, on les recouvre de bon terreau en ayant soin de ne pas recouvrir l'œil, puis on remet les panneaux.

La figure 56 ci-contre représente un couteau très-commode pour récolter les asperges.

Fig. 56.

Choux. — Le chou appartient à la famille des crucifères et présente un grand nombre de variétés.

Parmi ceux qu'on nomme pommés ou cabus, il y a : le chou d'York, précoce et estimé, le pain de sucre, le cœur de bœuf, petit et gros, le gros cabus blanc de Saint-Denis, à pied court, à pomme aplatie, le cabus d'Alsace, à pied un peu élevé et à tête capuchonnée grosse et arrondie, le chou d'Allemagne ou quintal, à tige courte et grosse, à feuilles larges et festonnées; le chou de Hollande, hâtif et très-bon; le chou de Vaugirard, à côtes blanches, à petite pomme teintée de rouge ; il est précieux parce qu'il arrive à la fin de l'hiver ; le gros et le petit rouge fort estimés dans le nord, qu'on mange confits au vinaigre ou en salade.

Les choux à petites pommes, tels que l'York, le pain de sucre, le cœur de bœuf, etc., qui sont précoces, se sèment en août ou en septembre pour être repiqués en octobre, novembre ou décembre. Quelquefois on se contente de les mettre en pépinière pour ne les transplanter qu'en janvier ou février, selon le temps et le climat. Les autres espèces, ou les gros choux cabus, se sèment en février et mars pour être repiqués en mai, juin et juillet ; quelquefois on fait des semis, en août, qui passent l'hiver en place pour être repiqués au printemps ; ce plant a presque toujours moins de réussite que celui de printemps. On sème le chou de Vaugirard en juin, pour repiquer à la fin d'août.

Ce légume demande beaucoup de soins ; il lui faut une terre fraîche, un peu forte, bien fumée, bien meuble, un peu ombragée. Il faut le protéger, lorsqu'il est jeune, contre les tiquets ou altises, les limaces, les vers qui se logent à la racine et y font développer des tumeurs qu'il faut enlever au moment de la transplantation. Quand il est plus fort, il faut le mettre à l'abri des chenilles qui ont bien vite dentelé ses feuilles et rongé la petite pomme qui commence à se former. C'est surtout l'espèce dite Milan, qui devient bien vite leur proie si le jardinier n'y met pas bon ordre.

Parlons du chou de Milan qui est fort estimé parce qu'il est plus tendre et a un goût moins prononcé que le chou cabus. On en compte plusieurs variétés : le Milan à la tête longue, le Milan ordinaire, le Milan court ou nain, le Milan hâtif d'Ulm ; le Milan doré qui devient jaune en hiver, le Milan des Vertus, le plus gros de tous et le Milan dit chou de Bruxelles, qui porte de petites pommes frisées à l'aisselle des feuilles.

Cette espèce se sème de la fin février à mai, pour être repiquée en juin, juillet et août.

Nous ne parlerons pas des choux verts parmi lesquels se trouve le chou à vache, le chou cavalier, parce que ces variétés sont plutôt employées pour la nourriture des bestiaux que pour celle de l'homme.

Nous allons terminer cet article du chou, en faisant connaître la manière de le repiquer (1) ; mais, nous devons dire un *mot* du chou-fleur, quoiqu'on puisse le classer parmi les plantes dont on ne mange que les fleurs.

On compte trois variétés de choux-fleurs : le tendre ou Solomon, le dur et le demi-dur, et le chou-fleur hâtif.

Des Choux-fleurs. — Il faut au chou-fleur une bonne terre, parfaitement fumée, et de fréquents arrosages pour entretenir la fraîcheur. Il réussit mieux au printemps et en automne qu'en été. On sème en septembre sur terreau, on repique en pépinière et l'on met à l'abri quand il gèle, tout en prenant garde d'étioler le plant. On met en place, en mars, à une distance d'environ 50 centimètres ; en juin et juillet on commence à récolter.

En février, on sème également sur couche chaude et sous châssis pour repiquer en mars ou avril. On récolte en juillet. L'espèce qui convient pour semis de printemps est le chou-fleur demi-dur. D'avril en mai, on

(1) Nous ferons observer que toute plante qu'on repique avant l'hiver est moins sensible au froid que celle qui reste en place. Il faut donc toujours repiquer avant les gelées le plant qu'on garde pour le printemps.

peut encore semer surtout du tendre ou du demi-dur; mais ces semis ne réussissent pas aussi bien que les autres. Ceux qu'on récolte en automne, peuvent être conservés dans des caves, en ayant soin d'enlever les feuilles qui se gâtent.

Les porte-graines, les meilleurs, sont les choux semés en automne et qu'on a hivernés. On choisit ceux qui ont la tige forte et la pomme serrée et blanche.

Chou brocoli. — C'est une espèce de chou-fleur qui compte trois variétés : le blanc, le violet et le chou-fleur noir de Sicile. Il se sème en mai et juin et se cultive comme le chou-fleur d'automne. Quand survient l'hiver, on couche la tige, on la recouvre de terre et on ne laisse sortir que la tête. Quand le froid est trop intense, on couvre avec de la litière. On récolte au commencement du printemps. On a introduit dans la culture maraîchère un nouveau brocoli blanc qui ne craint pas la gelée; il est connu sous le nom de Mammouth.

Le chou-marin est une espèce de chou dont la racine est vivace, et donne chaque année des tiges et des feuilles nouvelles. Cette plante très-cultivée, en Angleterre, se multiplie par semence ou par bouture. On fait blanchir les pousses au moyen de boîtes ou de pots, ou bien on recouvre de terre. On les coupe pour les faire bouillir et on les assaisonne comme le chou-fleur et l'asperge.

Quand on repique du plant de chou, il faut espacer les pieds en raison de la grosseur qu'ils doivent avoir un jour. Il est certain qu'on mettra plus de choux, pain de sucre, dans un carré de jardin que de choux d'Alsace. Il faut pour les choux Milan de 80 centimètres à un mètre et planter en quinconce.

Les porte-graines doivent être choisis parmi les plus

beaux ; on les met en terre au printemps et l'on veille à ce que les pucerons n'envahissent pas les pousses.

On conserve pendant l'hiver les choux pommés, en les mettant dans un cellier ou un lieu sec, ou en les plaçant dans une fosse, la tête en bas ; pour cela, il faut choisir un terrain sablonneux. On les garde longtemps en les suspendant, la racine en l'air, et remplissant la tige d'eau. A notre avis, le meilleur mode de conservation consiste à creuser des fosses et à y mettre les choux les uns près des autres, la tête en bas.

Le Céleri. — Cette plante indigène appartient à la famille des ombellifères. Excepté le céleri-rave que nous avons classé parmi les racines, on en compte 7 variétés : le court hâtif, le creux, le gros violet, le plein blanc, le petit, le plein rose et le nain frisé. Le céleri demande un sol frais, bêché profondément et bien fumé. On le sème depuis février jusqu'en juin, en pleine terre à partir d'avril. On repique, en quinconce, dans des rayons distants de 25 à 30 centimètres. Il faut arroser fréquemment. Pour le faire blanchir, on l'attache avec des liens de paille ou de jonc, et on butte de manière à ne laisser sortir que l'extrémité des feuilles. Pour obtenir de beaux pieds, on fait des fosses de un mètre de large où l'on plante les pieds de céleri, et quand on veut le faire blanchir on ramène la terre et l'on butte.

Cardon. — Le cardon est originaire de Barbarie ; il appartient à la famille des composées. On en compte plusieurs variétés : le cardon d'Espagne, le cardon de Tours, le cardon inerme, le cardon puvis et le cardon à côtes rouges. La plus estimée est le cardon de Tours qui est armé de piquants. On sème en mai, en pleine terre. On fait des trous qu'on remplit de terreau, à 1 mètre de distance les uns des autres, et on y met 2 ou 3 graines. Si elles lèvent toutes, on ne laisse qu'un pied. On sarcle et l'on enlève les herbes parasites. Quand la plante est assez développée, on empaille les feuilles qui sont parfois très-longues et on les prive de lumière pendant trois semaines pour les faire blanchir. On conserve quelques pieds pour porte-graines, en les abritant pendant les gelées comme on fait des artichauts.

Poirée. — La poirée ou bette, originaire d'Europe, appartient à la famille des chénopodées. La variété la plus cultivée est la carde blanche. On sème en mai, et dans une terre fraîche et le plus clair possible pour qu'il y ait entre chaque pied un espace de 50 centimètres, surtout si c'est dans un bon sol. On mêle la feuille de la bette à celle de l'oseille pour en corriger l'acidité.

L'Oseille. — L'oseille est une plante indigène appartenant à la famille des polygonées. La meilleure variété est l'oseille vierge qui ne porte pas de graine et ne se multiplie que par éclats. L'oseille de Belleville est estimée dans les environs de Paris où on la cultive en plein champ. On la sème à la volée en automne ou au printemps. Elle n'est pas difficile sur la qualité du sol ; tout lui est bon. Elle réussit cependant mieux dans une terre légère et profonde.

Épinard. — L'Épinard appartient à la famille des Chénopodées et il est originaire de l'Asie. Ses principales variétés sont : l'épinard à *graine épineuse*, à *graine lisse, commun, d'Angleterre, rond, à feuille de laitue, à feuille d'oseille*. On sème l'épinard depuis le commencement du printemps jusqu'à la fin de l'automne, en rayon, à 20 centimètres de distance. Le terrain doit être meuble, frais et bien fumé. Il faut à cette plante de l'ombre et de fréquents arrosages. On choisit pour porte-graines les semis de l'automne, et l'on arrache les plantes mâles quand elles ont fleuri.

Baselle et Tétragone. — Il est une espèce d'épinard qui vient de Chine et qu'on nomme baselle ; elle compte trois variétés : l'épinard rouge et blanc du Malabar, toutes deux à tiges grimpantes et qui portent pour graines du bois pourpre ; celle à grande feuille qui ne pourrait réussir que dans le midi de la France. Il en est également une autre qu'on nomme *tétragone*, à plante rampante, qui produit beaucoup et peut remplacer l'épinard d'été, très-sujet à monter en graine. On sème, fin avril, par touffes de 3 graines et on laisse une espace de 50 à 60 centimètres.

Arroche. — L'arroche ou Belle-dame vient de la Tartarie ; elle appartient à la famille des Chénopodées. On emploie ses feuilles avec celles de l'oseille et de l'épinard. On le sème de mars en septembre et elle remonte souvent en graines.

Rhubarbe. — Plante originaire d'Asie, de la famille des polygonées, qu'on cultive beaucoup en Angleterre, où l'on emploie les côtes des feuilles dans les tartes en guise de fruits. On sème en pépinière en mars, et on transplante à 1 mètre 50 de distance, sur plate-bande. Il est une variété de rhubarbe ondulée nouvellement introduite comme légume, et qu'on nomme *tartreum*.

PLANTES QUI SERVENT EN SALADES.

Laitue. — La laitue est originaire d'Asie, elle appartient à la famille des composées. On en compte deux espèces qui se divisent en un grand nombre de variétés qui sont pour la laitue pommée : la gotte, petite blonde à feuilles cloquées qui pomme vite et monte de même, graine blanche ; la cordon rouge et la Dauphine, qui viennent bien au printemps.

Les laitues, principalement dites d'été, sont : la laitue de Versailles, d'un blond blanchâtre, à feuilles minces, à graines blanches, qui pomme bien et monte lentement ; la blonde de Berlin, à feuilles étalées et plissées, à pomme plate ; la laitue de Simpson ; la blonde parisienne ; la blonde de Silésie, d'un vert rougeâtre, la plus grosse de toutes, à graines blanches ; la laitue de Malte, la brune ; le chou de Naples, à feuilles d'un vert vif et graine blanche ; la turque, feuilles vert terne ; la grosse brune ; la grosse grise fort estimée des maraîchers de Paris ; l'impériale ; la palatine, la laitue sanguine à feuilles mouchetées de rouge. Celles qui se cultivent pour la saison d'hiver sont : la laitue de la Passion à feuilles vertes et veines rougeâtre ; la morine et la petite noire.

Pour la laitue romaine, les variétés sont : les romaines blonde, verte, grise, dites maraîchères, verte d'hiver, rouge d'hiver, la plus rustique, de la Madeleine, monstrueuse, Alphange, blonde ou blanche, panachée, rouge dorée, blonde de Brunon, et romaine à feuilles d'artichaut, parfaite pour l'automne.

La laitue est une des plantes les plus faciles à cultiver, aussi est-elle la plus répandue comme salade. Elle se contente à peu près de toutes les expositions, de tous les sols. Cependant la terre où elle réussit le mieux est une terre franche, légère et fraîche.

La laitue du printemps se sème sur couche en février pour être repiquée en mars ou avril. On peut semer sur terreau à l'abri, dès le commencement de mars, pour repiquer en avril et mai. Nous ne conseillons pas de semer dans les carrés d'ognons ou de carottes, parce que la laitue fait étioler les plantes.

Les laitues d'été se sèment à partir de mars jusqu'en juillet.

Pour la transplantation, il y a peu de précautions à prendre ; on se contente de ne pas déchirer la racine et de ne pas trop tasser la terre autour avec le plantoir.

La laitue d'hiver se sème en août et septembre pour être repiquée fin d'octobre dans un terrain abrité et en rayons. Il est toujours facile d'obtenir des laitues pendant l'hiver, au moyen des cloches et des châssis. La gotte, et surtout la petite crêpe, sont excellentes pour cela.

On procède de même pour les romaines ou chicons, seulement celles-ci doivent être liées avec de la paille quand elles ne se coiffent pas naturellement, alors elles pomment mieux.

Il est bon de prendre quelques précautions pour obtenir de bonne graine, car si on laisse monter des variétés différentes les unes auprès les autres, il arrive qu'elles se fécondent réciproquement et l'on n'a pas une graine pure.

Chicorée. — Cette plante appartient à la famille des composées ; elle présente diverses variétés, les unes dues à la chicorée sauvage indigène, les autres à une espèce venue des Indes.

La chicorée sauvage fournit la salade d'hiver connue sous le nom de barbe de capucin. On la sème un peu clair en avril ou en mai ; on arrache en novembre ou décembre pour mettre en cave dans du sable ou du fumier pour blanchir. On trouve bon nombre de procédés qui sont plus ou moins expéditifs ; le meilleur est celui qu'ont adopté les maraîchers des environs de Paris ; il consiste à mettre, dans des caves ou celliers, des couches de fumier chaud, et à placer dessus et debout les racines des chicorées liées par bottes, et à les arroser de temps en temps pour maintenir la fraîcheur. On peut également la faire blanchir sur place en la recouvrant de terre et de feuilles ou de fougères.

C'est avec la racine de la chicorée sauvage qu'on fait le café-chicorée.

La chicorée importée a deux espèces : la frisée et la scarole.

A la première, appartiennent les variétés suivantes : la chicorée de Meaux qui est sujette à monter, la chicorée d'Italie qui lui est préférable ; la demi-fine, la corne-de-cerf à feuilles d'un vert foncé ; on la cultive à Rouen ; la chicorée-mousse à feuilles très-fines, et la chicorée toujours blanche, peu cultivée.

A la seconde espèce se rattachent : la scarole ronde, la blonde ou à feuilles de laitue, la grande, dite de Hollande, et à fleurs blanches.

Cette plante demande une terre franche, légère et fréquemment arrosée surtout en temps sec. On sème, dès janvier, pour les cultures de primeurs et sous châssis et sur couche, et en plein air à partir de mars. On repique le plant à mesure qu'il devient fort ; on choisit toujours le plus vigoureux. On plante en quinconce à 30 à 35 centimètres de distance en tous sens. La chicorée d'Italie sert principalement pour les primeurs, parce qu'elle ne monte pas en graine comme celle de Meaux. On sème en septembre sous châssis, et on replante en décembre, également sous châssis. pour avoir des chicorées d'hiver bonnes à manger en mars et avril.

Il est certain que la plante venue en plein air est toujours préférable à celle qui pousse sous verre, par conséquent on doit toujours donner la préférence à la chicorée de printemps et d'été.

Quand la plante a pris tout son développement, on la fait blanchir en relevant les feuilles et les entourant jusqu'au haut avec un lien de paille ; il faut procéder à cette opération en temps sec pour que les pieds ne se pourrissent pas ; en quinze ou vingt jours, on a de la chicorée blanche et bonne à être employée en salade. A la fin de l'automne, lorsqu'on a à craindre les gelées, on recouvre les chicorées avec des paillassons, ou mieux, avec de la feuille ou de la fougère ; on peut aussi les arracher en mottes et les mettre en cave en les pressant les unes contre les autres ou les plaçant la racine en l'air.

On met en terre, au printemps, les pieds qu'on réserve comme porte-graines.

On sait que la graine vieille est préférable à la nouvelle parce que ses produits sont moins sujets à monter.

Cresson. — Cette plante qui appartient à la famille des crucifères, est indigène et possède quatre variétés : le cresson de fontaine, le cresson de terre, le cresson alénois et le cresson des prés. La seule qui soit estimée et cultivée, est le cresson de fontaine. On semble avoir renoncé au cresson alénois, parce qu'il dure trop peu et monte vite en graines.

Le cresson de fontaine est vivace et vient naturellement dans les contrées granitiques où se trouvent de bonnes sources d'eau vive. Dans les environs de Paris, on cultive le cresson en le semant dans des fossés remplis d'eau courante, ou mieux, en y plantant des racines. On le coupe à mesure qu'il pousse pour le mettre en bottes et l'envoyer au marché. Il s'en fait une très-grande consommation dans la capitale. Comme il faut de l'eau courante au cresson, on ne peut pas le cultiver partout, aussi ne nous étendrons-nous pas davantage sur la culture de ce légume.

Mache. — La mache ou doucette appartient à la famille des valérianées, elle est indigène. On sème à partir du mois d'août jusqu'à la fin d'octobre, dans les carrés d'où l'on a retiré l'ognon ou la laitue. Il faut à sa petite graine une terre bien ameublie; on la recouvre au rateau et l'on choisit un temps humide pour la semer. La mache ronde est la variété la plus estimée. On doit prendre des précautions pour récolter la graine qui tombe à mesure qu'elle mûrit. On dispose sous les pieds un linge ou du papier pour la recueillir.

Pourpier. — Le pourpier appartient à la famille des portulacées; c'est une plante annuelle dont la culture a été abandonnée généralement. Comme elle craint le froid, on ne sème qu'en mai en pleine terre et à la volée. Il arrive souvent qu'on voit pousser dans les carrés du pourpier qu'on n'a pas semé. Cela tient à ce que la graine qui est très-fine s'est conservée en terre et qu'en la ramenant à la surface avec la bêche, on l'a placée dans les conditions voulues pour la germination.

Le pourpier se mange cru ou cuit, comme assaisonnement de salade ou assaisonné au jus.

PLANTES

DITES FOURNITURES SERVANT D'ASSAISONNEMENT.

Persil. — Cette plante appartient à la famille des ombellifères ; elle est originaire de Sardaigne. Elle demande une terre fraîche et bien meuble, parce que ses racines, comme toutes celles des ombellifères, s'enfoncent très-avant. On sème à partir de février, et en juillet et août, pour en avoir en hiver. La graine met un mois à lever.

Le persil a plusieurs variétés : le *commun*, le *frisé*, le *nain très-frisé*, le persil de Naples et le persil à grosses racines.

Cette plante ne porte de la graine qu'à la seconde année comme la carotte, il faut donc avoir soin de conserver pendant l'hiver des porte-graines pour obtenir des semences au printemps.

Le cerfeuil. — Le cerfeuil appartient encore à la famille des ombellifères, et compte plusieurs variétés : le cerfeuil commun, le frisé, le musqué et le cerfeuil bulbeux (Nous avons parlé ailleurs de ce dernier).

Le cerfeuil se sème à toutes les époques de l'année à une bonne exposition au printemps et en automne, et à l'ombre et dans un endroit frais, en été. Comme sa graine mûrit dans l'année on peut se servir de celle qui provient du plant de printemps pour faire les semis d'automne.

Basilic. — Le basilic commun appartient à la famille des labiées ; c'est une plante plus connue comme plante d'agrément que comme assaisonnement. On sème sur couche en mars pour repiquer en mai à une bonne exposition ou en caisse.

Thym. — Cette plante appartient à la même famille que le basilic, et comme lui sert à la fois d'agrément et d'assaisonnement. Il se multiplie par graine ou par la séparation des touffes. La graine se sème en avril ou en mai, selon le temps.

Sarriette. — Cette plante, de la famille des labiées, est employée comme assaisonnement. On la plante en bordure et on la multiplie de graines ou d'éclats. Semer en mars ou avril.

Pimprenelle. — La pimprenelle appartient aux rosacées et se sème au printemps ou en automne, ou bien on la multiplie par éclats. Comme elle est vivace on peut la conserver longtemps en bordure.

Estragon. — Cette plante tient aux composées, elle est originaire de Sibérie et se multiplie par éclats, qu'on plante en mars ou avril à 50 centimètres de distance dans une terre bien ameublie.

Fenouil. — Le fenouil appartient à la famille des ombellifères, il est très-cultivé en Italie comme légume. On sème en février et mars dans une terre franche et sablonneuse, bien fumée. On sème à la volée ou en pépinière, et l'on transplante en ayant soin de laisser entre les pieds un espace de 20 à 25 centimètres. Il croît très-promptement, surtout s'il est arrosé à propos. On mange la tige crue à la poivrade, ou avec assaisonnement. Ses graines sont employées dans les liqueurs.

Capucine. — Cette plante est originaire du Pérou. On la cultive pour ses fleurs qui, avec celles de la bourrache, servent à orner les salades, et pour ses boutons qu'on confit au vinaigre comme les câpres. Il y a deux variétés; la grande et la petite. On sème en mars ou avril dans une terre légère, bien amendée et fraîche.

Comme c'est une plante grimpante, il faut disposer des rames ou un treillis pour la faire grimper.

On introduit dans la culture une espèce nouvelle qui produit des tubercules assez abondants, mais dont la saveur est peu agréable.

Champignons. — Comme les champignons comestibles qui poussent naturellement, ne viennent pas partout, il est bon de faire connaître dans un traité de jardinage la production artificielle du champignon de couche.

Voici comment on prépare le fumier de cheval destiné à cette culture. On dispose sur un terrain uni un tas de fumier d'une épaisseur d'un mètre et demi, on piétine et on unit bien, et l'on arrose si le fumier est trop sec. On laisse reposer huit ou dix jours, et l'on remanie le tas en mettant dessous ce qui était dessus. On renouvelle cette opération après le même intervalle de temps, et au bout de cinq ou six jours on juge ce fumier propre à être employé aux couches, ce qu'on reconnaît à sa couleur brunâtre et à l'absence d'odeur.

On forme alors une meule avec ce fumier dans une cave ou un lieu abrité, bien clos et obscur, en lui donnant de 50 à 60 centimètres de largeur et autant de hauteur. On dispose au-dessus une grande litière, mais seulement lorsqu'on a établi la meule dehors ; dans un lieu clos, ce n'est pas nécessaire. On prend alors du blanc, c'est-à-dire des morceaux de fumier blanchâtre qu'on trouve dans les couches ou dans les tas de fumier, et on les introduit, ou, si nous pouvons nous exprimer ainsi, on les plante dans la meule comme on ferait de tubercules ; au bout de huit jours on tasse avec les mains et on recouvre avec un peu de terre tamisée, et l'on arrose si c'est nécessaire. Une meule donne des produits dans un lieu abrité pendant quatre mois, et deux mois seulement en plein air.

PLANTES

DONT ON MANGE LA FLEUR ET LE FRUIT.

Artichaut. — Cette plante appartient à la famille des composées ; elle est originaire du midi de l'Europe. Elle renferme plusieurs variétés : le violet, le gros camus de Bretagne, l'artichaut de Provence et l'artichaut rouge.

Cette plante a besoin de sucs nourriciers en raison du développement de ses feuilles et de ses racines, et par conséquent demande une terre bonne, fraîche et bien fumée. Elle se multiplie par œilletons qu'on détache en avril ou en mai, et on plante à 1 mètre de distance et à 10 centimètres de profondeur ; il faut arroser si la terre est sèche jusqu'à ce que la plante ait bien repris.

L'artichaut veut être mis à l'abri du froid, par conséquent, il faut avoir soin de le butter à l'automne et garnir chaque touffe de paille ou de feuilles sèches qu'on ôte quand le temps est doux afin de prévenir la pourriture de la plante ; au commencement d'avril et même plus tôt, si l'on n'a pas à craindre les gelées on découvre les pieds d'artichaut et l'on donne un labour.

On peut multiplier l'artichaut de graine. Pour cela, on sème en avril ou en mai, pour laisser en place. Ce plant n'est guère en rapport qu'au bout de trois ou quatre ans. C'est pourquoi la reproduction par œilleton est bien préférable, puisqu'on peut avoir une récolte dans la même année, c'est-à-dire qu'en plantant en avril on peut avoir des pommes d'artichaut en automne.

L'artichaut peut être blanchi comme le cardon, lorsqu'on veut détruire de vieux plants.

Melon. — Cette plante qui appartient à la famille des cucurbitacées, est originaire de l'Asie ; elle compte un grand nombre de variétés fort estimées qu'on a rangées dans trois classes : les brodés, les cantaloups et les melons à écorce lisse.

A la première appartiennent le melon maraîcher sans côtes, rond à chair épaisse, mais sans saveur ; le sucrin de Tours, à chair rouge et très-sucré ; l'ananas à chair verte.

Dans la deuxième, nous trouvons le cantaloup noir de Hollande, le cantaloup d'Alger, le prescot, le noir des Carmes et le cantaloup orange, qui est le plus précoce. Le prescot à côtes galeuses est le plus estimé à Paris où l'on mange d'excellents cantaloups.

La troisième classe comprend : le melon d'hiver à chair blanche, le melon de Malte à chair blanche et à chair rouge, et le melon d'hiver à chair rouge.

Comme le melon, dans nos contrées, reste longtemps à venir, il est important de faire les premiers semis de bonne heure et dans des pots qu'on enterre dans des couches recouvertes de châssis et de paillassons pour garantir du froid ; quand la graine est levée, on place les pots dans une nouvelle couche, et l'on y repique la jeune plante avec la plus grande précaution ; au bout d'un mois, on met en place dans une couche. On y fait deux ou trois trous par panneau, on dépote un pied de melon et on l'enterre jusqu'aux cotylédons. Quand le plant a quatre feuilles, on l'étête pour faire pousser des bourgeons aux aisselles des feuilles. Lorsque les branches sont assez développées, on les taille à la sixième ou septième feuille. Quand il y a un fruit, on pince un œil au-dessus.

Les melons, dits de cloche, se sèment, en mars et avril, sur couche et sous châssis pour être repiqués en motte et en rang à la distance de 80 centimètres. On couvre chaque pied d'une cloche qu'on ombre pendant quelques jours jusqu'à ce que le pied ait repris ; alors on relève de temps en temps la cloche, pour l'accoutumer à l'air et à la lumière. Dans le midi, on fait de petits tas de fumier qu'on recouvre de terre, et l'on y sème quelques graines. Quand elles ont levé on n'en conserve que deux, et on abandonne la plante aux soins de la nature. Aussi arrive-t-il que chaque melonnière est surchargée de fruits, qu'ils ne deviennent pas gros et n'ont pas de saveur. Un autre inconvénient auquel on ne prend pas garde, c'est qu'on sème souvent des citrouilles assez près des melons et des concombres, et que la poussière fécondante de ces deux dernières espèces de cucurbitacées change souvent l'espèce des melons. Il n'est pas rare d'entendre dire : voici un melon qui sent la citrouille.

Pour avoir de bonnes graines, il faut laisser mûrir le plus beau fruit ; on les retire, on les fait sécher, et on les met dans un lieu sec. On doit donner la préférence aux vieilles semences.

Concombre. — Le concombre appartient à la même famille que le melon ; il est originaire de l'Inde ; il a plusieurs variétés : le blanc hâtif, le blanc long, le gros blanc, le hâtif de Hollande, le jeune long, le vert long, et le petit vert ou cornichon.

Pour les concombres de primeurs, on procède comme pour les melons, mais comme ces fruits n'ont pas le mérite des autres, on aime mieux cultiver en plein air, et pour cela, on sème trois ou quatre graines dans des trous remplis de fumier et recouverts de bon terreau. On doit avoir soin de pincer quand le moment est venu, de laisser développer les fruits, et on arrose fréquemment parce qu'il faut à cette plante de la chaleur et de l'eau. Pour avoir de bonne graine, on laisse bien mûrir les fruits réservés à cet effet. On conserve la graine comme celle des melons.

Courge ou potiron. — Cette plante appartient à la famille des cucurbitacées et sort des pays chauds, par conséquent elle aime la chaleur et l'humidité. On sème en place en avril et mai sur des tas de fumier garnis de terreau ; on met deux graines, et lorsqu'elles ont levé on ne laisse qu'un plant, parce que le potiron est de sa nature envahisseur, et il lui faut beaucoup d'espace, surtout quand il se trouve dans de bonnes conditions.

On en cultive plusieurs variétés :

Le potiron jaune, le vert et le blanc, qui a de longues tiges, des fruits énormes ; le potiron d'Espagne, à écorce verte, à chair peu aqueuse, très-aplati. La courge de Chypre, à écorce panachée et chair verdâtre ; le giraumon jaune ou vert, à chair ferme ; la courge de Valparaiso, jaune nankin, le bonnet d'électeur ou patisson, blanc, jaune ou vert, etc.

Mélongène ou aubergine. — Cette plante appartient aux solanées, et nous vient de l'Amérique ; on en distingue plusieurs variétés : la blanche, la violette longue et la violette ronde. On sème en février sur couche et sous châssis, pour repiquer plusieurs fois afin que la plante acquière beaucoup de racines ; en avril ou mai on met en place à bonne exposition et au pied d'un mur, s'il est possible. On peut récolter à partir du mois d'août. Il faut garder pour graine le plus beau fruit et le laisser parfaitement mûrir. La culture de cette plante, qui n'était autrefois connue que dans le midi, a pris de très-grands développements dans les environs de Paris.

Tomate. — La tomate, vulgairement appelée pomme d'amour, est de la même famille que la précédente. Elle est originaire du Mexique. C'est une plante qui exige assez peu de soins et ne demande qu'une terre fraîche et bien ameublie. Si l'on veut obtenir de bonne heure des tomates, il faut semer de bonne heure sous châssis pour repiquer en pleine terre à 80 centimètres de distance. On attache les tiges à des échalas et on pince le sommet des tiges au-dessus des fruits, puis on effeuille à mesure pour laisser mûrir.

On cultive les variétés suivantes : la grosse rouge et la grosse jaune, la petite jaune et la petite rouge, la cerise.

On conserve les plus beaux fruits pour la graine, et on les laisse mûrir. On écrase les tomates, on lave bien les graines. On les fait sécher et on les conserve jusqu'à trois ans avec leurs propriétés germinatives.

Fraisier. — Cette plante appartient à la famille des rosacées, elle est vivace, assez rustique et s'accommode de tous les sols, mais celui qui lui convient le mieux est un sol un peu substantiel et assez frais. On distingue un grand nombre d'espèces de fraisiers, parmi lesquelles nous citerons les plus répandues :

Le fraisier des quatre saisons, qui a beaucoup de rapport avec le fraisier des bois, et a plusieurs variétés : de Gaillon, de Meudon, de Versailles.

Le craquelin, dont le calice rabattu sur le fruit, forme une étoile.

Les fraisiers écarlates, à feuilles grandes et vertes, à fruit de moyenne grosseur.

Les ananas, à feuilles et fleurs très-grandes, à fruits gros et arrondis. Les meilleures variétés sont : la fraise princesse, à forme conique; le comte de Paris, la vicomtesse Héricart et la fraise Victoria, etc.

Comme les grosses fraises ne donnent que pendant une saison, il est important d'en cultiver plusieurs variétés qui se succèdent.

Le fraisier se reproduit par semis ou par stolons, ou filets et par œilletons. Le semis est rarement employé, à moins qu'on ne veuille obtenir des variétés, surtout pour les ananas, car celui des quatre saisons ne change pas.

La graine qu'on sème est retirée, comme on sait, du fruit bien mûr écrasé dans l'eau et soumis à plusieurs lavages. Il faut semer dans un endroit abrité, recouvrir d'un peu de terreau et arroser souvent. Au bout de quinze jours la graine doit lever, et l'on repique le plant lorsqu'il a deux mois.

Quand le fraisier produit des stolons ou filets, au lieu de les couper pour ne pas affaiblir les pieds mères, on les laisse pousser en août et septembre, et l'on se sert de ce plant qu'on repique en octobre. Il faut au contraire recourir aux œilletons quand l'espèce n'a pas de filets.

Le fraisier se plante en bordure ou en planche, en observant entre chaque pied une distance de 30 à 40 centimètres. Si l'on veut obtenir des fruits dès la première année, il faut planter en automne. Les soins à donner consistent en sarclage, binage, arrosage et dans le pincement des stolons. Il faut renouveler le plant tous les deux ou trois ans si l'on tient à la quantité et à la qualité des fruits. Pour obtenir des primeurs, il faut mettre en pots et placer sous châssis en janvier ou février.

Piment. — Cette plante appartient à la famille des solanées, et compte plusieurs variétés, dont la plus usitée est celle qu'on nomme *poivre-long*. Il faut semer sur couche en février, ou bien en pleine terre en avril et repiquer. Le fruit a une saveur brûlante et sert d'assaisonnement, on le confit au vinaigre avec le cornichon.

LÉGUMES A GRAINES COMESTIBLES.

Haricot. — Le haricot, originaire de l'Inde, appartient à la famille des papilionacées et fournit un des meilleurs légumes. On en compte un très-grand nombre de variétés qu'on peut ranger dans deux classes : les haricots à rames et les haricots nains.

Première classe. — Elle comprend le haricot de Soissons, le haricot de Prague, d'Alger, le haricot Lafayette, le haricot sabre, le haricot beurre, le haricot riz, le haricot de Lima, le haricot d'Espagne, et le haricot Sophie, etc.

Le Soissons a la graine blanche et plate ; il est très-estimé sec, surtout quand il vient des environs de Soissons, car il en est de ce légume comme de beaucoup d'autres, dont les qualités sont modifiées par le sol et le climat.

Celui de Prague a le grain rond, d'un rouge violet, très-farineux, il demande a être ramé haut, et il est très-productif. Il y a encore le Prague bicolore, le Prague jaspé et le Prague marbré nain, qui sont excellents.

Le haricot d'Alger a le grain rond, noir, la cosse sans parchemin, comme le Prague et le prédom ; c'est un bon mange tout.

Le Lafayette a la graine fauve clair marbrée ; il est excellent.

Le haricot sabre est une des meilleures variétés et des plus productives, sa graine est blanche, un peu arquée, de moyenne grosseur. Il vaut autant que le Soissons.

Le haricot beurre est comme celui d'Alger, excepté qu'il a le grain blanc.

Le riz est excellent lorsqu'il est vert ; il a un grain blanc, très-menu, oblong, qui est excellent frais écossé.

Le Lima a le grain très-gros, d'un blanc sale ; sa cosse est rude, courte, large et chagrinée.

Le haricot d'Espagne à fleur rouge n'est cultivé que comme plante d'agrément. Celui à fleurs blanches peut être cultivé pour sa graine, qui est assez farineuse.

Le haricot Sophie ressemble au Prague nain, il a le grain blanc et un peu plus gros ; c'est un excellent mange tout.

Deuxième classe. — Le haricot nain hâtif de Hollande a le grain blanc petit et la cosse longue et étroite ; on le cultive comme primeur.

Le flageolet, à graine blanche et cylindrique, employée pour faire des haricots verts et des haricots secs.

Le sabre nain ressemble au sabre à rames, mais sa graine est plus petite.

Le Soissons nain ou gros-pied est hâtif, et son grain est estimé.

Le nain blanc d'Amérique, à grain petit et blanc et à cosse colorée en rouge brun.

Le haricot suisse, blanc, rouge, gris, dit de Bagnolet, ventre de biche, le solitaire et le plein de la flèche. De tous les Suisses, le Bagnolet est le plus estimé, on le cultive aux environs de Paris, pour être mangé frais ou séché.

Le nain jaune a le grain rond, jaune pâle, il est très-hâtif et bon sec.

Le noir de Belgique qui est très-précoce.

Le flageolet rouge, à grain rouge allongé, le plus productif des nains.

Le rouge d'Orléans à grain rouge, petit et un peu aplati.

La mangette ou haricot à œil noir qui ne vient bien que dans le midi.

Culture des primeurs. — Dans un grand centre de population comme Paris, où le jardinier est toujours assuré de l'écoulement de ses primeurs, nous comprenons qu'il fasse des sacrifices pour produire des haricots verts nouveaux en hiver et au printemps. Mais en province ce serait par pure fantaisie qu'on tenterait d'obtenir des haricots autrement que par les procédés ordinaires et à grand renfort de châssis de couches, de réchauds ou de thermosiphon, instrument nouveau de chauffage.

A Paris c'est une culture importante, parce que le haricot vert est un légume sain, très-estimé,

On sème les haricots pour primeurs depuis le commencement de janvier jusqu'à la fin de mars ; on trace des rigoles où l'on met quatre touffes de cinq à six grains chacune. On chauffe le thermosiphon dès que la graine a levé, et l'on arrose abondamment.

CULTURE EN PLEINE TERRE. — Il faut au haricot un terrain léger, frais et fumé avec du fumier bien consommé. Comme il redoute la pluie, il faut choisir un temps sec pour le confier à la terre. On commence à semer en mai quand le temps est favorable ; dans le cas contraire, il vaut mieux ajourner, car le haricot qui se trouve semé dans de mauvaises conditions ne réussit jamais.

Dans les terres légères on peut semer en touffes, mais dans les terrains argileux il vaut mieux semer en lignes, et pour cela on se sert d'un rayonneur. Quand on sème en touffes on dispose les trous en quinconce, et l'on confie à chacun cinq ou six grains de semence. Si l'on donne la préférence à la culture en lignes, qui est toujours la plus avantageuse, on sème grain à grain, en laissant entre chacun huit ou dix centimètres de distance, et entre les lignes 30 à 40 environ. On peut recouvrir avec le pied à mesure qu'on dépose chaque grain et passer ensuite le rouleau sur le tout.

Les soins à donner plus tard consistent en sarclarge, binage et buttage. Il faut bien se garder de toucher aux haricots quand la terre est mouillée, ils jaunissent et finissent par s'étioler. Le buttage leur est très-avantageux, parce qu'il entretient la fraîcheur.

Comme le haricot est très-sensible au froid, les semis tardifs sont très-souvent détruits par les gelées d'automne si l'on ne peut pas les mettre à l'abri. C'est à cette circonstance que je dois une découverte qui a son importance. J'avais une certaine quantité de haricots qui étaient loin d'arriver à maturité, lorsqu'une gelée blanche vint arrêter toute végétation au commencement de septembre. Je fis ramasser toutes les cosses qu'on fit sécher. Les haricots ainsi préparés se conservèrent parfaitement, et il suffisait de les mettre tremper quelques heures dans l'eau avant de les faire cuire, pour les confondre avec des haricots frais. Il est évident qu'en laissant jaunir les cosses des haricots, les grains se recouvrent d'un parchemin très-dur. Ce serait le contraire qui aurait lieu si on les prématurait. Il est vrai qu'on sacrifierait ainsi la quantité à la qualité, et ce ne serait pas le compte du cultivateur qui vend sa récolte. Ce procédé peut convenir seulement aux personnes qui consomment dans leur ménage les haricots qu'elles récoltent.

Pour la semence il faut laisser arriver les grains à une parfaite maturité, et les conserver dans les cosses jusqu'au moment des semis.

Pois. — Cette plante, originaire de l'Europe méridionale, appartient à la famille des papilionacées et peut se diviser en deux classes : les pois à parchemin et les pois sans parchemin ou mange-tout. L'un et l'autre comptent de nombreuses variétés naines ou à rames.

1re *Classe.* — Pois a écosser a rames. — Le pois d'Auvergne a la cosse longue et arquée, bien garnie de grains ; il est d'excellente qualité. Le poix michaux de Hollande et le poids michaux de Paris sont des variétés précoces, surtout le dernier qui se sème avant l'hiver à exposition.

Le pois de Clamart est très-productif, grand, sucré, à grains serrés, mais il est tardif.

8.

Le pois géant, à grain très-gros et peu sucré.

Le pois sans pareil, à grain allongé et tendre.

Le pois ridé, à cosse grosse et bien fournie, à grain ridé et très-sucré.

Le pois turc, à fleur rouge ou à fleur blanche; son grain est assez peu estimé et charge beaucoup.

Le pois à cosse violette, à grain gros et grisâtre et très-farineux.

Le pois du prince Albert, très-précoce, sous-variété du pois michaux.

Pois nain a écosser. — Le pois nain de Hollande, à cosse et à grain petits, chargeant beaucoup, mais peu hâtif.

Le pois nain hâtif, à petite cosse, très-précoce, de bonne qualité et mettant des fleurs dès le deuxième et le troisième nœud.

Le pois nain de Bretagne est très-petit et ne doit être cultivé qu'en bordures.

Le pois, gros nain, sucré, tardif et à gros grain.

Le pois, très-nain, aussi petit que celui de Bretagne et très-précoce.

Le pois nain ridé et le pois nain vert de Prusse, ayant un grand luxe de végétation et donnant des produits abondants et des grains très-fins.

Pois sans parchemin. — Le pois turc sans parchemin, à cosses nombreuses, tendres et sucrées; à fleures blanches ou rouges et à tiges très-développées.

Le pois sans parchemin, à cosse très-grande.

Le pois sans parchemin, à cosse blanche, à fleur rouge.

Le pois à cosse jaune.

Le pois sans parchemin, nain et hâtif, et nain ordinaire, à cosses petites, nombreuses, très-tendres; ces deux variétés sont précoces.

CULTURE. — Il faut au pois un terrain meuble et léger, sablonneux, chaud et abrité pour les primeurs. Quand la terre est bonne, on ne doit point fumer, car les pois mettraient beaucoup de fanes et peu de fleurs. On sème en rayons ou en touffes comme les haricots. Quand on confie la semence aux rayons, on doit laisser un espace entre eux de 20 à 25 centimètres; dans le second mode de semis, on laisse un intervalle de 30 à 40 centimètres entre les trous. Dans l'un comme dans l'autre cas on laisse chaque fois 5 ou 6 grains pour les touffes avec une distance entre chacune de 10 à 12 centimètres.

Au reste, pour la quantité de semence et l'espace à observer, il faut tenir compte du temps, du sol et de la variété qu'on sème. Les nains demandent à être semés plus drus que les pois à rames, et l'on doit mettre moins de semence pour ceux à demi-rames que pour ceux à grandes rames. Les soins à donner consistent comme pour le haricot en binage et en buttage.

On sème dès novembre et décembre à une bonne exposition, on continue en janvier, février et mars. Au printemps, on sème le clamart et les variétés tardives.

Nous ne parlerons pas de la culture sur couche et sur châssis, parce qu'elle offre peu d'intérêt et n'a pas une bien grande importance.

Il n'est pas rare de voir les pois, surtout ceux qui sont précoces, attaqués par un ver (la bruche des pois), et principalement dans les années de sécheresse. Le seul moyen de préserver les pois, surtout ceux qu'on réserve pour la semence et les purées, consisterait à semer plus tard, c'est-à-dire au commencement de mai seulement.

On doit conserver dans la cosse les grains qu'on destine à la reproduction.

Pois chiche. — Le pois chiche, originaire de l'Italie, appartient également à la famille des papilionacées. Il se sème au printemps, et se récolte en automne. Pour que le grain soit bon à faire des purées, il ne faut pas le laisser trop mûrir.

Le pois chiche demande les mêmes soins et le même terrain que le pois ordinaire : et il se sème de la même manière.

Fève des marais. — Cette plante est originaire de Perse ; elle appartient à la même famille que le pois et le haricot.

Elle se sème en rayons ou en touffes dans un terrain frais et un peu ombragé, et de la même manière que les haricots, on a soin, quand la graine est bien levée, de sarcler et de butter, lorsque la plante est un peu forte. Quand la floraison a eu lieu, il est bon de pincer le bout des branches pour arrêter la sève et nourrir les cosses. On récolte le fruit très-jeune, et lorsqu'il a acquis le quart ou le tiers de sa grosseur, et l'on coupe les tiges pour que de nouvelles pousses sortent du pied et donnent une nouvelle récolte.

Les principales variétés cultivées, sont : la fève grosse, la petite ou julienne, la fève Windsor, la fève à longue cosse, la violette et la verte.

Gesse. — La gesse ou lentille d'Espagne est une légumineuse indigène de la famille des précédentes ; elle se sème comme les pois et se mange en purée. Dans la culture maraîchère elle joue un très-petit rôle et sa place est marquée, surtout dans la grande culture.

Lentille. — Cette plante appartient encore aux papilionacées; elle compte plusieurs variétés : la lentille ordinaire, la grosse, la blonde, la lentille à la reine, la rouge et la petite lentille ou lentillon.

La lentille se plaît dans un terrain sec et sablonneux; elle se sème comme le haricot et le pois en rayon ou en touffes, en mars ou en avril. On conserve ses graines dans les cosses pour s'en servir à mesure des besoins.

Conservation des légumes secs. — Dans les années qui ne sont pas pluvieuses la récolte des légumineuses que nous venons de voir est toujours facile. Il suffit pour les haricots à rames de ramasser les cosses et les faire sécher au soleil ou dans un grenier; pour ceux sans rames on arrache les pieds qu'on met en bottes et qu'on laisse sécher. On bat ensuite, si l'on ne veut pas les garder pour semence, et, après avoir criblé et vanné les grains on les conserve dans des sacs dans un lieu sec ou sur le plancher d'un grenier.

Si le temps ne permet pas de les laisser sécher sur pied ou en les laissant exposés sur le sol après l'arrachage, il faut avoir soin de les mettre sous des hangars ou de les suspendre sur des cordes afin d'amener une prompte dessication.

On procède de la même manière pour les pois et les lentilles; on arrache les tiges avec les cosses et les feuilles, on les met en bottes pour les faire sécher ensuite; on les bat pour faire tomber les graines qu'on conserve dans le grenier ou dans des sacs.

Les pois qu'on réserve pour la semence peuvent être conservés dans les cosses qu'on a soin alors de cueillir sur pied comme pour les haricots. Par ce moyen, on peut choisir les cosses les plus mûres et les plus belles.

Les haricots et les pois secs peuvent se conserver long-temps quand même ils auraient été récoltés avant leur complète maturité.

Nous avons dit plus haut que pour avoir des grains excellents et ressemblant à des grains frais, on devait les cueillir avant la maturité. Nous insistons sur ce point, parce que nous sommes bien convaincu que les personnes qui voudront en faire l'essai nous sauront gré de leur avoir indiqué cette manière de donner aux haricots ou aux pois secs les qualités que possèdent ceux qui sont frais.

PLANTES FOURRAGÈRES ET INDUSTRIELLES

PLANTES FOURRAGÈRES.

On nomme ainsi les plantes qui servent à la nourriture des animaux et qu'on cultive dans les prairies artificielles.

Nous citerons parmi les légumineuses : le trèfle, le sainfoin, la luzerne, la vesce, le lupin, etc.; parmi les graminées, le ray-grass.

Du trèfle. — On cultive trois espèces de trèfle ; le blanc, le rouge et l'incarnat ou farouche. C'est à l'introduction du mérinos que nous devons l'adoption du trèfle dans nos assolements. Le trèfle rouge se plaît dans les terres humides; il ne craint pas le froid, mais les sécheresses du printemps et de l'été lui sont funestes. On le sème en mars ou en avril dans les céréales, soit de printemps, soit d'hiver. La graine ne veut pas être enfouie profondément; elle ne lèverait pas. On l'enterre par un hersage très-léger. Selon la richesse du terrain ou l'usage auquel on le destine pour être consommé en fourrage sec ou vert, on jette de 12 à 20 kilogrammes de graine par hectare. La bonne graine se reconnaît à sa couleur luisante et d'un rouge mêlé de bleu. Il est prudent d'en faire l'essai dans un petit coin du jardin ou dans un pot de terre, avant de confier la semence à la terre.

La dessication du trèfle, pour le transformer en foin, est assez difficile : les feuilles tombent facilement si l'on ne prend pas de précautions. Il faut le laisser sécher un peu en andains, sans le faner, et le mettre ensuite en petits tas, puis en petites meules. Par ce simple procédé, il conserve sa belle couleur et ses feuilles.

Le trèfle incarnat ou farouche est moins rustique que le trèfle commun, qui croît dans tous les climats. On le cultive dans le centre et le midi de la France, et il ne dure qu'un an au lieu de trois comme le trèfle commun. On le sème au mois d'août, après la moisson, et on le fauche au commencement du printemps.

Le rendement du trèfle est en moyenne de six à sept mille kilogrammes de fourrage par hectare.

Du sainfoin. — Le sainfoin est le fourrage des pays secs. Cette plante ne redoute ni la chaleur ni la sécheresse des terrains pauvres et calcaires. C'est l'opposé du trèfle ordinaire; où l'un vient parfaitement, l'autre ne réussit pas. On sème le sainfoin au printemps, dans une céréale; il suffit de jeter de 2 à 5 hectolitres de semence par hectare. On herse légèrement après avoir confié la graine au sol.

Le sainfoin est vivace et l'on peut le faucher trois ans de suite ; il donne près de 2,000 kilogrammes à l'hectare la première année et jusqu'à 3,000 la deuxième.

Les abeilles aiment à butiner sur ses fleurs, pour y puiser un miel qui est fort estimé.

La luzerne. — La luzerne est la plante fourragère qui offre le plus de ressources à l'agriculture. Dans de bonnes conditions, elle donne de trois à cinq coupes abondantes ; il n'est pas de fourrage de meilleure qualité et plus nutritif que celui qu'elle fournit.

Cette plante est originaire de la Médie d'où les Grecs l'ont importée dans le midi de l'Europe où elle a porté longtemps le nom d'herbe Médique. Elle se plaît dans les pays chauds pourvu qu'ils ne soient pas trop secs et que le sol soit assez profond pour ses racines, dont la longueur atteint quelquefois un mètre. C'est lorsqu'elle se trouve placée dans de bonnes conditions qu'elle peut se maintenir de longues années en donnant, sans se lasser, des coupes multipliées. C'est un véritable trésor pour les cultivateurs.

La terre destinée à recevoir la graine de luzerne, doit être bien défoncée et bien nettoyée. Dans le Midi, on la sème seule et en automne; dans le Nord, c'est au printemps, et dans de l'orge ou de l'avoine. On répand ordinairement 20 kilogrammes par hectare.

La coupe de la luzerne doit avoir lieu au moment où elle commence à fleurir. Plutôt, elle serait trop aqueuse, moins nourrissante, elle se fanerait plus difficilement; plus tard, il serait à craindre qu'elle ne devint ligneuse. La dernière coupe doit être récoltée avant la floraison, afin d'avoir le temps de la faire sécher. Pour le fanage, il faut prendre des précautions comme pour le trèfle, bien que la luzerne soit moins aqueuse que cette plante.

La luzerne, donnée en vert, peut produire chez les animaux cette enflure qu'on nomme météorisation. Pour cela, on ne saurait trop prendre de précautions. Le mieux est de mélanger la luzerne verte avec un fourrage sec.

Le rendement varie suivant le climat, le sol, l'âge de la luzernière et le nombre des coupes qu'on y fait par an. Avec trois coupes, on obtient une moyenne de 5 à 6,000 kilogrammes par hectare et par an.

C'est de toutes les cultures fourragères celle qui dure le plus ; on peut la conserver jusqu'à douze ans. Quand on veut rompre une luzerne, on récolte la semence, et, à cet effet, il est bon de choisir la seconde coupe de l'année et de choisir le moment où les gousses sont complétement noires.

On peut récolter de 6 à 700 kilogrammes de graines par hectare.

Vesces, pois gris, gesses, féveroles, lupins, lentilles, etc. — On a recours à ces fourrages supplémentaires quand le trèfle ne réussit pas ou lorsqu'on veut augmenter ses ressources alimentaires.

La vesce est très-rustique ; elle pousse spontanément dans tous les sols et sous tous les climats. Comme sa tige mince et grimpante ne peut se soutenir, il lui faut des tuteurs ; à cet effet, on se sert de céréales telles que le seigle, l'avoine et l'orge. On en distingue deux variétés : celle de printemps et celle d'automne.

Quand on veut faire consommer les vesces en vert, on les coupe dès qu'elles sont en fleurs. Si l'on veut en faire du fourrage sec, il faut attendre que les cosses soient formées. On obtient par hectare de 4 à 5,000 kilogrammes de fourrage sec, bon plutôt pour les animaux de travail et les moutons que pour les vaches.

Le pois gris ou bisaille donne un bon fourrage pour les moutons. C'est une plante annuelle qui croît rapidement. Il se plaît dans une terre un peu humide et assez forte. On sème à la volée et l'on jette 2 hectolitres 1/2 de graine par hectare. On le coupe comme les vesces.

La gesse veut, au contraire, un sol qui ne soit pas trop humide quelle qu'en soit la qualité. On la sème en mars et avril ; on jette 1 hectolitre 1/2 par hectare.

La féverole se sème comme la gesse; 2 hectolitres de semence suffisent par hectare.

La lentille se plaît dans les plus mauvais terrains; dans quelques contrées on la connaît sous le nom de *jarosse*. Elle fournit un fourrage excellent. On sème en automne avec du seigle ou de l'avoine d'hiver et l'on jette 1 hectolitre environ de lentilles par hectare.

Le lupin est comme la lentille peu difficile sur la qualité du sol. Il donne un excellent fourrage pour les moutons, mais sa graine est un poison pour les porcs. Le lupin jaune convient aux pays froids où le lupin blanc ne pourrait pas réussir.

Quand on sème un mélange de ces diverses graines, on donne à ce mélange le nom de *dragées*.

Du ray-grass. — Le ray-grass est la plante la plus propre à faire d'excellentes prairies artificielles parce que c'est la seule qui s'accommode à tous les sols, qui résiste à la gelée comme à la chaleur et fournit d'abondantes récoltes de fourrages dans des saisons peu favorables aux prairies artificielles.

Le ray-grass ne vient ni de la Médie ni de la Perse, il est originaire de notre belle France, voilà peut-être son tort, il y a environ cent ans que plusieurs agronomes l'ont préconisé, et cependant il a été peu cultivé jusqu'à ce que les Anglais nous aient montré les avantages qu'on peut retirer de sa culture. On l'a adopté plus facilement en France lorsqu'on a cru qu'il venait de l'Angleterre ou de l'Italie. Le mot ray-grass est anglais et signifie *faux froment* ou *fausse orge*.

Longtemps on fut induit en erreur par cette double signification, et les cultivateurs qui faisaient venir de la fausse orge n'obtenaient qu'un fourrage très-chétif et peu propre à être encouragé.

On distingue deux espèces de ray-grass : la blanche et la rouge, qui ne diffèrent entre elles que par le nœud des tiges. Ceux de l'espèce blanche sont blancs et ceux de la rouge tirent sur le brun clair. La seule bonne pour les prairies artificielles est l'espèce rouge.

Ce fourrage est précoce et de bonne qualité ; c'est un préservatif contre le sang de rate et la cachexie aqueuse, deux fléaux qui sévissent chaque année sur nos troupeaux.

La culture est peu coûteuse ; un seul labour suffit et il n'est pas besoin d'engrais ; il suffit de fumer la terre lorsqu'elle est ensemencée, comme on le fait pour les prairies naturelles, afin d'accélérer la végétation et obtenir un plus grand nombre de coupes. En arrosant avec le purin, on peut faucher jusqu'à huit fois dans une année et obtenir jusqu'à quinze cents bottes par hectare à chaque coupe.

On sème le ray-grass depuis mars jusqu'en mai et depuis juillet jusqu'en novembre. Il faut choisir un temps calme pour répandre la graine, qu'on recouvre simplement au moyen d'un rouleau.

Les agronomes ne sont pas d'accord sur la quantité de graine qu'il faut semer par hectare. Si l'on sème dans une céréale de printemps, il faut jeter jusqu'à 40 kilogrammes de graine ; dans toute autre saison, il en faudra moins.

RACINES FOURRAGÈRES.

Betterave. — La betterave rend de grands services à l'agriculture tant au point de vue de l'alimentation du bétail qu'à celui de la fabrication du sucre et de l'alcool.

On en compte plusieurs variétés :

La disette ou betterave champêtre, à chair d'un blanc rose, à forme allongée, sortant presque de terre ; la betterave grosse jaune ordinaire, qui est fort estimée pour la nourriture des vaches laitières.

La betterave de Silésie, variété à sucre, qu'on divise en betterave blanche et betterave à collet rose.

La globe jaune, qui convient aux sols peu profonds.

Il faut à cette plante un sol riche propre à la production du froment ; une terre bien meuble et bien fumée. On sème en avril à la volée ou en ligne ; cette dernière méthode vaut mieux. On jette environ 5 kilogrammes de graine par hectare. Quand la plante a levé, on bine et on éclaircit, puis quand la plante est plus grande, on bine de nouveau et on butte, surtout la betterave à sucre qui perdrait par le contact de l'air une partie des principes sucrés. Au mois d'octobre on arrache la betterave pour la conserver en grange ou en silos. Le rendement est d'environ 40,000 kilogrammes par hectare.

La carotte. — N'oublions pas la carotte, cette plante qui a été comme le topinambour beaucoup trop négligée. Certes, elle aurait dû, à raison de ses qualités nutritives et de son rendement, trouver une place plus large dans les assolements.

La carotte comprend plusieurs variétés, qui toutes sont bonnes pour la nourriture des animaux. Le cultivateur doit être dirigé dans le choix de la variété par les besoins plus ou moins pressants ou par la disposition de ses terres. S'il lui faut une récolte hâtive, il prendra la carotte courte; s'il n'a besoin de racines que pour l'hiver, il choisira la carotte blanche à collet vert ou la rouge-pâle.

Le mois de février est le moment le plus favorable pour semer la carotte. Il lui faut une terre légère rendue meuble par des labours et des hersages. Il vaut mieux semer en lignes qu'à la volée. On se sert pour cela d'un rayonneur ou d'une herse. 4 kilogrammes de graine suffisent par hectare.

Comme cette plante est plus rustique que la betterave, elle demande plus de façons. On s'en sert pour la nourriture des chevaux, des porcs et des bêtes à cornes.

Son rendement est d'environ 60,000 kilogrammes par hectare.

PLANTES INDUSTRIELLES.

Parmi ces plantes, les unes servent à la fabrication de l'huile, et sont appelées pour cela plantes oléagineuses; les autres sont nommées textiles quand elles servent à la fabrication de la toile, et tinctoriales quand elles fournissent de la teinture.

Les plantes dont on extrait l'huile sont : le colza, la

navette, le pavot, la caméline, l'arachide ou pistache de terre.

Le colza. — Cette plante qui appartient à la famille des crucifères est cultivée pour ses graines qui fournissent une huile bonne à brûler.

On en distingue deux variétés : le colza d'hiver et le colza de printemps. Ce dernier ne sert guère que pour remplacer le colza d'hiver détruit par le froid.

Tout terrain lui convient pourvu qu'il ne soit ni trop humide ni trop léger. Il faut que la terre qui doit recevoir le plant soit bien meuble, qu'elle ait reçu une forte fumure.

Le colza se sème comme le chou, en pépinière, vers le milieu de l'été. 7 ou 8 kilogrammes de graine suffisent par hectare. Il faut prendre soin de ne pas semer trop dru, afin d'avoir un plant vigoureux. On repique à l'automne, au plantoir ou à la charrue, en observant entre chaque pied un espace d'environ 40 centimètres. Quand le plant a bien repris on donne un léger binage, puis on butte. Ces deux opérations doivent être répétées au printemps.

Pour faire la récolte du colza, il faut choisir le moment où les siliques sont d'un vert jaunâtre.

On coupe et on bat au fléau.

Le rendement du colza d'hiver est d'environ 40 hectolitres à l'hectare, celui de printemps donne beaucoup moins.

Navette. — La navette est de la même famille que le colza ; elle réussit dans les terrains qui ne conviennent pas à celui-ci. On en cultive deux variétés : l'une dite de printemps et l'autre d'hiver. On sème de 3 à 4 kilogrammes de graine par hectare en août ou septembre, et sur une terre bien préparée ; on bine et l'on éclaircit le plant. La récolte a lieu en été lorsque les cosses commencent à devenir jaunes ; elle a lieu plutôt que celle du colza.

Cameline. — La cameline appartient aussi à la famille des crucifères. On la sème au printemps, à la volée, dans une terre bien préparée. Elle n'est pas difficile sur le choix du sol ; elle réussit dans les bonnes terres comme dans les sols sablonneux. On ne lui donne qu'une simple façon, et on fait la récolte aussitôt que les capsules jaunissent. Il faut 5 kilogrammes de semence pour un hectare.

Le pavot ou œillette. — Cette plante appartient à la famille des papavéracées ; elle est cultivée avantageusement dans les contrées du Nord.

Le pavot demande une terre légère, douce, bien ameublie et substantielle. On sème à la volée à partir de mars jusqu'à la fin de mai ; 2 kilogrammes doivent suffire pour 1 hectare. On commence à biner le plant lorsqu'il a quelques feuilles et l'on a soin, en faisant cette opération, d'espacer les pieds d'environ vingt centimètres.

La maturité a lieu vers le mois de septembre ; alors les capsules prennent une couleur grise ; il faut arracher les pieds et les ramer en faisceau en prenant soin de ne pas les incliner. Quand ils sont secs on les bat sur des draps. Il suffit pour faire tomber la graine de frapper deux poignées l'une contre l'autre.

Arachide. — L'arachide ou pistache de terre appartient à la famille des papilionacées : elle est originaire du Mexique et a été introduite d'Espagne dans le département des Landes en 1802. Cette plante demande à peu près la même culture que le haricot ; une terre légère et bien exposée.

PLANTES TEXTILES.

Le chanvre. — Le chanvre est à la fois une plante oléagineuse et industrielle. La graine, nommée chènevis, sert à faire de l'huile et de sa tige on tire une filasse propre à faire des toiles et des cordages.

On distingue deux espèces dans le chanvre : le mâle et la femelle.

On appelle mal à propos chanvre femelle celui qui ne porte pas de graine ; il est chargé de fleurs d'étamines dont la poussière féconde les autres pieds qui portent la graine et que pour cela on devrait appeler chanvre femelle.

On le sème en mai dans une terre légère et rendue meuble par plusieurs labours.

Tous les engrais qui rendent le sol léger sont favorables au chanvre ; c'est pour cela qu'on doit donner la préférence au fumier de cheval et de mouton.

Lorsque le chanvre est cultivé en vue de la toile, on doit le semer le plus dru possible, afin que la filasse ait plus de finesse. On jette 4 hectolitres par hectare.

Vers le mois de juillet ou d'août, quand on voit que les pieds du chanvre qu'on appelle improprement femelle deviennent jaunes par le haut et blancs vers les racines, on arrache ce chanvre brin à brin. Le porte-graine n'est récolté qu'un mois plus tard. Lorsque la saison est favorable, le chanvre est d'un excellent rapport, et nous ne comprenons pas le discrédit dans lequel est tombée cette plante. Il est vrai de dire que depuis l'introduction du coton cette plante a été négligée.

Le lin. — Le lin est cultivé pour l'huile et pour la filasse. Il y a deux variétés : l'une dite d'hiver, qu'on sème en automne ; et l'autre, de printemps. On sème à la volée dans une terre meuble, légère, et bien fumée. Comme pour le chanvre, il faut semer dru, quand on tient à la filasse. Dans ce cas, on peut semer jusqu'à 200 kilogrammes par hectare. Cette plante demande peu de façons ; on herse et on roule seulement. Lorsque la tige et les capsules deviennent jaunes, on arrache et on met en faisceaux pour faire sécher ; ensuite, on fait tomber les graines comme pour le chanvre et l'on fait rouir à l'eau ou sur la prairie.

PLANTES QUI SERVENT A LA TEINTURE.

La garance. — Cette plante demande un sol frais, léger et substantiel. On la sème en planches, en mars ou avril, à la volée ou en rayons dans lesquels on espace la graine de 3 à 4 centimètres. Aussitôt que le plant est assez fort, on donne un sarclage et on répète cette opération toutes les fois qu'il faut enlever les herbes parasites. Au moment de la floraison, on fauche la plante pour fourrage. Ce n'est qu'au bout de deux ou trois ans qu'on récolte les racines destinées à la teinture et on les fait sécher dans un lieu sec.

On peut semer la garance en pépinière et transplanter le plant, lorsqu'il a un an. Dans ce cas, on peut récolter les racines dans la deuxième année de la plantation.

Si la garance doit rester en place, il faut jeter environ 70 kilogrammes par hectare.

La gaude. — La gaude est une plante de la famille des résédacées qui donne une teinture jaune. Elle se plaît dans les terrains secs et sablonneux. On la sème en juillet soit seule, soit entre des haricots. La graine, vu sa petitesse, demande à être peu recouverte. On en jette environ 4 kilogrammes par hectare. On donne à la plante plusieurs façons, à l'automne et au printemps. On reconnaît qu'elle arrive à sa maturité, lorsque ses tiges jaunissent. Alors on arrache et on fait sécher en petites bottes, en ayant soin de ne pas entasser pour éviter la fermentation.

Safran ou crocus. — Le safran appartient à la famille des iridées. Sa fleur, qui se montre en septembre, est violet pourpre à stigmate rouge-aurore; elle est employée pour la teinture jaune. Cette plante demande une terre légère et sèche qui ne soit pas trop fumée. Elle est surtout regardée comme plante d'ornement et placée dans les jardins en bordure (voir les Fleurs).

Pastel. — Cette plante appartient à la famille des crucifères; elle est employée à la fois pour la teinture et pour la nourriture des bestiaux. Elle demande un sol riche et bien fumé; il faut semer clair, en rayons, si c'est possible, afin de pouvoir biner plus facilement. On sème au printemps, pour récolter l'année suivante. Quand on cultive le pastel comme fourrage de printemps, il faut de 8 à 9 kilogrammes de graines par hectare. Ce semis se fait à la volée.

PLANTES DIVERSES.

Sorgho. — Le sorgho, qui appartient à la famille des graminées, présente deux variétés qui sont : le sorgho à balais et le sorgho à sucre. Il se cultive à peu près comme le maïs, et comme il arrive difficilement à maturité, surtout le sorgho à sucre, il vaut mieux en faire du fourrage. C'est du reste le seul parti qu'on en ait tiré jusqu'à présent.

Panis. — Le panis ou millet commun qui est surtout employé pour la nourriture des oiseaux et dont les habitants du midi font une espèce de bouillie, est généralement peu cultivé. Il demande une terre légère et bien fumée. On le sème un peu clair, à la volée ou en rayons, à partir de mai parce qu'il est sensible au froid. On sarcle et on bine. Le grain arrive à maturité en août et septembre. Cette plante semée dru peut fournir un bon fourrage vert.

Moutarde noire. — La graine de cette plante est employée à ce condiment qu'on nomme moutarde. On la sème au printemps sur une terre profonde et fraîche. Il faut environ 3 kilogrammes de graine par hectare. Elle mûrit en juillet.

Chicorée-café. — On sème la chicorée sauvage au printemps, à raison de 3 kilogrammes par hectare, c'est-à-dire, qu'on la sème un peu clair et en lignes de manière à pouvoir biner et sarcler le plant. Cultivée dans de bonnes conditions, elle donne des racines grosses comme des carottes blanches qui sont torréfiées et converties en café.

Nous avons parlé ailleurs de la chicorée sauvage considérée comme plante potagère.

CHAPITRE II

DU VERGER

CULTURE DES ARBRES FRUITIERS

Cette branche de l'horticulture n'est pas la moins intéressante, car elle joint l'utile à l'agréable. De plus elle fournit à la culture maraîchère le moyen de tirer parti de ses plates-bandes et de ses murs d'abri en plantant dans les premières des arbres de plein-vent et le long des autres, des espaliers aux formes plus ou moins capricieuses qui donnent toujours d'excellents produits.

L'arbre a été privilégié de la nature ; il a un port plus majestueux que la plante ; une taille parfois gigantesque et une existence qui dure souvent plusieurs siècles.

Par cela même qu'il dure plus longtemps l'arbre met aussi plus de temps à croître. Comme sa fécondité est en raison des soins qu'il reçoit, le jardinier ne doit négliger aucune des connaissances qui se rattachent à l'arboriculture ; il doit suivre avec sollicitude toutes les expériences et se mettre sans cesse à la hauteur du progrès.

Sans vouloir déprécier le mérite des anciens, nous pouvons dire avec juste raison que la science moderne est allée bien loin dans la production des fruits. Elle obtient chaque année de nouveaux produits qui étonnent autant par leur délicatesse et leur parfum que par leur prodigieuse grosseur. La greffe, ce triomphe merveilleux de l'art sur la nature, ne se borne plus à relever

la qualité du fruit, il sert aujourd'hui à lui donner plus
de grosseur et plus de beauté.

Il n'en coûte pas plus pour obtenir de bons fruits que
de mauvais ; il faut seulement donner aux arbres fruitiers
des soins mieux entendus. Les chemins de fer ont fait
faire un grand pas à l'arboriculture, espérons que le progrès sera continu, car pour les fruits comme pour tous
les autres objets de consommation, les grands centres de
population ont des marchés toujours ouverts et des
consommateurs bien disposés. Cuits ou crus, secs ou
frais, les fruits sont toujours et partout les bienvenus.

De la pépinière. — Comme la plante potagère,
l'arbre se reproduit par semis ou par rejeton et bouture.
Il en est quelques-uns qu'on se contente de transformer
par la greffe.

La terre qu'on destine à la pépinière doit être franche
et profonde, bien aérée et à sous-sol perméable. La
partie la plus grasse doit être destinée aux arbres à
fruits ou à pepins. C'est de ce mot, comme on voit, que
vient celui de pépinière, la partie sablonneuse ou calcaire convient mieux aux arbres à fruits à noyau.

Si le terrain n'avait pas assez de profondeur, 80 centimètres environ, il serait bon de le défoncer et de le
fumer abondamment.

Dans la petite culture, où l'on n'a pas besoin d'un
grand nombre de pieds d'arbres, on peut semer sur
plate-bande.

On se sert de marc de poiré et de cidre pour semer
des poiriers et des pommiers, on les conserve pendant
l'hiver pour les répandre sur le sol au commencement
de mars ou bien on les sème en automne. Quand le
plant a un an, on le repique en lignes en ayant soin de

raccourcir le pivot pour faire développer le chevelu et mettant entre chaque pied un intervalle de 60 à 70 centimètres.

Si l'on veut avoir des pommiers et des poiriers nains, au lieu de recourir au semis, on fait des marcottes de paradis, de doucin, de coignassier; à cet effet, on couche un jeune pied et on le recouvre de terre pour faire une mère; les jets qu'il pousse servent à faire des marcottes qu'on transplante en pépinière et qu'on greffe quand elles ont pris un développement suffisant. Le pommier greffé sur paradis est le plus petit qu'on connaisse, il produit de bonne heure des fruits. Le poirier greffé sur coignassier, n'est jamais vigoureux, mais il porte des fruits plus tôt et convient par conséquent aux personnes qui ont hâte de jouir des produits du jardin. Le coignassier prend de bouture, il suffit de détacher une branche sur laquelle on a développé un bourrelet et de la mettre en terre pour lui faire pousser des racines. Le groseillier prend de bouture, il suffit d'en détacher un rejeton qu'on met en terre. Il prend racine très-vite et donne des fruits l'année suivante.

Les noyaux ne peuvent pas se semer de la même manière que les pepins, il faut les soumettre à une opération préalable qu'on appelle stratification et qui consiste à mettre dans du sable pendant l'hiver les noyaux, de pêches, de prunes, d'abricots, d'amandes, de cerises, pour les semer au printemps. A cette époque les valves des noyaux peuvent se détacher et donner passage au germe. Sans cette précaution, ils resteraient longtemps à germer et deviendraient la proie des rats et des mulots. Le semis doit être fait en avril, en lignes dans des carrés ou des plates-bandes, selon l'importance de la culture ; il faut que la terre soit bien meuble surtout au fond du petit trou dans lequel on met la jeune plante, et on ne doit pas négliger de recouvrir d'un peu de terreau ou de terre légère.

Tous ces jeunes plants soit qu'ils proviennent de semence, soit qu'ils aient été obtenus de marcotte ou de bouture, doivent être soignés chaque année, il faut labourer, sarcler, biner la terre, ôter les herbes parasites, élaguer et donner des tuteurs aux tiges trop faibles. Les sujets destinés à faire des nains et des quenouilles, peuvent être greffés à une hauteur de terre de 12 à 15 centimètres ; on doit attendre la troisième année pour ceux à haute tige.

Après un an de greffe on peut transplanter les arbres nains à demeure et là on leur donne la forme qu'on veut. On peut attendre deux ou trois ans pour transplanter les quenouilles afin de leur donner le temps de prendre du corps et garnir leur tige de rameaux ; une quenouille mal garnie est toujours de peu de valeur.

Les arbres greffés à haute tige pourront être transplantés après un an de greffe, mais on aime mieux les laisser en place pour leur former la tête. Nous croyons, nous, qu'il vaut mieux les arracher et les planter à demeure après la première année de greffe, parce qu'on peut mieux diriger la sève à volonté.

Les arbres greffés doivent donc quitter la pépinière pour le jardin potager ou pour le verger.

On plante dans les plates-bandes les pommiers nains et les poiriers ainsi que les groseilliers. On les cultive en quenouille ou en pyramide et l'on a soin de laisser entre chaque pied une distance de 7 à 8 mètres.

On met en espalier le long des murs à chaperon,

ayant une hauteur d'environ trois mètres bien crépis et garnis de treillages ou de fils de fer galvanisés, des arbres à basse tige tels que pêcher, abricotier, pommier, poirier, etc. La distance à garder ne peut être déterminée que par la dimension qu'on donne aux espaliers, comme nous le verrons quand nous parlerons de la taille.

Pour transplanter les arbres on choisit autant que possible un temps sombre, doux et humide, et l'automne de préférence au printemps. Il est vrai qu'en prenant certaines précautions, on ne regarde aujourd'hui ni au temps ni à la saison. A Paris, on transplante sur les boulevards et dans les squares des arbres très-gros, même par les plus fortes chaleurs de l'été. Il est bien rare qu'ils ne prennent pas racine en peu de temps et ne se couvrent pas de fleurs et de feuilles au printemps. Les arbres fruitiers prennent facilement, pourvu qu'on les mette dans un terrain convenable et qu'on fasse prendre aux racines, en tassant la terre, la position qu'elles avaient. Pour cela, il faut à mesure qu'on rejette la terre, saisir la tige avec la main et la remuer légèrement en la soulevant un peu. Il est un procédé que nous conseillons et qui nous a toujours réussi, il consiste à arroser le trou destiné à l'arbre avec une lessive composée de cendre, de bouse de vache et d'un peu de chaux. On répète cette opération de temps en temps quand l'arbre commence à pousser, on peut même la renouveler avec avantage une fois par an.

Nous avons dit plus haut qu'avant de procéder à la transplantation à demeure on commençait par greffer l'arbre fruitier. Il nous reste donc avant d'aborder l'article de la taille à parler de la greffe.

Greffe. — Comme nous l'avons déjà dit, la greffe est ce qu'il y a de plus ingénieux dans le jardinage ; c'est le triomphe de l'art sur la nature, par elle on fait rapporter les fruits les meilleurs aux arbres qui n'en auraient donné que de mauvais et d'acerbes. Par son secours on relève la qualité des fruits, on en perfectionne le coloris, on leur donne plus de grosseur, on en avance la maturité, mais là se bornent ses effets, car par la greffe on ne peut créer d'autres espèces et ce n'est que par le semis qu'on obtient ce résultat.

La greffe consiste dans l'application d'un œil ou d'un scion d'une plante sur un autre de manière à la modifier à lui donner les qualités qui lui manquent. Le sujet qui reçoit la greffe devient semblable à l'arbre qui l'a fournie. La soudure des deux parties rapprochées se fait par l'union des libers et des aubiers des deux végétaux. Tout le secret consiste donc à mettre parfaitement en contact ces libers et ces aubiers.

On donne le nom de *liber* aux premières couches internes de l'écorce des arbres ; on les nomme ainsi parce que ces couches ressemblent aux feuillets d'un livre. Le liber repose sur l'aubier qu'il recouvre. *L'aubier* est la partie qui se transforme en bois, il est blanc, tendre et spongieux et il durcit et change de couleur à mesure qu'il se superpose en couches ligneuses.

Il ne faut jamais perdre de vue que pour réussir dans cette opération il faut faire coïncider exactement le liber de la greffe avec celui du sujet et ne jamais marier que des végétaux de la même famille ou plutôt offrant une organisation semblable. Ainsi, l'on ne doit pas greffer un arbre à fruits à pepins sur un arbre à fruits à noyaux. On doit aussi tenir compte de la manière dont circule la sève dans les espèces qu'on veut greffer, si elles sont précoces ou tardives ; il faut également regarder au temps, au développement de la sève, à la complexion du sujet. Nous reviendrons d'ailleurs sur cette question. En parlant des diverses espèces de greffe, nous avons déjà fait connaître dans le chapitre consacré à la description des instruments employés dans le jardinage, ceux dont on se sert pour cette importante opération. Voyez page 46 et suivantes, où nous avons donné les figures et décrit la serpette, la serpe, divers sécateurs, la pince, les greffoirs et plusieurs instruments employés dans la culture du verger.

L'onguent de saint Fiacre est un mastic liquide qui se compose de 20 parties de poix, 30 de résine, 20 de cire jaune, 12 de suif et 8 de cendre ou de brique pulvérisée. On ne doit l'employer que lorsque le doigt peut en supporter la chaleur.

Différentes manières de greffer. — Les greffes qu'il est important de connaître parce qu'elles sont le plus généralement employées dans l'horticulture sont : la *greffe par approche*, la *greffe en fente* et *à œil dormant*, la *greffe en couronne* et *en flûte*, la *greffe en écusson* et la *greffe herbacée*.

La greffe (fig. 57) par approche ne se pratique que pour les végétaux délicats ou lorsqu'on veut croiser des branches pour en former des haies ou des clôtures. On fait aux parties que l'on veut marier des plaies ou des incisions suffisamment grandes, on joint ces parties de manière à faire coïncider les libers ou plutôt les *cambium* ou espèce de gélatine végétale qui forme l'aubier ; on fait des ligatures avec de l'osier ou de la laine et l'on met à l'abri de l'air et de l'humidité en appliquant

de l'onguent de Saint-Fiacre. La nature se charge assez
fréquemment d'opérer ce genre de greffe sans le secours de l'homme.

La greffe en fente (fig. 58) se pratique aujourd'hui
au printemps comme en
septembre. Celle qui a
lieu dans ce mois a reçu
le nom de greffe en fente

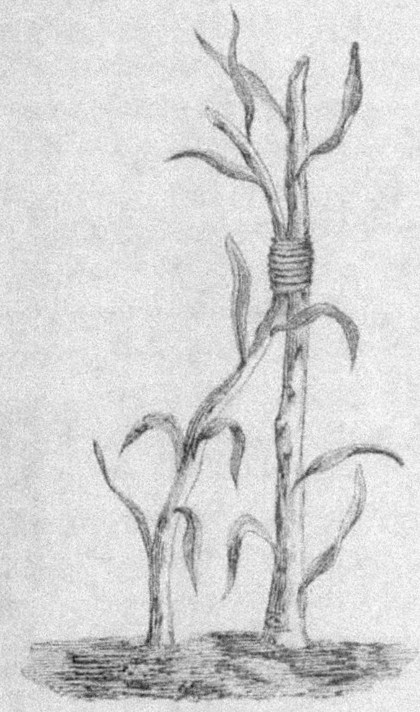

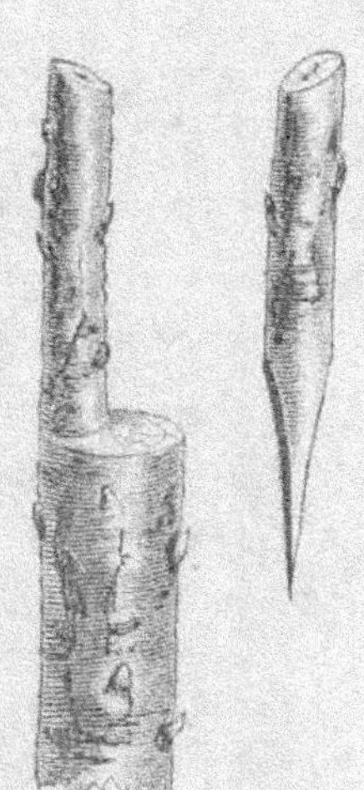

Fig. 57.   Fig. 58.

à œil dormant parce que la sève ne sert qu'à souder la
greffe au sujet en attendant l'époque où elle se met en
mouvement. Quand on greffe au printemps, il faut
avoir la précaution de couper à l'avance les scions destinés à faire des greffes et de les ficher en terre, jusqu'au
moment de s'en servir. Par ce moyen, on retarde la
végétation, afin de se conformer à la règle générale qui
veut que le sujet soit en sève et que la greffe ne commence qu'à y entrer.

On ôte la tête entière du sauvageon qu'on veut greffer ou seulement les maitresses branches, s'il est trop gros. On pratique une fente verticale, soit avec la serpette, soit avec un greffoir ou un coin, pour les arbres à moelle, il faut prendre garde que la fente atteigne le centre où se trouve cette moelle, il faut la pratiquer sur le côté. La longueur de cette fente doit varier entre 3 à 5 centimètres. On y insère une branche ayant au moins trois bons yeux, après avoir taillé l'extrémité qui doit être insérée, en biseau et de manière que la partie qui doit être en dehors soit plus épaisse que celle qui est en dedans. Nous n'avons pas besoin de dire que pour insérer facilement le scion, on tient la fente ouverte, au moyen d'un petit coin placé dans le milieu. On place la greffe de manière que les libers et les cambium coïncident parfaitement, car de cette coïncidence dépend le succès de l'opération. On ligature ensuite la greffe et on met la place à l'abri au moyen de cire ou d'onguent de Saint-Fiacre. On peut mettre deux greffes sur le même sujet, et même quatre s'il est gros.

La greffe à l'anglaise, ou greffe Miller (fig. 59), présente une grande solidité, mais elle n'est applicable que lorsque le sujet et la greffe ont le même diamètre. La greffe *Lee* (fig. 60) admet des greffes d'un diamètre plus petit que celui du sujet, mais elle exige que les deux pièces se joignent parfaitement.

Fig. 59.

Fig. 60.

On *greffe* en *couronne* (fig. 61) les arbres qui sont trop épais pour être greffés en fente. On sépare l'écorce d'avec le bois en y enfonçant un petit coin, ensuite on glisse dans ces différentes ouvertures jusqu'à huit ou dix branches qui aient quatre ou cinq bons yeux, et qui soient en outre taillées par le bout d'une manière proportionnée aux ouvertures.

Dans les cas où l'on craint d'éclater l'arbre, au lieu d'insérer les greffes dans la fente, on fait avec un greffoir un cran ou une entaille un peu profonde

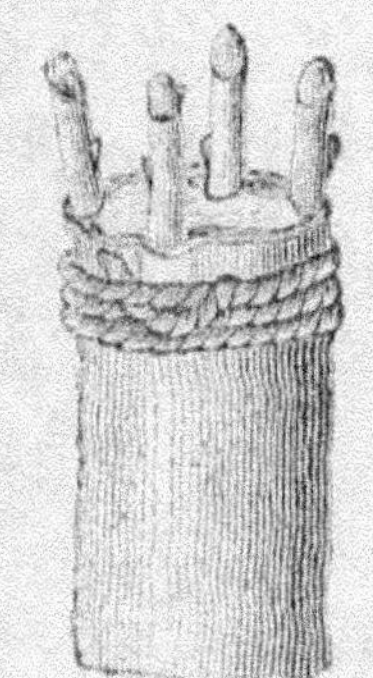

Fig. 61. — Greffe en couronne.

dans l'écorce et dans le bois et l'on y ajoute une bonne branche dont le bout doit être taillé de manière à remplir exactement l'entaille et de telle sorte que les écorces se touchent exactement, point essentiel pour la réussite. Le coin ne doit pas être enfoncé à plus de 5 à 6 centimètres et la greffe doit être taillée en bec de flûte sur une longueur de 4 centimètres. Lorsque le coin vient à faire fendre l'écorce on pose la greffe et ensuite on rapproche cette écorce et on la fixe au moyen d'une ligature.

La *greffe en flûte* ou greffe faune (fig. 62) se pratique au mois de mai, quand les arbres sont en pleine sève et que l'écorce se détache facilement.

On choisit deux branches de grosseur égale, l'une sur le sauvageon, l'autre sur l'arbre dont on désire reproduire l'espèce. On étête le sujet à l'en-

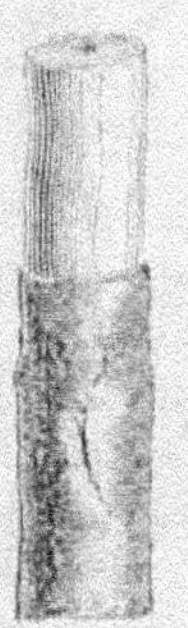

Fig. 62.

droit où l'écorce est bien unie. On fait au moignon une incision circulaire de manière à en détacher un tuyau qui ait deux yeux. On détache également un tuyau de même longueur que la branche destinée à la greffe et l'on fait entrer cette écorce comme un anneau sur le moignon qu'on a dépouillé.

Au lieu d'enlever du sujet un anneau d'écorce, il vaut mieux diviser cette écorce en lanières qui adhèrent au bois par l'extrémité inférieure, puis on ajuste le tube pris à la greffe et on l'enfonce jusqu'à la naissance des lanières, qu'on relève et qu'on attache sur le tuyau d'emprunt.

Dans le cas où la branche qui sert de greffe et le moignon ne sont pas d'égale grosseur, on fend le tube, quand il est trop petit et l'on conserve sur le moignon, la portion d'écorce qui se trouve en plus; s'il est trop grand, on en retranche une lanière de manière que le reste s'applique parfaitement au sujet.

Cette méthode de greffer, qu'on regarde comme difficile, n'est usitée que pour le châtaignier, le noyer, l'olivier et le figuier.

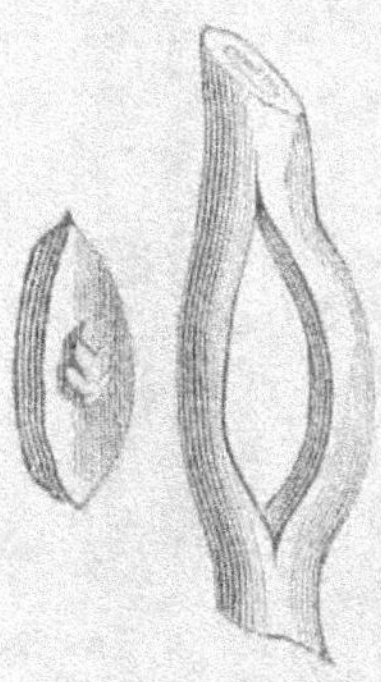

Fig. 63. — Greffe en navette.

Greffe en navette. — Cette greffe (fig. 63) est presque uniquement employée pour la vigne. On la pratique en mars sur le bois de 4 à 5 ans. Dans la fente que l'on pratique à un sarment du sujet, on introduit une portion de sarment que l'on taille en navette. Il doit être pourvu d'un bon œil et muni de son écorce devant et derrière et on lute ce morceau de sarment avec de la cire à greffer qui remplace très-bien la ligature.

La *greffe en écusson* (fig. 64) est très-usitée pour les fruits à noyau; elle se pratique de mai en juillet ou de juillet en août et septembre. La greffe qui se fait après juillet est appelée à œil dormant, parce que la pousse n'a lieu qu'au printemps, alors que la sève s'éveille.

Cette espèce de greffe consiste à enlever sur un rameau un morceau d'écorce garni d'un œil au centre en forme d'*écu*, ce qui lui a valu son nom d'écusson et à le poser ou plutôt l'*i-*

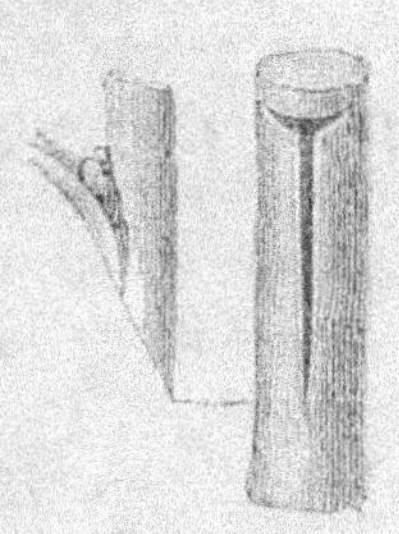

Fig. 64. — Greffe en écusson.

noculer, sur un sujet, sur l'écorce duquel on a pratiqué une incision en forme de T. Avec le bout aplati du greffoir, on soulève les deux lèvres de l'écorce et on glisse dessous l'écusson en le faisant descendre par la pointe la plus longue, jusqu'à ce qu'il ait gagné le bas du T et soit recouvert, l'œil excepté, de l'écorce du sujet. On lie doucement ces écorces en y passant plusieurs tours de fil de laine. Quand on greffe en été alors que la sève est abondante, on donne à cette opération le nom de greffe à la pousse.

Il faut avoir soin de choisir, pour écussonner, les yeux les plus vigoureux et surtout ceux qui occupent le milieu de la branche sur laquelle on les prend. Il faut couper la feuille, s'il y en a, en ne conservant qu'un bout de queue qui sert non-seulement à saisir l'écusson mais encore à constater le succès de l'opération, ce qu'on reconnaît à la fraîcheur qu'elle conserve. Si l'on enlève du bois avec le greffoir en levant l'écusson, il faut avoir soin de le retirer. Si l'œil ne présente aucune ride, on est à peu près sûr de la reprise.

La *greffe herbacée* se pratique en mai ou juin, en fente et avec des parties herbacées ; elle convient surtout aux arbres résineux. Il faut que la partie du sujet sur laquelle on opère soit de la même nature que la greffe, c'est-à-dire herbacée. On procède comme pour la greffe en fente et l'on maintient la greffe avec une ligature en laine. On peut également obtenir le même résultat en insérant une greffe dans l'aisselle d'une feuille ; c'est ainsi qu'on greffe l'artichaut sur le chardon, la tomate sur la pomme de terre.

Observations. — Il est certaines précautions à prendre pour obtenir une parfaite réussite dans cette opération horticole.

D'abord il faut choisir pour cela un temps couvert et doux et même un peu humide ; ensuite veiller à ce que les greffes soient en bon état ; il arrive souvent que l'on est obligé de les transporter au loin. Dans ce cas on doit les piquer dans une pomme ou une boule de terre glaise et l'envelopper de mousse qu'on mouille. Quand les greffes ont acquis une vingtaine de centimètres de longueur il faut pincer les rameaux à la hauteur voulue si l'on veut faire une grande ou une demi-tige. On soigne les bourgeons seulement si l'arbre avait la hauteur désirée au moment de la greffe. Il ne faut pas négliger au printemps la tête des sujets greffés à œil dormant, et l'on couvre la place avec de l'onguent de Saint-Fiacre ou de la cire. Il faut ébourgeonner et palisser avec soin, donner des labours à propos et ne point laisser venir de mauvaises herbes qui appauvrissent la terre et attirent des insectes. Si l'on craint la sécheresse il faut arroser de temps en temps le pied de chaque arbre, envelopper le tronc de mousse ou de paille recouverte d'une toile et la mouiller souvent. Il faut également fumer tous les trois ans et employer surtout la composition de bouse de vache, cendre et chaux, que nous avons indiquée plus haut. Il faut encore prévenir les maladies qui sont nombreuses, et ne pas négliger la taille, qui est une opération des plus utiles.

Maladies des arbres. — On remarque chez les arbres, tantôt un excès de végétation qui fait qu'ils se couvrent de feuilles au lieu de fruits, ce qui ne peut être regardé que comme un mal momentané, car les végétaux, en acquérant du développement, amassent des trésors pour l'avenir. Tantôt, c'est le contraire qui a lieu, les arbres se couvrent de fruits et ont peu de feuilles. Dans l'un comme dans l'autre cas, la taille et l'ébourgeonnement sont le meilleur des remèdes.

Parfois les arbres deviennent languissants, les fleurs avortent, les fruits tombent, les feuilles jaunissent avant le temps et l'arbre dépérit de jour en jour. Cela tient à plusieurs causes, mais principalement à une transplantation mal faite, à une mauvaise exposition, à l'épuisement du sol, à la morsure des insectes; c'est ce qu'indique facilement l'expérience.

Il faut les déchausser, visiter les racines, détruire les vers blancs s'il y en a, couper les racines gâtées, remettre de bonne terre et arroser fréquemment avec de l'eau dans laquelle on a fait dissoudre du sulfate de fer. Si ces soins ne produisent pas rapidement d'excellents résultats, le mieux est de procéder à l'arrachage et remplacer les arbres malades par des arbres plus vigoureux.

Il est des maladies dont la cause est inconnue et qui attaquent certains arbres ou certains arbustes, telles sont l'oïdium, qui depuis quelques années sévit sur la vigne et que l'on ne connaissait pas autrefois. Le remède le plus efficace a été l'emploi du soufre, qu'on répand à l'aide d'un des instruments qu'on a inventés à cet effet, houppe, soufflet, etc. On suppose que trois soufrages faits à propos suffisent pour guérir radicalement la vigne.

Les arbres sont sujets à certaines altérations partielles qu'on nomme ulcères. Elles attaquent les premières couches d'aubier sous l'écorce et provoquent un suintement plus ou moins abondant. Pour guérir ces maladies, on enlève toutes les couches de bois attaquées, on couvre la plaie avec du goudron ou de tout autre emplâtre qui la préserve de l'humidité et de la sécheresse; peu à peu l'écorce recouvre la plaie, qui disparaît pour ne laisser aucune trace.

De la taille. — Quoique la taille paraisse une opération de l'art opposée à l'intention de la nature, il n'en est pas moins démontré, par une longue expérience, que la suppression de certaines branches, le raccourcissement des autres sont cependant nécessaires aux arbres fruitiers pour leur donner une forme plus régulière, les rendre plus hâtifs, plus féconds, et leur faire produire des fruits plus beaux et meilleurs.

Il est donc important pour un jardinier de bien posséder la taille des arbres fruitiers s'il veut ne pas mériter le reproche que M. de la Quintinie faisait aux jardiniers de son temps : « Que beaucoup de gens coupaient, mais que peu savaient tailler. » C'est, du reste, de toutes les opérations de l'agriculture celle qui exige le plus de connaissances pratiques et de soin.

Écoutons ce qu'en ont dit des hommes compétents sur la matière.

Voici ce qu'a écrit sur ce sujet M. Thouin :

« Les différentes espèces d'arbres ayant chacune leur
» manière d'être particulière et leurs habitudes, ne doi-
» vent pas être soumises à la même sorte de taille ; les
» mêmes espèces et variétés d'arbres, en raison de leur
» âge, exigent des traitements différents ; la nature du
» terrain occasionne encore des variations dans les pro-
» cédés de la taille des individus d'espèces et variétés
» d'arbres semblables et de même âge. Les différences
» de température, de climat, doivent nécessairement en
» produire de très-notables dans les opérations de la
» taille d'arbres de même espèce, de même âge, et placés
» dans la même variété de terrain. Les mêmes arbres,
» sous la même latitude, à la même exposition, et dans
» la même nature de terre également humectée, exigent
» chaque année des variations dans les procédés de la
» taille. L'état de santé ou de malaise des arbres néces-
» site des modifications dans leur traitement ; enfin toutes
» les branches d'un même individu ne doivent pas être
» traitées de la même manière. Ces différentes modifi-
» cations, occasionnées par la différence des espèces, des
» variétés, des races, des âges, de l'état de santé ou de
» maladie, des climats, des sols, des degrés d'humidité
» ou de sécheresse, et enfin de la nature des diverses
» sortes de branches, rendent l'art de la taille excessi-
» vement difficile ; il l'est d'autant plus que les opéra-
» tions qu'il nécessite ne produisent leurs effets qu'une
» année, quelquefois deux ou trois ans après qu'elles
» ont été faites, et qu'il en est quelques-unes dont l'in-
» fluence, soit en bien, soit en mal, se fait sentir pen-
» dant toute l'existence d'un arbre qui vit un siècle. »

Toutes les fois qu'un arbre fruitier ne se couvre pas

de fleurs, ou s'il a des fleurs ne porte pas de fruits sans qu'on en attribue la cause aux intempéries, on peut supposer qu'il a été mal taillé. Ce n'est cependant pas une vérité incontestable et il est toujours bon, avant de porter un pareil jugement sur l'opération du jardinier, d'examiner si cela ne tient pas à d'autres causes ; au sol, au climat, à l'espèce, par exemple.

La pratique a formulé des lois fort simples qui régissent la matière.

D'abord, quelle que soit la disposition qu'on donne à l'arbre, que ce soit l'éventail, le vase, la girandole, le plein vent, la quenouille ou le buisson, il faut donner aux branches une direction toujours rapprochée le plus possible de la ligne horizontale, la direction perpendiculaire étant favorable au développement du bois et non à la production du fruit.

En second lieu, il faut veiller avec soin à ce que l'équilibre soit maintenu entre les diverses parties. La sève, comme on sait, tend toujours à monter, aussi n'est-il pas rare de voir un végétal étaler des rameaux plus vigoureux en haut qu'en bas. Si, par conséquent, on contrarie les sucs séveux dans leur marche, ils sont obligés de prendre une autre direction et vont alimenter des parties qui en ont besoin et se développent plus vite grâce à ce secours inattendu. Ici on doit pincer ou ébourgeonner, incliner vers le sol tout rameau qui tend à s'emporter ; là, au contraire, il faut redresser, et employer tous les moyens d'activer le développement : c'est ce qu'on appelle rétablir l'équilibre.

Pour faire une judicieuse application de la taille, il est bon de commencer par se familiariser avec les divers termes qu'on emploie dans la pratique.

On donne le nom d'œil à ce qui donne naissance aux feuilles et celui de bouton à ce qui produit la fleur. On nomme œil *latéral*, celui qui est sur le côté ; œil *terminal*, celui qui est à l'extrémité. On appelle *sous-œil*, celui qui est à l'état de rudiment, c'est-à-dire qui n'est pas apparent. On donne le nom de sous-œil au bourgeon qui vient à la place de celui qui a été détruit. Le *gourmand* est un bourgeon qui prend des proportions considérables, on l'utilise en lui donnant une direction favorable.

Le bourgeon développé se nomme rameau et de même le faux-bourgeon a pour nom le faux-rameau.

Toute ramification qui a plus d'un an devient une branche.

On nomme branche charpentière celle qui détermine la forme de l'arbre, dans les espaliers ce sont les branches-mères. On distingue encore les branches en branches à bois et branches à fruits (fig. 65) branches de remplacement.

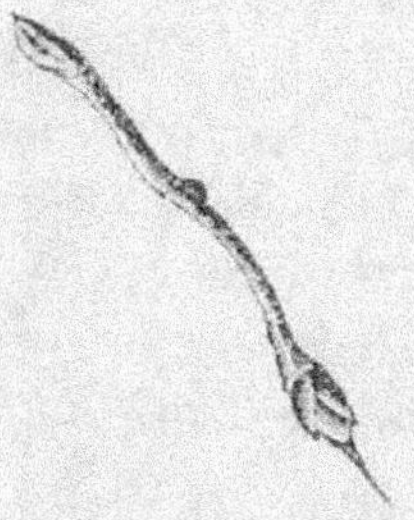

Fig. 65. — Branches à fruit.   Fig. 66. — Dard.

Les rameaux courts et gros terminés par un œil pointu s'appellent *dards* (fig. 66). La bourse est une espèce de nodosité développée par une grande affluence de sève sur un point où il y a des fleurs ou des fruits. La lambourde (fig. 67) est comme le dard et

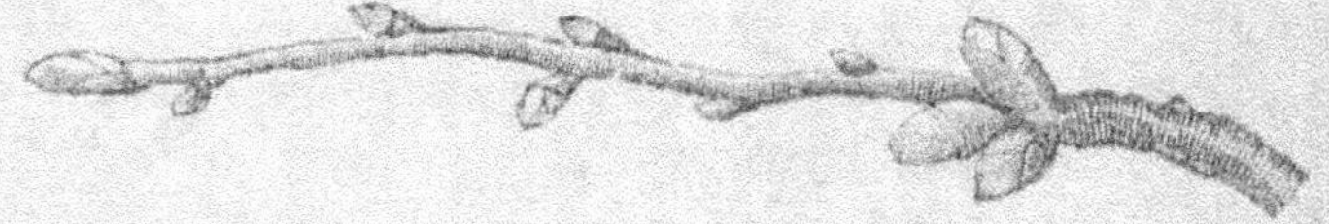

Fig. 67. — Lambourde.

semble sortir d'un anneau. Les *brindilles* (fig. 68) sont

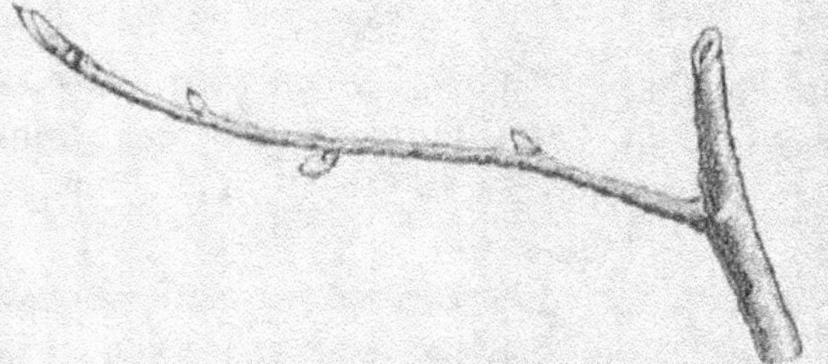

Fig. 68. — Brindilles.

des branches grêles qui sont des signes précurseurs de fruits. Quelquefois, au lieu de se terminer par un bouton à bois, la brindille se termine par un bouton à fruit, mais cela n'a lieu que dans des terrains très-productifs; on les nomme alors *brindille couronnée*.

Il est essentiel de remarquer qu'il est dans la nature du pêcher de ne porter qu'une seule fois du fruit à la même place, de sorte, qu'en laissant se prolonger une branche à fruits, toute la partie inférieure resterait dégarnie, on la supprime donc lorsqu'elle a donné sa récolte et une branche de remplacement que produit avec l'œil à bois, ménagé au-dessous, lors de la taille, la remplace.

Remarquons encore qu'une branche à bois supprimée au-dessus d'un bouton à fruit, ne grandit plus et le bouton à fruit peut même se dessécher faute de l'organe d'*appel* que forme le bouton à bois lequel provoque la sève à monter et à nourrir, en passant, le bouton à fruit. Le *cochonnet* est un rameau mince et ramifié qui se couvre de boutons. C'est eux, en général, qui produisent les plus beaux fruits. On les reconnaît à leur œil terminal, qui au lieu de fournir un bourgeon de prolongement produit en place une rosette de feuilles.

Nous n'irons pas plus loin sur la question de la taille, nous nous réservons d'en parler bientôt d'une manière plus fructueuse pour le lecteur dans l'étude que nous allons faire de chaque espèce d'arbre fruitier. Disons seulement ici qu'il est certaines opérations se rattachant à la taille qu'il est utile d'indiquer. Ce sont : l'ébourgeonnage, le pincement, l'entaillage, les incisions, l'arçûre, le cassage et le palissage.

En été on doit supprimer les bourgeons inutiles ou mal placés, afin de laisser plus de sève aux autres; c'est ce qu'on appelle ébourgeonner.

Le pincement sert à modérer ou à arrêter la sève, de manière, comme nous l'avons dit plus haut, à rétablir l'équilibre. On supprime avec les ongles ou la serpette une portion de branche ou rameau à une, deux ou trois feuilles.

On peut arrêter la sève momentanément en pratiquant des entailles plus ou moins longues et transversales sur l'écorce du tronc ou des branches, c'est ce qu'on appelle entaillage. Si l'on veut développer certaine partie, on fait les entailles au-dessus, dans le cas contraire, c'est au-dessous. Cette opération se pratique au printemps avant l'ascension de la sève.

On fait des incisions annulaires au-dessous des fruits

pour les faire grossir et en avancer la maturité. Les incisions longitudinales ont lieu lorsqu'il s'agit de rompre les obstacles qu'oppose une écorce trop dure aux sucs séveux, comme dans le cerisier par exemple, ou pour empêcher la séve trop abondante de se porter au dehors et former de la gomme, comme dans le pêcher.

L'arqûre consiste à courber des branches pour les obliger à prendre une position plus avantageuse ou pour distribuer la sève d'une manière plus équitable.

Le cassage est une opération qui consiste à rompre vers la fin de l'été les dards et les lambourdes.

Le palissage consiste à rattacher après les murs ou après des treillages ou des fils de fer les branches et les rameaux des espaliers de manière à leur donner la forme qu'on désire, il faut avoir soin de n'attacher que les parties bien développées, car autrement elles se trouveraient gênées et formeraient des bourrelets. On palisse à la *loque* c'est-à-dire au moyen de chiffons de drap qu'on fixe à la muraille avec un clou ou bien, et c'est préférable, avec des joncs. Il faut pratiquer le palissage à mesure des développements de chaque espalier.

ARBRES A FRUITS A NOYAU.

Origine et variétés, reproduction et culture, greffe et taille.

Du pêcher. — Le pêcher est originaire de Perse, il appartient à la famille des rosacées. La culture en a créé un grand nombre de variétés, soit en espalier, soit en plein vent.

C'est de tous les arbres fruitiers celui qui exige le plus

de soins et d'intelligence et dont le bon soin est le plus difficile.

Les différentes espèces sont : le pêcher à fruit garni de duvet et dont la chair n'adhère pas au noyau ; celui à fruit duveteux et à chair adhérente ; le pêcher à fruit lisse non adhérent et le pêcher à fruit lisse et à chair adhérente au noyau.

A la première classe appartiennent les variétés suivantes :

La *pêche admirable*, grosse, jaune, fine, sucrée, réussit en plein vent.

La *pêche abricotée*, un peu farineuse, ayant un peu le goût de l'abricot et venant de semence.

L'*Alberge jaune*, chair jaune à la circonférence et très-rouge auprès du noyau

La *Belle-Bausse*, excellente qualité, un peu tardive.

Avant-pêche blanche, fruit petit et blanc ; l'arbre est délicat, les fleurs très-pâles. La chair est sucrée mais peu parfumée.

Avant-pêche rouge, blanche ou jaunâtre et rouge du côté du soleil, très-bonne.

La *cardinale*, marbrée en dedans comme une betterave ; n'est pas trop estimée.

La *chevreuse* hâtive et la chevreuse tardive, bonne qualité.

La *grosse mignonne*, ayant un large sillon qui la divise en deux lobes, jaune, rouge du côté du soleil, délicate et sucrée.

La *desse hâtive* et la *Galande*, qui sont de première qualité.

La *Magdeleine blanche*, jaune pâle, chair blanche, fine et musquée.

La *Magdeleine de Courson*, fruit gros et arrondi d'un beau rouge très-estimé.

La *Belle de Paris*, fruit gros, marbré de rouge, chair très-délicate.

Vineuse de Fromentin, monstrueuse, naine, pourprée, Nivette, princesse Marie, reine des vergers.

Le *téton de Vénus*, fruit gros et surmonté d'un mamelon, chair délicate et la meilleure de toutes.

Dans la seconde classe nous trouvons : La *pavie jaune*, la *pavie de Pompone*, la *persée* et la *pavie tardive*.

A la troisième appartiennent la *pêche violette de Courson*, marbrée de rouge, la *jaune lisse*, petite et ressemblant à l'abricot.

Enfin dans la quatrième, nous rangeons le *brugnon musqué*, rouge-clair, très-vif du côté du soleil.

Pour l'époque de la maturité, on peut les classer ainsi :

L'avant-pêche blanche et l'avant-pêche rouge mûrissent, fin juillet.

Au mois d'août viennent la *petite mignonne*, les magdeleines, la belle de Paris ou pêche de Malte, la pourprée, la *grosse mignonne* et l'*avant-pêche jaune*.

En septembre appartiennent la bourdine, les chevreuses, l'admirable, le téton de Vénus.

En octobre on trouve la pourprée, la pêche abricotée, la nivette.

Les brugnons mûrissent depuis le commencement d'août jusqu'à la fin d'octobre.

Expositions qui conviennent à chaque espèce. — A l'exposition du Sud, doivent être placés les pêchers suivants : Avant-pêche rouge, belle-bausse, chevreuse, galande, grosse mignonne, nivette, pourprée, téton de Vénus, pavie, violette de Courson, jaune lisse, violette hâtive.

Les autres variétés viennent à toute exposition, excepté le Nord.

Culture du pêcher. — Le pêcher veut une terre plutôt légère que forte, profonde et substantielle. Dans certaines variétés, il se reproduit de semences ; c'est ainsi qu'on obtient la grosse mignonne, la bourdine, l'admirable, la pêche abricotée. Pour les autres, on a recours à la greffe. L'amandier à coque dure est regardé comme un sujet propre à recevoir toutes les variétés, parce que tous les sols lui conviennent et qu'il est moins sujet aux maladies du pêcher. Dans les terres humides et peu profondes, on doit donner la préférence aux pruniers pour greffer le pêcher, surtout aux pruniers de damas noir. On greffe à écusson, depuis juillet jusqu'à la mi-septembre à 2 mètres environ, pour le plein vent et à 15 centimètres de terre, si l'on désire des espaliers.

Il faut choisir de jeunes plants, qui ne soient pas raboteux et attaqués de la gomme, bien pourvus de racines et dont la tige soit droite, unie, claire et sans mousse. On ne doit planter que lorsque la sève est arrêtée. On élève la greffe à 30 centimètres au-dessus du sol, et l'on met au pied de chaque arbre un peu de bon fumier. Il ne faut pas négliger d'arroser, s'il est nécessaire, de sarcler et d'enlever les herbes parasites et donner surtout un bon labour à l'automne avec un bon engrais.

Comme le pêcher a beaucoup à craindre du chaud et

du froid, il doit être l'objet constant des soins du jardinier. La taille est une des principales opérations, qu'on fait subir au pêcher. Il a cela de particulier, avec les arbres à fruits à noyau, que les rameaux de l'année précédente donnent seuls des fleurs et des fruits. On commence à le tailler dès la première année de transplantation et l'on peut commencer à lui donner la forme qu'on désire. Les dispositions généralement adoptées sont : le carré, les palmettes simples et doubles et l'U.

Nous avons dit que les fleurs et les fruits ne venaient que sur les ramilles de l'année précédente, par conséquent, il faut veiller à la production des yeux inférieurs pour obtenir des bourgeons qui donnent des branches de remplacement.

ESPALIER CARRÉ (fig. 69). — On taille le pêcher greffé

Fig. 69. — Espalier carré.

d'un an de la manière suivante : On choisit 4 des bourgeons les plus beaux et les mieux disposés, on les attache de manière à leur donner une direction un peu oblique, mais sans gêner la circulation des sucs séveux ;

on pince les bourgeons de devant et ceux de derrière.

A la deuxième année, dès le mois de février, on prend les deux rameaux intérieurs destinés à former les mères-branches et on les disposera en V en formant un angle de 45 degrés; les deux autres rameaux forment les sous-mères; on taille les mères-branches à la hauteur suffisante pour former de nouvelles sous-mères formées par les yeux latéraux; on taille également les sous-mères de manière à les prolonger. Si l'on n'avait que deux branches on les disposerait en V et l'on taillerait sur deux yeux, dont l'un prolongerait la branche mère et l'autre ferait une sous-mère. On taille les rameaux fruitiers à une longueur de 10 à 15 centimètres et l'on a soin de conserver toujours l'œil le plus près de la base, pour la branche de remplacement destinée à produire l'année suivante.

A la troisième année, on taille de manière à allonger l'arbre, s'il est vigoureux, en tirant une autre sous-mère. Si la végétation est faible, on se contente de tailler les branches mères beaucoup plus court. On procède de même en quatrième année et en cinquième année, on taille selon la force et la position. Pour qu'un pêcher soit bien carré, il doit avoir deux branches principales et douze sous-mères, six sur chacune.

L'espalier carré est celui qui couvre le plus promptement une grande surface de mur à cause de la position verticale que prennent les membres de l'intérieur; mais, comme ils sont toujours prêts à s'emporter, il est assez difficile d'y maintenir l'équilibre.

ESPALIER EN PALMETTE. — C'est l'espèce de taille la plus simple et la plus répandue.

A la première année, vers le mois de février ou de mars, on choisit trois des plus beaux bourgeons dont le supérieur continue la tige et les autres forment deux bras; on les dispose horizontalement. A la deuxième année, on taille la branche principale à trois yeux, dont l'un continue la tige et les autres forment deux nouveaux bras : les deux précédents seront taillés à une longueur de 25 à 50 centimètres et l'on continue ainsi chaque année, jusqu'à ce que l'arbre soit parfaitement conformé.

Quand la tige principale se bifurque, il arrive que les deux mères n'ont des sous-mères que d'un seul côté, c'est ce qu'on nomme la *palmette double*. Cette forme (fig. 70) est la meilleure de toutes, suivant les auteurs

Fig. 70. — Espalier à palmette double.

de la *Maison rustique du* XIXe *siècle*, « elle ne laisse aucun vide sur l'espalier, elle couvre promptement et également toutes les parties du mur; elle n'admet point de membre verticalement placé; tout l'espace entre les deux branches-mères peut être rempli par des branches à fruit. On peut encore disposer le pêcher en forme d'U, on lui donner une direction oblique de manière à pouvoir mettre un plus grand nombre d'arbres dans un petit espace.

CUEILLETTE DES FRUITS. — On reconnaît la maturité de la pêche au brillant coloris que lui donne le soleil; l'œil comme la main ne peut s'y tromper. Il arrive qu'on les cueille avant qu'elles soient parfaitement mûres, et dans ce cas, on doit les tourner sur la queue pour les détacher. Dans tous les cas, il faut prendre garde d'offenser les jeunes rameaux qui doivent porter les fruits l'année suivante. On conserve les pêches sur la mousse en les posant sur la queue et de manière que rien ne les presse. Dans toute autre position elles se meurtrissent.

MALADIES DES PÊCHERS. — Quelque attention que l'on ait pour la conservation des pêchers, ils sont sujets à deux maladies dont la principale attaque à la fois les branches, les feuilles et les fruits. Elle se manifeste par une poussière blanchâtre. On guérit cette maladie, qui est une espèce d'oïdium, avec la fleur de soufre qu'on répand sur les feuilles et les branches, mais pas sur les fruits. La seconde, à laquelle on donne le nom de *cloque*, de *grise*, etc., est due à la piqûre d'un insecte qui se loge dans les feuilles et les fait se contourner et tomber avant le temps. Pour détruire les insectes qui occasionnent cette maladie, on arrose avec de l'eau dans laquelle on a mis dissoudre un peu de sulfate de fer. Il y a encore la rouille, qui attaque les vieux arbres; on la reconnaît au moment de la taille à la teinte rousse que prend le bois. Pour remédier au mal on enlève toutes les parties viciées, on déchausse le pied de l'arbre et l'on remplace la terre par de l'humus, on arrose ensuite avec la composition dont nous avons parlé plus haut, de bouze de vache, de cendre et de chaux délayées dans une certaine quantité d'eau. Si l'arbre ne reprend pas sa vigueur, le mieux est de lui donner un successeur.

Abricotier. — L'abricotier est originaire de l'Asie, fleurit en février et mars, et se reproduit par semis ou par greffe. On en compte plusieurs variétés : l'abricot précoce ou abricotin, le blanc, l'abricot commun, l'Angoumois, l'abricot de Provence, l'abricot pêche, l'alberge, l'abricot noir. Les deux premiers étant les plus précoces, sont ceux qu'on cultive de préférence. L'abricot pêche est parmi les variétés tardives une des plus estimées.

Culture. — Il se contente d'une terre légère et profonde et à exposition du sud ou de l'est. On sème les noyaux pour obtenir des sujets, ou bien on greffe sur amandier ou sur prunier noir. On greffe à écusson, à œil dormant. Si l'on désire un arbre en plein vent, il vaut toujours mieux l'élever pendant trois ans en pépinière parce qu'en le transplantant on coupe la racine pivotante pour lui donner du chevelu. Il demande peu d'engrais. L'arbre en plein vent ne demande pas à être taillé, il suffit de le débarrasser du bois mort, il donne des fruits plus petits mais meilleurs que ceux des espaliers. Il arrive bien souvent que l'abricotier prend trop de fruits, il faut en tirer afin d'obtenir des abricots d'une grosseur raisonnable. Il y a à redouter les gelées du printemps parce qu'il fleurit de bonne heure et qu'alors il ne possède pas de feuilles qui puissent protéger ses fleurs. Il faut, quand le ciel devient serein et fait craindre pour l'abricotier, le garantir avec une toile ou des paillassons. Comme c'est moins le passage subit du froid au chaud qui est à craindre, s'il arrivait que les fleurs eussent été atteintes par la glace, il faudrait, avant le lever du soleil, faire fondre cette glace à l'aide de la fumée.

Il est difficile de donner, par la taille, de la régularité aux formes de l'abricotier, il ne se prête pas comme le pêcher aux caprices de la mode. La meilleure forme est celle qu'on nomme l'*éventail queue de paon* (fig. 71). On

Fig. 71. — Éventail queue de paon.

l'obtient en le rabattant à 20 ou 25 centimètres du sol et en choisissant 2 ou 4 bourgeons les plus vigoureux qu'on fixe dans une direction un peu oblique. A la deuxième année, il faut tailler plus ou moins long, selon la vigueur du sujet, pincer les bourgeons inutiles ; à la troisième, on allonge les branches mères, on conserve plus ou moins de bourgeons, et si l'une d'elles vient à périr, on la remplace par un bourgeon bien placé qu'on rattache au même endroit.

L'abricot mûrit depuis la mi-juin jusqu'au commencement de septembre. On en fait de la confiture, des compotes, de la pâte, etc., c'est pour quelques contrées de la France une source de richesse.

Amandier. — Cet arbre est également originaire d'Asie, il est par conséquent comme les précédents d'autant plus sensible au froid qu'il fleurit plus de bonne heure. On le sème comme l'abricotier à une exposition chaude : on choisit pour le semis les plus beaux fruits tombés naturellement. On greffe les sujets et l'on taille soit en plein vent soit en espalier. C'est, du reste, la même culture que celle de l'abricotier et du pêcher.

On distingue plusieurs variétés d'amandiers qu'on classe en amandes à *coque dure*, à *coque tendre*, princesse, sultane, pistache ou amandes douces et les amandes amères.

Comme tous les arbres de la même famille l'amandier est sujet à la gomme.

Prunier. — Le prunier est originaire de l'Asie comme les précédents. C'est un arbre dont la culture est très-répandue et qui compte un grand nombre de variétés que nous classerons d'après la couleur des fruits, en jaunes, violettes, rouges, noires, vertes.

(Prunes jaunes), la *prune abricotée*, qu'il ne faut pas confondre avec la prune abricot ; elle est allongée, d'un blanc jaunâtre d'un côté et rouge de l'autre ; sa chair est jaune et ferme.

La *reine-Claude*, diaphane, jaune, rougeâtre, d'un côté, ronde.

La *prune de Besançon*, qui n'est pas bonne à manger.

La *prune de Catalogne* ou *de saint-Barnabé*, petite, longue et jaune.

La *brignole*, jaune pâle et rouge du côté du soleil, chair médiocre.

La *goutte-d'or*, bonne qualité, grosse et ovale.

La *prune impériale*, blanche, grosse et allongée.

La *prune Jefferson*, rouge-jaune, ovale.

La *mirabelle* (grosse et petite).

La *prune de Monsieur*, à fruit jaune, première qualité.

La *prune sainte-Catherine*, moyenne, ovale, sucrée, connue sous le nom de *pruneaux-de-Tours*.

La *prune Washington*, aussi bonne que la reine-Claude.

PRUNES VIOLETTES OU ROUGES.

Les *prunes Damas* : Damas-musqué, Damas-violet, Damas de septembre, Damas-violet, le Damas-de-Tours ou prune impériale.

La *prune dinprée rouge*, impératrice allongée, rouge cerise d'un côté.

L'*impériale violette*, grosse comme un œuf, très-souvent couverte de gomme et véreuse.

La *prune Monsieur*, grosse et ronde.

La *prune de Montfort*.

La *prune perdrigon*, rouge, petite et ovale.

La *prune pêche*, très-grosse et ovale.

La *reine-Claude rouge*, grosse et ovale.

La *reine-Claude violette*.

La *prune reine-Victoria*, grosse et ronde.

La *prune royale* hâtive.

La *prune saint-Julien*.

La *prune de saint-Martin*, très-tardive, ressemblant à la reine-Claude violette.

Les *prunes d'Agen*, datte violette, d'ente, robe de sergent, fruit ovale et gros.

PRUNES NOIRES.

La *prune Damas-noir*, cultivée pour avoir des sujets à greffer, comme la cerisette et la prune saint-Julien.

La *prune diaprée-noire*, petite et ovale, se ridant sur l'arbre avant de se détacher.

La *prune impériale-de-Milan*, allongée, de moyenne grosseur.

PRUNES BLANCHES.

La *prune perdrigon*, bleue, petite et ovale, très-parfumée.

La *prune cerisette*, blanche et rouge.

PRUNES VERTES.

La *prune bifère*, employée pour faire des compotes.

La *reine-Claude*, abricot-vert ou verte-bonne, grosse, sphérique, la meilleure de toutes les prunes.

PRUNES DE PREMIÈRE QUALITÉ.

L'abricotée, la reine-Claude, la saint-Barnabé, la goutte-d'or, la Damas-musqué, la prune diaprée-rouge, l'impériale-de-Milan, la prune Jefferson, les mirabelles, la prune Monsieur à fruit jaune, la prune de Monfort, les perdrigons et la prune Washington.

CULTURE DU PRUNIER.

Cet arbre se contente de toute espèce de sol pourvu qu'il ne soit pas marécageux ; toutes les expositions lui conviennent dans les contrées du midi : dans le nord, il lui faut le levant et le sud.

On le reproduit par semis ou par rejetons, mais le semis est préférable pour les arbres en plein vent.

Au printemps, on confie à la terre les noyaux qu'on a fait stratifier, ainsi que nous l'avons indiqué plus haut, et l'on soigne le jeune plant, soit qu'on le mette en pépinière, soit qu'on le place dans une plate-bande. Comme il ne vient pas vite, il faut attendre pour greffer qu'il soit assez fort, surtout quand on pratique la greffe en fente. Si l'on veut écussonner, il faut choisir le temps de l'été le plus favorable et arroser les sujets une quinzaine de jours avant l'opération, afin de raviver la sève.

Le prunier est rarement cultivé en espalier. Il se soumet encore plus difficilement à la taille que l'abricotier. La forme qu'on lui donne de préférence est celle en palmette. Comme il est vigoureux, il faut tailler long pour avoir des fruits, et l'on doit former les rameaux fruitiers avec des bourgeons faibles pour qu'ils ne s'emportent pas.

Le plein vent n'exige d'autres soins que de le débarrasser du bois mort, de la mousse et des branches inutiles.

Cet arbre est sujet à la gomme et quelquefois au blanc, comme le pêcher. Pour remédier au mal, il faut renouveler la terre au pied et arroser avec la composition dont nous avons donné la recette plus haut.

Le fruit du prunier est excellent frais ou sec : il s'en fait un grand commerce en France, et c'est une source de richesse pour plusieurs contrées. Pour conserver la prune on la fait sécher au four après en avoir retiré le pain.

Cerisier. — On sait que le nom de cerisier est dérivé de celui de Cérasonte, ville de l'Asie Mineure, d'où le général romain Lucullus l'a, dit-on, apporté en Italie. Il en est cependant trois espèces qu'on regarde comme indigènes.

On range ces diverses variétés dans trois catégories, qui sont : les cerisiers, les bigarreautiers, les merisiers.

Les cerisiers se reconnaissent à la finesse et à la légèreté de leurs rameaux, à l'acidité de leurs fruits ; ils comptent les variétés suivantes de cerises ou fruits doux et griottes, fruits acides et un peu amers.

La *cerise anglaise* tardive, ovale, grosse, rouge vif.

La *cerise d'Allemagne*, griotte d'un rouge foncé, assez grosse.

La *belle-de-Choisy*, grosse, ronde, transparente, peu colorée, chair sucrée.

La *courte-queue*, d'un rouge très-vif.

La *cerise commune*, fruit un peu acide, petit, provenant d'arbres non greffés.

La *Montmorency*, la meilleure variété des cerises communes.

La *griotte commune*, arrondie, grosse, presque noire, chair d'un rouge foncé.

Cerise du Nord, griotte plus belle que la Montmorency, d'un rouge vif, en forme de cœur.

Cerise du Portugal, griotte petite et à chair rouge.

Cerise royale hâtive, anglaise hâtive, l'une des meilleures variétés, grosse, arrondie, passant du rouge vif au rouge brun quand elle est mûre.

La *cerise de la reine Hortense*, seize à la livre rouge, grosse, ronde, d'un rouge vif, parfumée.

La *cerise de Spa*, rouge foncé, en cœur, assez grosse, un peu acide.

La *cerise de la Toussaint*, produite par un petit arbre à forme de saule pleureur ; elle est très-acide.

La *cerise à Trochet* est d'un rouge vif, acide ; on en trouve plusieurs attachées au bout d'une seule et même queue.

Bigarreautiers. — Ces arbres sont plus gros, plus trapus que les merisiers ; leurs rameaux pendent davantage et leurs fruits ont une chair plus ferme, plus croquante.

On en connaît dix variétés qui sont :

Le *bigarreau cœur-de-pigeon*, rouge cramoisi, parfois noir, gros et en forme de cœur raccourci. Le meilleur des bigarreaux.

Belle de Rochemont, rouge clair luisant, très-gros, quelquefois couleur de chair.

Le *bigarreau blanc*, rougit à peine, sa chair a peu de sucs.

Bigarreau Napoléon, rouge, très-gros, en cœur.

Bigarreau noir à gros fruit, noir, aplati.

Bigarreau de Tartarie, variété hâtive, en cœur, noir.

Bigarreau hâtif, petit, en cœur, rouge clair.

Bigarreau de Metzel, également en cœur, rouge foncé.

Bigarreau de quatre à la livre, fruit petit et de peu de valeur.

Bigarreau à gros fruit rouge, excellente qualité.

Merisiers. — Le merisier est plutôt cultivé pour son bois que pour son fruit dont on fait cependant dans certaines contrées une liqueur connue sous le nom de *kirch*. Il vient bien dans les sols granitiques et sablonneux, là où ne peut croître le chêne.

Le guignier est une variété perfectionnée par la culture qui donne un fruit plus gros et d'une chair douce
et molle. Les variétés les plus répandues sont :

La guigne noire luisante, la guigne noire hâtive, la
rose hâtive, rouge tendre, juteuse, la grosse guigne
ambrée, ovale ou en cœur.

CULTURE. — Comme cet arbre est rustique, il s'accli-
mate partout et se contente de toute espèce de sol
pourvu qu'il n'y ait pas trop d'humidité. On sème des
noyaux pour obtenir des sujets ou bien on en prend de
tout formés dans les forêts et dans les bois où les oiseaux
se chargent du semis de merisiers. On greffe à écusson
et à œil dormant ; on peut également greffer en fente,
mais on est moins sûr du succès. Le cerisier est toujours cultivé en plein vent, rarement en espalier si ce
n'est pour de belles espèces auxquelles on demande des
fruits très-gros. Comme l'écorce est très-dure, il est bon
d'y opérer de temps en temps des incisions longitudinales pour faciliter le développement du tronc. Il arrive
parfois que cet arbre est attaqué de la gomme, que ses
feuilles sont cloquées ou qu'elles deviennent rouges
avant le temps. C'est un signe d'épuisement, il est bon
pour remédier au mal de changer la terre du pied et
d'arroser les racines avec la composition dont nous
avons déjà parlé.

La cerise, surtout dans les années de sécheresse, est
très-souvent occupée par la larve d'un insecte comme la
pyrale des pommes qui s'introduit dans le fruit au moment où il est tendre et petit. On n'a pas encore cherché à en préserver les cerisiers. Ce sont les bigarreautiers qui en sont le plus souvent atteints.

La cerise est un des fruits les plus répandus et les

plus agréables, elle mûrit depuis la mi-mai jusqu'en septembre. On les conserve sèches ou dans l'eau-de-vie, on en fait des confitures, du vin, du kirch.

Olivier. — Cet arbre, originaire de l'Asie, a été apporté en Europe par les Phocéens, il demande pour prospérer un climat ni trop chaud ni trop froid. Bien qu'on ne le cultive que dans quelques contrées du midi de la France, nous croyons devoir dire ici quelques mots de la culture d'un arbre aussi utile.

Les sujets de l'olivier peuvent s'obtenir par semis, boutures ou drageons. La bouture est le moyen le plus sûr d'avoir de bons fruits. Le semis comme le drageon a besoin d'être greffé et le premier n'est en plein rapport qu'à douze ans. On greffe en couronne quoique les autres greffes réussissent également.

L'olivier veut être transplanté en quinconce ou en bordure et à une distance raisonnable ; on doit lui donner de temps en temps une fumure. Dans la Provence, il fleurit en avril et ses fruits mûrissent en novembre. On a l'habitude de laisser les olives sur les arbres ou bien tombées à terre pour leur laisser perdre leur eau de végétation. Si l'on veut obtenir d'excellente huile il vaut mieux les prématurer, les cueillir par une belle journée, les étendre sur un plancher pendant quelques jours et les presser ensuite sans écraser le noyau. On confit des olives pour assaisonnement en les mettant dans une saumure.

On compte plusieurs variétés d'olives : les plus estimées sont : l'olive d'Espagne, l'amellon, la picholine, l'olive pointue et l'olive verdole,

ARBRES A FRUITS A PEPINS.

Coignassier. — Cet arbre est originaire du Midi de l'Europe ; on le cultive moins pour ses fruits, que pour ses rejetons destinés à faire des sujets pour la greffe des poiriers. Il est des pays où l'on tient à en avoir quelques pieds, pour la production des fruits que leur odeur délicieuse fait employer dans les confitures. Il se multiplie de bouture ou de marcotte, on a recours bien rarement aux semis. L'espèce à laquelle on donne la préférence pour faire des mères, quand on veut greffer sur coignassier est le coignassier de Portugal.

Poirier. — Le poirier est un bel arbre indigène, dont la forme est agréable et le fruit excellent. C'est avec la pêche le meilleur qu'on puisse trouver dans les cinq parties du monde.

Par la culture on en a obtenu un si grand nombre de variétés qu'on a de la peine à s'y reconnaître. Afin de faciliter l'intelligence du lecteur, nous allons les classer par la forme et la couleur. Nous donnerons, plus loin, une autre classification en parlant de la cueillette des poires.

POIRES VERTES.

Poire guenette, petite, fine et sucrée.

Poire d'Angleterre, chair fondante, saveur fine, queue longue et arquée.

Poire de madame, blanche, un peu acidulée, agréable, peau très-lisse.

Poire épargne, queue longue, mince aux deux extrémités, chair fine et juteuse, ressemblant à la crassane, sujette à blettir.

Poire mouille-bouche, de moyenne grosseur, queue longue, peau fine et lisse, un peu rosée du côté du soleil, chair blanche, juteuse.

Poire romaine, fruit long et moyen, chair fine, juteuse et sucrée.

Poire sans pepin, grosse et ronde, chair blanche, fondante, sans pepin.

Poire longue verte, en forme de fuseau, chair fine, sucrée, juteuse.

Poire de Montigny, peau lisse, chair blanche, musquée, juteuse.

Poire six, peau lisse, parsemée de quelques petites taches, chair verdâtre, fondante, parfumée, juteuse.

Poire grésilier, ronde et moyenne, taches grises, chair blanche musquée, juteuse, verdâtre au pourtour.

Poire de beurré, peau rude, chair blanche, fine, parfumée, juteuse. En Normandie, on la nomme Isambert.

Poire rose, longue, bosselée, chair fine et parfumée.

Poire silvange, chair verdâtre, parfumée, agréable.

Poire goulu-morceau, grosse, en forme de coing, rouge du côté du soleil, chair blanche, juteuse, parfumée, un peu acide.

Poire nouveau-poiteau, peau rude, chair fine, juteuse et sucrée, sujette à blettir.

Poire tougard, fruit long, peau gercée, chair saumonée, sucrée, juteuse, sujette à blettir.

Poire Saint-Germain, longue, bosselée, chair blanche, juteuse, parfumée, un peu acide.

Poire crassane, moyenne grosseur, peau rude, terne, parsemée de points, chair d'un blanc jaunâtre, juteuse, parfumée, un peu acide.

Dans cette catégorie, nous devons encore ranger : la

poire nélis à chair ferme, fine et parfumée, la bonne de Soulers, très-agréable, la poire de Rance, à peau épaisse parsemée de taches brunes, très-parfumée ; la poire Donville, longue, bosselée, rouge du côté du soleil, bonne pour compotes ; et la poire belle angevine, parsemée de marbrures brunes, énorme, chair cassante, sucrée, grossière ; poire d'hiver.

POIRES JAUNES.

Poire de juillet, petite et ronde, colorée de rouge du côté du soleil, chair demi-fondante et juteuse.

Poire citron des Carmes, rouge du côté du soleil, chair cassante, blanche, sucrée, juteuse, peu parfumée.

Poire Blanquet, petite, peau lisse, chair fine, juteuse, sucrée, un peu acide.

Poire fleur de guigne, peau très-fine, tachée de rouge, chair blanche, fine, juteuse, parfumée.

Poire briffaut, un peu ventrue, rouge du côté du soleil, chair fine, sucrée, parfumée.

Poire naquette, chair blanche, fondante, fine et juteuse, aigrelette, sujette à blettir.

Poire duchesse de Berry, peau lisse, rouge du côté du soleil, chair fondante, fine et parfumée.

Poire d'Angleterre, peau rugueuse, tachée de fauve, chair fondante, fine et agréable.

Poire de Doyenné, de moyenne grosseur, rouge du côté du soleil, tachetée de brun près de la queue, chair blanche, fine, juteuse, parfumée, sujette à blettir.

Poire Williams, grosse, longue, bosselée, rouge du côté du soleil, chair blanche, fine, juteuse et musquée.

Poire fondante des bois, grosse, rouge du côté du soleil, marquée de taches brunes, chair juteuse et parfumée ; tombe facilement.

Poire Saint-Michel, ventrue, rouge orangé du côté du soleil, chair fine, juteuse, sucrée, un peu acide.

Poire romaine, longue, de moyenne grosseur, chair fine, fondante, juteuse, un peu marquée.

Poire de Churneu, grosse, rouge du côté du soleil, marquée de brun, chair blanche, très-fondante.

Poire Milan blanc, grosse et ventrue, peau lisse, teintée de rose du côté du soleil, chair blanche, agréable, fondante, un peu acide.

Poire des Urbanistes, grosse, marquée d'une tache brune autour de la queue, chair blanche, citronnée, fondante, très-fine.

Poire double Philippe, grosse et ventrue, teintée de rose du côté du soleil, chair fine et parfumée.

Poire Adèle, à queue courte, ventrue, juteuse, chair blanche un peu musquée.

Poire de Montigny, peau lisse, parsemée de petits points, chair fine, blanche et fondante, très-musquée.

Poire aurore, peau rugueuse, chair fine, ferme, sucrée et juteuse.

Poire de doyenné roux, peau de couleur ferrugineuse, lisse et gercée, sucrée, parfumée, très-agréable.

Poire de Tongres, très-grosse, chair juteuse, blanchâtre, parfumée.

Poire Napoléon, en forme de calebasse, peau lisse, chair fine et fondante, parfumée.

Poire bonne d'Ézée, longue, marbrée de rouge et de brun, chair fine, juteuse, parfumée, fondante.

Poire Graslin, grosse et ventrue, peau lisse, chair sucrée et juteuse.

Poire Diel, grosse et ventrue, chair ferme et blanchâtre, juteuse, sucrée, ressemblant à la Crassane par sa saveur.

Poire Louise bonne d'Avranches, longue et rouge du côté du soleil, chair fine et fondante, parfumée, un peu acide.

Poire marquise, ventrue et bosselée, chair blanche sucrée et parfumée.

Poire d'Amboise, ventrue et de moyenne grosseur, rouge d'un côté, marbrée de brun près de la queue, chair blanche, sucrée et juteuse.

Poire de Jauvry, longue et ventrue, rouge d'un côté, chair demi-cassante, d'un blanc jaunâtre, parfumée.

Poire duchesse d'Angoulème, grosse, ventrue, bosselée, peau rude, rouge du côté du soleil, marbrée de brun, chair sucrée, citronnée, juteuse, parfumée, excellente.

Poire pater noster, chair ferme, sucrée, parfumée, très-juteuse.

Poire de Quessoy, petite et ronde, marbrée de brun, chair juteuse, très-parfumée.

Poire de bon Chrétien, grosse, en forme de gourde, rouge du côté du soleil, parsemée de points bruns, chair cassante, sucrée.

Dans cette catégorie, il convient de ranger encore : la poire Colmar, la poire de Pentecôte, la poire royale d'hiver, la Virgouleuse, la Belle Alliance, la poire du Curé, la Fortunée et la poire d'Aremberg, grosse et ventrue, rouge du côté du soleil, chair fine et fondante ; la poire Catillac, Cuisse-Madame, Martin sec, poire d'Amour, etc.

POIRES ROUGES.

Poire messire-Jean, ronde et de moyenne grosseur, peau rude, couleur de cuir, chair blanchâtre, cassante, sucrée, juteuse, parfumée.

Poire gros-rousselet, peau rouge brun, avec fond olivâtre, chair cassante, parfumée.

Poire de Chaumontel, grosse et ventrue, peau brune ou rougeâtre, chair cassante, parfumée, se conserve longtemps.

Poire bellissime d'hiver, grosse, courte, chair cassante, très-colorée en rouge.

POIRES GRISATRES.

Poire muscat-royal, petite, ventrue, peau un peu rude, grisâtre, musquée, demi-fondante.

Nous indiquerons plus loin les variétés d'automne en parlant de la cueillette des poires et des pommes et de leur conservation.

CULTURE. — Le poirier demande un terrain profond et frais, mais point argileux et froid : il se reproduit de semis et de greffe. On sème à l'automne ou au printemps des pepins de poires ayant servi à faire du cidre. On met en pépinière dans un terrain sablonneux, en ayant soin de retrancher le pivot pour faire produire des racines sur les côtés. Quand les sujets ont deux ou trois ans on greffe en fente ou à écusson.

Au lieu de recourir au semis, si l'on veut avoir des poiriers qui se mettent de bonne heure à fruit, on greffe sur coignassier. Ces arbres ne vivent pas longtemps, mais ils conviennent aux terres humides.

Le poirier, comme tous les arbres à pepins, n'exige
pas le même mode de taille que les arbres que nous
venons de voir. Les formes qu'on lui donne ordinairement sont la quenouille ou fuseau, la pyramide et la
palmette. Celle qui nous paraît, sinon la plus gracieuse,
du moins la plus avantageuse, c'est la taille en quenouille (fig. 72). Pour l'obtenir il suffit de rabattre le
sujet à 50 centimètres environ et laisser développer tous
les yeux. Ceux qui sont trop vigoureux doivent être
pincés ; au mois d'août on les casse à 20 ou 25 centimètres de hauteur. L'année suivante on taille les rameaux à trois, quatre ou cinq yeux, en conservant les
dards et lambourdes, et raccourcissant seulement les
brindilles qui sont trop longues.

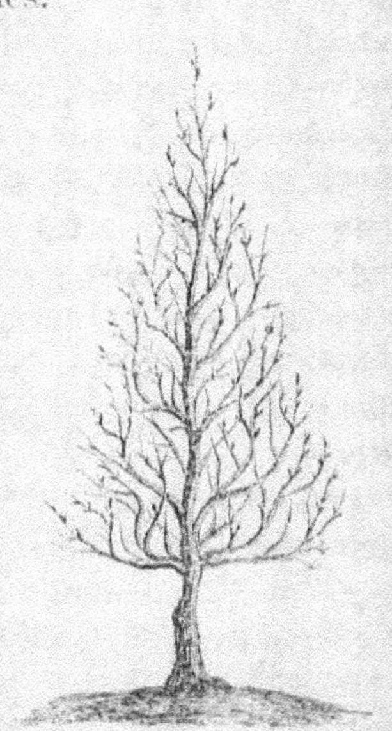

Fig. 72 — Taille en fuseau.   Fig. 73. — Taille en pyramide.

La forme en pyramide (fig. 73), qu'on a l'habitude de

confondre avec la quenouille, qui n'est plus usitée, s'obtient de la manière suivante :

On choisit des arbres jeunes et dont la peau lisse dénote la vigueur ; en février on les rabat à 40 ou 50 centimètres du sol sur un bon œil destiné à continuer la tige. On pince en été les bourgeons trop vigoureux et l'on fait en sorte de pousser au développement des parties inférieures, afin que la base de la pyramide soit mieux garnie. La seconde année on doit tailler de manière à donner à l'arbre la forme d'une cône. On taille court les branches qui doivent donner du fruit et l'on conserve les dards, les brindilles, les lambourdes ; on taille en dehors, en dessous ou en dessus, selon qu'on veut garnir tel ou tel vide. Si les branches charpentières tendaient à se rapprocher par trop, il faudrait les éloigner à l'aide de petits morceaux de bois, et celles qui s'éloigneraient vers la terre seront relevées avec des liens d'osier. On ne doit rien négliger de ce qui peut donner à l'arbre une forme gracieuse et éviter le plus possible de faire des bifurcations.

Les branches à fruit du poirier ne donnent qu'au bout de deux ou trois ans, mais elles produisent plusieurs années de suite. D'abord elles s'annoncent par un sujet vigoureux qui s'arrête, grossit et se garnit de lambourdes qui donnent du fruit l'année suivante et prennent alors le nom de bourses. Les brindilles viennent sur les bourses comme sur les rameaux ; on les taille au contraire très-long pour faire des branches à fruit. On ne doit pas toucher aux lambourdes si l'on ne veut pas détruire la récolte future.

Dans la petite culture on doit donner la préférence au contre-espalier, parce qu'on peut le mettre dans les plates-bandes et l'abriter contre les gelées d'avril au moyen de toiles ou de chaperons de paille. Il faut bêcher la terre au pied et la recouvrir d'un bon paillis. Il faut également arroser de temps en temps avec la composition indiquée plus haut.

Pommier. — C'est un arbre indigène qui compte plus de cent variétés et exige moins de soins que tous ceux dont nous venons de parler. Il est vrai qu'il n'est guère connu dans le jardinage que sous la forme d'espalier, c'est-à-dire dans sa constitution la plus infime. Pour se développer librement il lui faut l'air et l'espace, aussi se trouve-t-il encore à l'étroit dans le verger, et ce n'est qu'en plein champ qu'il se plait à étendre ses rameaux chargés de fruits. Dans ces conditions, il n'est pas rare de voir des arbres qui donnent jusqu'à 20 hectolitres de pommes. C'est le plus rustique des arbres fruitiers et par cela même le plus négligé. On le laisse envahir par les lichens et le gui, ou bien on l'abandonne aux ravages des chenilles ou à l'invasion de la carie ou des chancres.

Nous avons dit qu'on comptait plus de cent variétés de pommes ; les plus estimées sont :

La *pomme rambour*, grosse aplatie, jaune pâle, rayée de rouge, un peu aigrelette. Il y a la rambour d'été et la rambour d'hiver.

Les pommes reinettes ;

Reinette du Canada, grosse et à côtes, jaune, rouge du côté du soleil, un peu acide, excellente.

Reinette d'Angleterre, jaune rayée de rouge, ferme et sucrée.

Reinette de Bretagne, rouge foncé, piquetée de jaune, sucrée, excellente.

Reinette de Coux, a la même forme que la ramboar, vert jaunàtre, bonne qualité.

Reinette d'Espagne, grosse à côtes relevées.

Reinette franche, jaune, aplatie, ferme.

Reinette grise, reinette rousse, reinette de Hollande, reinette dorée, etc.

Les *pommes calville*, blanc-rouge, d'hiver et d'été.

Les *pommes d'api*, rosé, noir, etc.

Les *pommes fenouillet*.

Les *pigeonnet*.

Les *pommes châtaignier*.

Les *blancs-duret*.

La *pomme germaine*, etc.

Nous reviendrons, du reste, sur ces variétés en parlant de la cueillette et de la conservation de ces fruits.

CULTURE. — Le pommier est moins exigeant que le poirier pour la nature du sol, une terre douce et un peu humide suffit à ses racines qui sont plutôt traçantes que pivotantes. Il s'accoutume également du sol sablonneux et calcaire pourvu qu'il soit frais.

On sème des pepins provenant des marcs de cidre et l'on obtient par ce moyen des sujets vigoureux qu'on greffe à haute tige. L'espèce naine est greffée sur paradis ou sur doucin.

On greffe en fente ou à écusson, on donne les mêmes soins qu'aux poiriers.

Le pommier s'accommode mal de la taille, et le seul genre de taille qui lui convienne, c'est celle en palmette, mais pour cette forme il faut des sujets greffés sur doucin ou sur paradis.

On taille aussi le pommier en buisson ou en vase

(fig. 74) ou encore en cordons; ce dernier mode de taille tend à se répandre de jour en jour, il consiste à rabattre à 15 centimètres au-dessus de la greffe, à ne conserver qu'un bourgeon vigoureux qu'on attache à un tuteur et qu'on laisse pousser verticalement. A la fin de l'été on le fixe sur un fil de fer en lui donnant une direction horizontale et on l'allonge ainsi en provoquant le développement de branches fruitières.

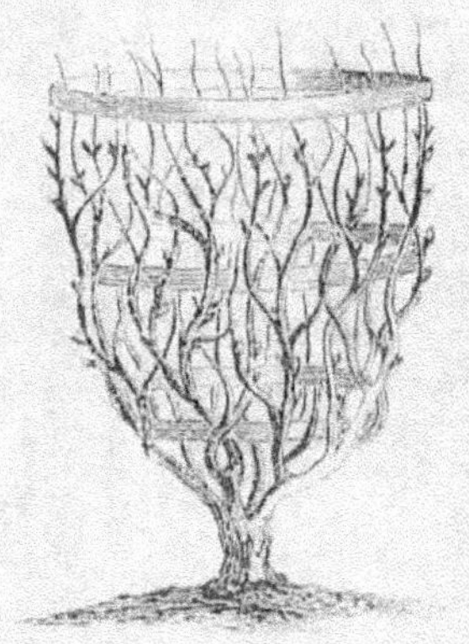

Fig. 74. — Pommier taillé en vase.

APPENDICE

AU PARAGRAPHE DES FRUITS A PEPINS

EPOQUES DE LEUR MATURITE ET DE LEUR CUEILLETTE. — SOINS QU'EXIGE LEUR CONSERVATION

Pommes. — La conservation plus ou moins parfaite dépend de la manière de les récolter et la manière de les ranger.

Il ne faut jamais avoir recours à la méthode trop souvent employée dans les campagnes de faire tomber les fruits, soit en les gaulant, soit en secouant l'arbre et les branches. Il est évident que par ce moyen, il est impossible d'avoir un seul fruit exempt d'une fanture qui ne développe pas la pourriture en quelques jours. C'est au moyen d'échelles et avec la main qu'on doit en faire la cueillette, en ayant soin de soulever légèrement le fruit pour ne pas arracher les bourgeons destinés à produire des fruits l'année suivante.

Il est important, à mesure qu'on fait la cueillette, de placer doucement les fruits dans de grands paniers plats, toujours un à un et de ne pas les entasser dans des sacs comme cela se pratique en Limousin.

Cette opération terminée, il s'agit de ranger les fruits.

Pour cela il faut disposer des tablettes ou des planches dans des chambres aérées, bien éclairées, à l'abri des gelées et de l'humidité.

12

Dans certaines contrées on choisit les caves et l'on a tort, parce que les fruits s'y pourrissent plus vite et y contractent un mauvais goût.

Là, les fruits sont placés par variétés distinctes, à côté les uns des autres, mais sans se toucher, de temps en temps on les examine et l'on retire ceux qui se gâtent.

On connaît le proverbe : il ne faut qu'une pomme pourrie pour gâter les autres.

Nous allons indiquer les principales espèces de pommes à manger et à cuire, en les rangeant autant que possible par ordre de maturité.

Les *passe-pomme*, blanche, rouge, peu colorées, peu agréables, mûres en août.

Les *pommes caville*, rouge d'été, blanche d'été, en août : rouge d'hiver, blanche d'hiver, en décembre : toutes variétés fort bonnes à manger crues, à côtes plus ou moins saillantes, assez volumineuses : la dernière surtout possède ces qualités à un haut degré.

Les *pommes rambour*, d'été, ou rayée blanche, vergetée de rouge, fort grosse, fin d'août; d'hiver, même couleur, très-bonne cuite.

Les *pommes reinette*, rousse ou des carmes, jaunâtre, un peu acide, se gardant jusqu'en février.

La *pomme dorée*, à chair ferme, peu acide, fort bonne.

La *pomme d'or ou d'Angleterre*, ainsi que beaucoup d'autres variétés fort, bonne, volumineuse, d'automne ou d'hiver.

La *pomme blanche*, tiquetée de brun, sucrée.

La *pomme de Canada*, à chair tendre mais fort bonne et de longue durée, la plus grosse de toutes.

La *pomme franche*, l'une des meilleures, ferme, excellente ; elle se conserve longtemps : toutes les reinettes sont aussi bonnes crues que cuites : ce sont, sans doute, les meilleures variétés de pommes.

La *pomme châtaignier*, panachée de rouge, sucrée, tardive, meilleure cuite.

La pomme *capendu ou courpendu*, petite, d'un rouge foncé, meilleure cuite.

Les *pommes fenouillet*, rouge, jaune, grise, toutes trois plus ou moins grisâtres, fort bonnes.

Les *pommes pigonnet*, rose, blanche, d'un goût agréable.

Les *pommes d'api*, rose, blanche, noire, petites, jolies par leurs vives couleurs du côté frappé du soleil, fort bonnes, durant tout l'hiver.

La *pomme postophe d'hiver*, grosse, un peu aplatie, rouge-pâle d'un côté, foncé de l'autre, marquée de côtes peu apparentes; chair jaunâtre, ferme, très-bonne; elle mûrit à la fin de décembre et peut se conserver jusqu'en avril et en mai.

Reinette de Hollande, grosse, allongée, d'un jaune pâle, chair blanche, ferme et très-bonne; elle mûrit depuis la fin de septembre jusqu'en novembre.

Reinette de Bretagne, grosse, d'un rouge foncé piquetée de jaune, chair ferme, douce, sucrée, excellente; elle mûrit depuis le commencement de novembre jusqu'à la fin de décembre.

Reinette tendre ou blanche d'Espagne, grosse, très-allongée, blanchâtre, glauque, lavée de rouge, pâle du côté du soleil; chair fine, sucrée, excellente; elle mûrit à la fin d'octobre et se conserve jusqu'en mars.

Reinette grise du Canada, plus petite que la reinette du Canada, de même forme, plus acide, mais se conservant plus longtemps.

Reinette de Caux, très-grosse, irrégulière aplatie, d'un vert jaunâtre, chair d'un acide doux fort agréable; elle mûrit en décembre et se conserve très-bien jusqu'en février.

Reinette naine, de grosseur moyenne, allongée, plus large au sommet qu'à la base, bosselée, d'un vert jaunâtre; chair fine, tendre, d'un acide doux agréable; elle mûrit vers la mi-novembre et se conserve jusqu'en janvier. Cette variété ne se greffe que sur paradis.

Reinette princesse noble, grosse, allongée, plus étroite au sommet qu'à la base, d'un vert jaunâtre, panachée de rouge du côté du soleil; chair fine, tendre, agréable; elle mûrit de novembre en décembre.

Reinette grise de Granville, moyenne, aplatie, d'un jaune grisâtre, un peu rousse du côté du soleil; chair d'un blanc jaunâtre, tendre, fine, d'un goût relevé et agréable; elle mûrit de décembre en janvier. Arbre vigoureux.

Reinette grise haute bonté, grosse, arrondie, aplatie à la base, d'un jaune verdâtre, un peu rougeâtre du côté du soleil; chair tendre, d'un blanc verdâtre, très-agréable; elle mûrit de janvier en mars. Arbre très-productif.

Reinette grise de Champagne, moyenne, aplatie, d'un gris roussâtre, panachée de rouge du côté du soleil; chair sucrée, ferme, agréable; elle mûrit en janvier. L'arbre, assez délicat, se greffe sur paradis ou sur doucin.

Reinette grise bec-le-lièvre, moyenne, allongée, à côtes au sommet; chair ferme, blanche, agréable; elle mûrit en janvier et se conserve jusqu'en mars. L'arbre est vigoureux et se greffe sur franc.

Montalivet, très-grosse, irrégulière, d'un blanc jaunâtre, chair fine, tendre, très-bonne; elle mûrit en janvier.

Cœur de pigeon ou *Jérusalem*, petite, plus grosse à la base qu'au sommet, d'un jaune clair, luisante, rose et pointillée de rouge du côté du soleil ; chair grenue, fine, ferme, blanche, parfumée et très-agréable ; elle mûrit en décembre et se conserve jusqu'en février.

Poires. — On possède aujourd'hui plus de trois cents variétés de poires : il serait difficile de les décrire toutes.

Nous nous contenterons de celles qui sont le plus recherchées comme poires d'automne, et nous les diviserons en trois catégories :

Poires à manger crues ; poires à manger crues ou cuites ; poires à cuire.

1° POIRES A MANGER CRUES.

Cuisse Madame, très-allongée, vivement colorée du côté du soleil, cassante, propre à faire la poire tapée.

Rousselet de Rismo, petite, très-verte, sucrée, prompte à blettir.

Gros rousselet, demi-cassante, sucrée et relevée, colorée de rouge et de brun.

Poire de Passy, fort grosse, à longue queue, presque en pomme, d'un vert jaunâtre, mouchetée de points gris, fondante, sucrée, d'une saveur exquise.

Poire bergamotte, d'été, grosse, demi-fondante, un peu acide ; commencement de septembre.

Poire d'Angleterre, ronde, jaunâtre ; commencement de septembre.

Poire Suisse, ronde, rayée de vert et de jaune, fondante ; *d'automne*, jaunâtre, un peu colorée en rouge ; toutes deux fin d'octobre.

12.

Poire de Hollande, ronde, volumineuse, verte, piquetée de brun, fondante, d'une saveur relevée fort agréable ; novembre.

Poire de Pâques ou d'hiver, ronde, fort grosse, verte, mouchetée de gris, fondante, sucrée, fort bonne ; février.

Poire de la Pentecôte, très-volumineuse, à peau verte, rayée de brun, fondante, un peu relevée ; se garde fort long-temps.

Poire de crassane, ronde, à longue queue, jaunâtre mouchetée, fondante, sucrée, vineuse, l'une des meilleures poires ; fin d'octobre.

Poire de doyenné, allongée, dorée, demi-fondante, sucrée, excellente, mais peu juteuse, devenant promptement cotonneuse ; une sous-variété, dite *crotte*, moins belle, à peau marquée de taches noires, est plus juteuse, plus fondante, en un mot délicieuse ; commencement d'octobre.

Les *poires beurré d'Angleterre*, allongée grisâtre, mouchetée de roux, très-fondante, vineuse, exquise ; *dorée*, jaune, d'un rouge brun du côté du soleil, assez grosse, fondante, vineuse, l'une des meilleures, ainsi que la suivante ; *grise*, fort grosse, très-sucrée, fondante, fort bonne ; *panachée ou culotte de Suisse*, à raies jaunes ; toutes deux mi-octobre.

Poire sucré vert, très-sucrée, fort agréable ; fin d'octobre.

Poire de Saint-Germain, grosse, allongée, jaunâtre, mouchetée de brun, fondante, sucrée, excellente, souvent pierreuse ; plusieurs sous-variétés en novembre et décembre.

Poire de virgouleuse, grosse, jaune, ovale, fondante,

d'une saveur sucrée, un peu relevée, délicieuse ; en décembre.

Poire royale d'hiver, volumineuse, renflée à la tête, d'un vert tendre, demi-fondante, très-sucrée, fort bonne ; en janvier.

2° POIRES A MANGER ET A CUIRE.

Les *poires bellissime d'automne*, très-allongée, d'un jaune rougeâtre, mouchetée, en octobre ; *d'été*, plus petite, en juillet ; d'*d'hiver*, très-volumineuse, arrondie, à chair tendre, douce, mais peu agréable : cette variété ne se mange que cuite, on peut la conserver jusqu'au printemps de l'année suivante.

Poire salviati, ronde, jaune, cassante, fort agréable ; en octobre.

Poire de pendard, oblongue, jaunâtre, cassante.

Poire de chaumontel ou beurré d'hiver, très-grosse, très-colorée, à côtes saillantes, ferme, sucrée ; décembre.

Poires de bézi, assez bons fruits, mûrs en décembre.

Poires de Messire-Jean, dorée, grise, assez grosse, élargie au sommet : très-cassantes, sucrées, excellentes en poires sèches, ainsi que les *rousselets ;* mûrs en novembre.

Poires de bon chrétien d'hiver, très-grosse, élargie à la tête, souvent irrégulière, très-verte, ferme, cassante, fort bonne, l'une de celles qui se conservent le plus tard ; d'*Espagne*, à chair plus juteuse ; d'*été*, couleur jaunâtre ; mûres en septembre.

Poire d'Échassery, ronde, verte, fondante, sucrée ; en décembre.

Poire de Chaptal, grosse, d'un vert jaunâtre, à chair fondante, un peu relevée ; en janvier.

Poire de Colmar, très-grosse, d'un vert tendre, marquée de brun, fondante, sucrée, agréable, se conserve fort longtemps : elle est mûre en janvier.

3° POIRES A CUIRE.

Poire de Saint-Laurent, arrondie, jaunâtre, très-âpre à la bouche ; mûre en août.

Poire d'épine d'hiver, allongée, volumineuse, d'un vert tendre ; en décembre.

Poire mansuette ou solaire, d'un vert marqué de brun, la forme contournée.

Poire franc réal, ronde, mouchetée de fauve, l'une des meilleures poires à cuire ; en novembre.

Poire martin-sec, de moyenne taille, de couleur brune, cassante et sucrée, mûre en décembre, sans contredit la meilleure en compote.

Poire martin-sire ou ronville, plus grosse, jaunâtre, assez bonne.

Poire de béquesne, allongée, tiquetée de points gris ; en janvier.

Poire de certeau, allongée, très-verte, dure et désagréable au goût, mais fort bonne cuite au four principalement.

Poire rateau, très-grosse, jaunâtre.

Poire de livre, très-volumineuse, aplatie et large au sommet, jaunâtre, souvent amère à la bouche, fort bonne cuite.

Poire trésor, plus allongée, encore plus grosse.

Poire catillac, arrondie, très-colorée du côté du soleil, aussi très-volumineuse.

Poire de cuisine, roussâtre, allongée.

Poire tonneau, fort grosse, allongée, colorée du côté du soleil.

Poire de sarrasin, longue, moyenne, de couleur foncée, fort bonne. Toutes ces variétés sont des poires d'hiver qui se gardent pendant fort longtemps, surtout les dernières. On peut les employer depuis le mois de janvier ou février.

Poire beurré de Golona, moyenne, longue, renflée à la base, tachée de grisâtre; chair parfumée, blanche et bonne; elle mûrit au commencement de septembre.

Poire doyenné blanc, grosse, jaune, arrondie; chair fondante, sucrée, excellente; elle mûrit vers le milieu de septembre. Arbre très-productif, que l'on taille court pour l'empêcher de s'épuiser rapidement.

Poire grosse Angleterre de noisette, de grosseur moyenne, allongée, piriforme, grisâtre; chair fondante, sucrée, excellente, bien supérieure à la poire d'Angleterre; elle mûrit à la fin de septembre. Arbre très-vigoureux.

Poire Lucné hâtive, moyenne, longue, d'un vert pâle; chair demi-fondante, parfumée, sucrée; elle mûrit à la fin de septembre.

Poire beurré d'Aremberg, un peu plus allongée et moins grosse que le beurré gris, jaunâtre, chair fondante, fine, blanche, excellente, la meilleure des poires connues; elle mûrit vers la fin de novembre et dure jusqu'en février.

Poire duchesse d'Angoulême, plus grosse qu'un doyenné, de même forme, jaunâtre, piquetée de gris, d'un roux brunâtre du côté du soleil ; chair fondante, vineuse, excellente ; elle mûrit à la mi-novembre.

Poire d'Austrasie, jasminette, poire sabine, grosse, arrondie, un peu comprimée, grise ; chair sucrée, demi-fondante, très-bonne ; elle mûrit dans le courant de novembre.

Poire marquise, grosse, allongée, piriforme, un peu renflée au milieu, jaune, piquetée ; chair sucrée, légèrement musquée, fondante, très-bonne ; elle mûrit de novembre en décembre.

Poire de Sieulle, moyenne, ronde, d'un vert grisâtre, remarquable par la longueur de son pédoncule, chair sucrée, fondante, excellente ; elle mûrit de novembre en décembre.

Poire bonne Ente, grosse, longue, renflée à la base, jaune pâle, rouge du côté du soleil ; chair parfumée, sucrée, demi-fondante, excellente ; elle mûrit fin de novembre et commencement de décembre.

Poire Colmar doré, très-grosse, longue, verdâtre, teintée de rouge du côté du soleil ; chair sucrée, fondante, très-bonne ; elle mûrit en mars.

Poire bergamotte de Soulers, assez grosse, longue, luisante, jaunâtre, un peu teintée de rouge du côté du soleil ; chair sucrée fondante, fort bonne ; elle mûrit dans le courant de mars.

Poire impériale à feuilles de chêne, assez grosse, longue, d'un jaune clair, chair demi-cassante, très-bonne cuite ; elle se conserve jusqu'en mai.

Poire ambrette, moyenne, ovale arrondie, d'un blanc jaunâtre piqueté de gris ; chair sucrée et fondante, excellente ; elle mûrit en novembre et se conserve jusqu'en février. Arbre ne donnant de bons fruits qu'en plein vent.

Néflier. — Le néflier est un petit arbre indigène qu'on propage par la greffe sur aubépine ou coignassier. Il exige peu de soins, aussi le laisse-t-on se développer librement comme le coignassier, au coin d'une haie ou au bord d'un sentier. Les fruits sont âpres et ils ne deviennent bons à manger, qu'après avoir été placés quelque temps sur la paille.

Orangers et Grenadiers. — (Voyez aux arbres et arbustes d'ornement ; à la suite des plantes d'agrément.)

FRUITS EN BAIES.

Vigne. — Un de nos grands romanciers a dit quelque part : « l'origine sacrée de la vigne est consacrée dans toutes les religions. Chez tous les peuples, la divinité intervient pour gratifier l'humanité d'un don si précieux. Selon notre bible le sang du vieux Noé fut agréable à Dieu qui le sauva ainsi que la sève de la vigne, comme deux ruisseaux de vie à jamais bénis sur la terre... J'aime la fable de Bacchus, embryon engourdi dans la cuisse du Dieu, survivant comme Noé à un cataclysme, sauvé comme lui par une miraculeuse protection et comme lui apportant aux hommes les bienfaits d'un nouvel arbre de vie. »

Nous ne nous occuperons de la vigne qu'au point de vue du fruit destiné au service de la table et nullement à celui de la fabrication du vin, car nous sortirions des limites assignées à un ouvrage d'horticulture.

Il faut à la vigne un sol léger et profond, mais qui ne soit pas humide ; une bonne exposition. Quand on veut établir une treille, on commence par défoncer le terrain à 50 centimètres de profondeur, à l'ameublir et le fumer au besoin ; on ouvre ensuite une tranchée de 20 à 25 centimètres de profondeur où l'on place les marcottes en les couchant un peu et tournant la tète vers le mur. Il faut les ranger à un demi-mètre de distance environ. On les recouvre ensuite de terre. Autant que possible, il faut planter avant l'hiver et au pied d'un mur (fig. 75)

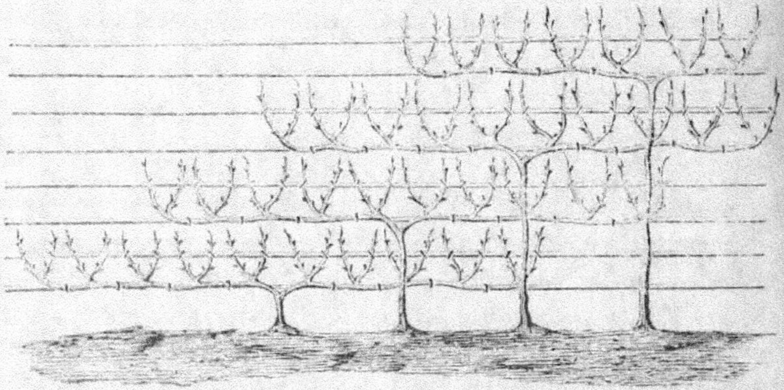

Fig. 75. — Palissage de la vigne.

le long duquel on puisse établir des cordons au moyen de fils de fer ; à cet effet, on étend les deux bras de la vigne horizontalement à droite et à gauche. La première année, il faut tailler de manière à avoir trois bourgeons placés à une distance de 10 à 15 centimètres; le plus éloigné est réservé pour continuer le bras; les deux autres forment des coursons à la taille suivante. On les rabat à deux yeux et la branche mère est encore taillée de manière à fournir trois bourgeons espacés comme les premiers et l'on continue ainsi jusqu'à ce que chaque bras ait atteint environ 1^{m}.50, alors on taille l'extrémité en courson. Il faut avoir soin de ne pas tailler à plus de 2 millimètres de longueur si l'on veut avoir de belles grappes et pour cela le sécateur est un instrument indispensable. Quand il pousse plus de deux bourgeons, sur chaque courson, on peut supprimer tous les autres, si l'on veut avoir de belles grappes. Il arrive souvent que les jardiniers donnent une très-grande longueur à leurs cordons et dans ce cas, le pied se trouvant très-éloigné, l'équilibre est rompu et les coursons du centre ne produisent que des grappillons. Le mieux est de leur donner une longueur raisonnable et pour cela 3 mètres nous semblent bien suffisants. Les vignerons qui cultivent le chasselas de Fontainebleau ne donnent même que $2^m.50$ à leurs cordons de treille.

La vigne peut être multipliée par semis, mais comme ce mode serait trop long, on n'y a jamais recours et l'on donne la préférence à la reproduction par marcottes ou *provins* qu'on obtient en couchant le milieu d'un sarment dans une fosse et le recouvrant de terre. Du reste, la vigne pousse avec une si grande facilité qu'on se contente le plus souvent de planter des crossettes. On opère la greffe en fente ou la greffe herbacée si l'on veut varier les espèces.

Les principales variétés cultivées pour la table sont :

Le *chasselas de Fontainebleau*.

Le *chasselas rouge*.

Le *chasselas hâtif*.

Le *chasselas de Montauban*.

Le *corinthe*.

Le *raisin Madeleine*.

Les *muscats blancs ou rouges*.

Le *gromier du Cantal*.

La vigne est sujette à des maladies comme tous les végétaux, à la coulure comme les arbres à fruits, mais il en est une surtout qui depuis quelques années a fait sur elle de grands ravages. Tout le monde a entendu parler de l'oïdium, cette espèce de champignon blanc, pulvérulent, qui attaque les feuilles et les fruits et n'est que l'effet d'une altération générale dans l'économie du végétal.

On a eu recours à un grand nombre de remèdes pour combattre un fléau si terrible, mais le plus efficace a été sans contredit la fleur de soufre répandue à l'aide d'un des instruments inventés à cet effet. Le plus employé est un cornet de fer-blanc (fig. 76) fermé par une sorte d'écumoire et garni extérieurement d'une longue houppe de laine. Ce cornet est rempli de fleur de soufre. Au moyen d'un soufflet (fig. 77) que l'on introduit dans le petit bout du cornet, on projette sur les raisins malades, un épais nuage de soufre. L'efficacité de ce moyen est prouvé.

Fig. 76.

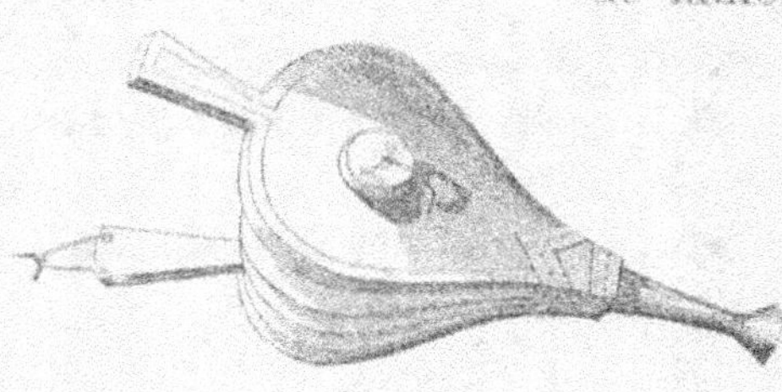

Fig. 77.

Conservation des raisins. — De tous les fruits le raisin est celui qui, pour être conservé, demande le plus de précautions. Au moment de sa maturité il est attaqué par des essaims de guêpes qui ont bientôt dévasté toute une treille, si l'on n'a pas pris soin de préserver les grappes de leurs attaques au moyen de sacs en crins, bien préférables à ceux en papier, qui empêchent le raisin de mûrir. Quand on est parvenu à les sauver de la voracité de ces insectes, il faut encore trouver le moyen de les conserver le plus longtemps possible. Le jardinier qui peut garder sa récolte, réalise de plus jolis bénéfices en ne la vendant qu'au moment où la rareté de la marchandise lui donne plus de prix.

Voici, selon nous, le meilleur moyen de conserver le raisin longtemps : Il faut le cueillir avant sa complète maturité et par un temps sec; bien examiner les grappes et enlever les grains gâtés; les saupoudrer de charbon pilé et les ranger dans un lieu sec et bien aéré. On peut encore les placer dans de la sciure de bois ou de la cendre. Il est important que le raisin ne soit pas trop mûr, parce que la fermentation, qui a lieu par suite de l'excès du sucre, décompose l'enveloppe destinée à protéger le grain, en y engendrant de la moisissure. Nous ne conseillons pas de suspendre les grappes à moins qu'on ne les ait saupoudrées de charbon pilé.

Framboisier. — Le framboisier est un arbuste indigène à tiges bisannuelles qui n'est pas difficile sur le choix du terrain pourvu qu'il soit frais et un peu ombragé. Il se reproduit par drageons et il en pousse un si grand nombre qu'on n'a que l'embarras du choix : on en compte plusieurs variétés : le framboisier des quatre saisons, le framboisier des Alpes, les framboisiers à fruits blancs ou jaunes. La meilleure espèce est la framboise rouge connue sous le nom de *falstaff*.

Groseillier. — Le groseillier est originaire d'Europe, c'est un arbrisseau très-répandu.

Les variétés les plus connues sont :

La *groseille cerise*.

La *groseille de Hollande* blanche ou rouge.

La *groseille Goudonin* à fruits blancs ou rouges.

La *reine Victoria*.

Le *groseillier à fruits noirs*, vulgairement connus sous le nom de *Cassis*.

Le *groseillier à maquereau* dont les tiges sont munies d'aiguillons qui le rendent propre à former des haies. Son nom de maquereau lui vient de ce que dans la vieille cuisine française, il était employé comme assaisonnement du poisson qu'on nomme Maquereau.

Culture. — La culture du groseillier est des plus faciles, tout terrain, toute exposition lui sont bons ; il prend très-facilement de bouture, il suffit de le mettre en terre en automne ou au mois de février. La meilleure disposition qu'on puisse lui donner pour obtenir de beaux fruits et remédier à un inconvénient qu'offrent bien souvent les plants de groseillier de servir de refuge aux insectes, c'est sans contredit la forme en quenouille. Pour cela on laisse prendre à la tige un développement de 1 mètre à 1ᵐ.50 et l'on a soin d'enlever tous les drageons qui poussent au pied. Par ce moyen on est assuré toujours de beaux fruits.

Le groseillier est d'une rusticité incomparable, il ne redoute ni la gelée ni la coulure et, chaque année, on le voit donner une récolte plus ou moins abondante.

La groseille rouge sert à faire des confitures fort estimées ; il s'en fait annuellement en France une très-grande consommation. La groseille noire ou cassis est employée à la fabrication d'une liqueur stomachique connue sous le nom de Cassis.

Épine-vinette. — C'est un arbuste épineux qui porte un fruit rouge aigrelet recherché pour les confitures ou des conserves. Il se multiplie de marcotte, demande peu de soin et il n'est du reste guère employé que pour faire des haies. On pourrait l'utiliser en teinture, car son bois et sa racine donnent une jolie couleur jaune.

Mûrier. — Le mûrier est originaire de l'Asie ; sa conquête est un bienfait pour les contrées méridionales ; elles trouvent dans sa culture une source féconde de richesses. Le Nord ne le connait que comme arbre d'ornement. Nous ne pouvons l'envisager ici qu'au point de vue du fruit ou de l'ornementation ; quant à sa culture pour l'industrie séricicole, notre cadre est trop restreint pour nous en occuper.

Pour le fruit ou l'ombre on cultive deux variétés : le mûrier à fruit noir et le mûrier à fruit rouge. Il se reproduit de marcottes de semence ou de boutures ou bien on le greffe sur tronc à l'écusson ou en flûte. On ne le taille pas et l'on se contente comme pour les pleinvent de le débarrasser du bois mort.

Figuier. — Le figuier est originaire de l'Asie. C'est un arbre d'un excellent rapport quand il est placé dans de bonnes conditions. Dans le Midi on en cultive un grand nombre de variétés. Dans le Nord on ne connait guère que la figue blanche et la figue violette.

Le figuier demande un sol sablonneux et l'exposition du midi. Il se multiplie parfaitement en marcotte et surtout au moyen des drageons qui poussent au pied en très-grand nombre. On les enlève avec un talon et on

les plante à demeure. Il vit très-longtemp, parce que
de nouvelles tiges viennent remplacer les anciennes
quand on les coupe. Sa culture est des plus faciles; il
suffit de le débarrasser des mauvaises herbes et du bois
mort, et d'opérer des pincements pour hâter la maturité
du fruit. C'est aussi au pincement qu'on a recours quand
on veut faire produire aux figuiers des fruits d'automne.
Pour cela il faut détacher les fruits d'été quand ils sont
gros comme le doigt et cautériser le plant avec de la
cendre ou de la chaux afin que le lait du rameau ne s'é-
coule pas. Quand on voit pousser les nouvelles figues
on en pince les branches qui en ont huit ou dix afin de
les faire grossir et mûrir plus tôt.

FRUITS EN CHATONS.

Nous ne parlerons pas du chataignier et du noyer,
parce que ces arbres occupent trop d'espace pour entrer
dans un jardin ou un verger. Leurs branches comme
leurs racines atteignent de trop grandes dimensions,
par conséquent ils nuiraient aux plantes qui se trouveraient dans leur voisinage soit en épuisant la terre, soit
en leur donnant une ombre toujours fatale. C'est à la
grande culture qu'appartiennent ces deux arbres qu'on
peut regarder dans nos climats comme les rois de la végétation.

Noisetier. — Le noisetier ou coudrier est un arbuste
indigène qu'on trouve à l'état sauvage dans les bois où
il donne un fruit petit et dont la coquille est fort dure.
On cultive dans les jardins deux variétés de noisetiers à
fruit allongé à pellicule rouge ou blanche; ce sont l'a-
velinier et le noisetier à grappes. On les multiplie de
graines, de marcottes ou de drageons, ils ne sont pas

difficiles sur l'exposition et la nature du sol, et ils n'exigent aucune culture.

La noisette mûrit en août et septembre, on la fait sécher et on la conserve comme la noix.

Pistachier. — Le pistachier est originaire de la Syrie ; il compte plusieurs variétés et ne réussit bien que dans le midi, car dans le nord, il faut lui donner les soins qu'exigent les orangers. Les sexes sont placés sur des individus différents, il faut par conséquent cultiver l'arbre mâle et l'arbre femelle pour avoir des fruits qui sont recherchés par les confiseurs et les charcutiers.

OBSERVATIONS

Le climat exerce une grande influence sur les plantes et les animaux ; c'est pour cela qu'il faut être très-circonspect quand on introduit dans une contrée une plante nouvelle.

S'il faut tenir compte du climat, il ne faut pas moins se préoccuper du sol ; il y a plus de rapports qu'on ne suppose entre la nature du terrain et les productions qu'on en exige.

Donnez aux sols riches en carbonate de chaux et de magnésie les froments, les légumineuses et les plantes destinées à la teinture. Les plantes potagères aiment les terres où les sels abondent. Les terres siliceuses conviennent aux plantes qui végètent en hiver comme le seigle, la rave, le rutabaga. Les arbres se plaisent dans les terrains argilo-siliceux, c'est-à-dire composés d'ar-

gile et de sable. La vigne aime le sol où la marne se
mêle à la pierre à fusil ou silice. La vigne offre plus de
1,400 variétés; elle est cultivée sur plus de deux millions
d'hectares, et elle produit annuellement en moyenne
quarante millions d'hectolitres de vin.

La France est riche en produits végétaux très-variés;
les céréales abondent dans toutes les parties. Dans les
départements du Nord on cultive le colza, la betterave
et le houblon; les plantes tinctoriales, telles que la garance, la gaude, le safran, ne réussissent que dans le
Midi. La culture du tabac enrichit plusieurs départements. Les arbres fruitiers, tels que le pommier, le cerisier, le prunier, l'abricotier, le poirier sont cultivés
presque partout et leurs produits sont très-recherchés
par tous les grands centres de population. Quelques-
uns sont une source de richesse pour les contrées qui
les ont adoptés; c'est ainsi que dans la vallée de la
Garonne, le prunier, et, dans la Normandie, le pommier
et le poirier enrichissent les habitants. Il en est de même
du cerisier et du pêcher pour les environs de Paris.

La culture maraîchère a fait de très-grands progrès;
il serait difficile de trouver dans d'autres contrées de
l'Europe des légumes meilleurs et en plus grande quantité. Diverses plantes potagères ont acquis, sur certains
sols, une qualité qui les fait rechercher de préférence;
tels sont les haricots de Soissons, les carottes d'Amiens,
de Crécy, les artichauts de Laon, les navets de Freneuse,
les asperges de Besançon, de Vendôme, la chicorée de
Rouen, les pois de Clamart, la rave d'Auvergne, la laitue
de Versailles, l'oseille de Belleville, etc., etc.

TABLE DES MATIÈRES

DE LA PREMIÈRE PARTIE

CHAPITRE PREMIER

CHAPITRE II

FIN DE LA TABLE.

POISSY. — TYP. ET STÉR. DE A. BOURET.

GUIDE

DU

PARFAIT JARDINIER

JARDINS D'AGRÉMENT

Jardin paysager. — La disposition de ces jardins varie suivant l'étendue du terrain dont on peut disposer. Il est fort rare que dans la plupart des villes et surtout à Paris, on puisse établir un de ces vastes jardins paysagers où les amateurs de vues pittoresques s'efforcent de retracer les beautés que présentent les sites créés par la nature.

Plus le terrain sera accidenté plus il offrira de facilité pour l'établissement d'un jardin paysager, surtout s'il renferme des plantations déjà anciennes d'arbres de haute futaie, massifs et bosquets; sans cette ressource, il faudrait attendre bien des années pour que les sujets venus en pépinière ayent atteint un développement suffisant pour produire de l'effet.

Les principes qui doivent présider à l'établissement d'un jardin paysager consistent principalement dans l'imitation d'une nature choisie et pittoresque. Il faut multiplier les contrastes agréables à la vue : par exemple, à un massif d'arbres opposer une clairière revètue d'un vert gazon ; à côté des formes pyramidales et du sombre feuillage des conifères s'élèveront des arbustes au feuillage d'un vert gai, tels que les robiniers, le tilleul, les peupliers, le chataignier, etc.

Dissimulez surtout par un rideau de verdure que formeront des plantes grimpantes, telles que le lierre, la glycine, la boussingaultia, la clématite, la vigne vierge, les murs qui bornent la propriété. Ces plantes pourront entourer le tronc des arbres et s'étendant de l'un à l'autre en gracieuses guirlandes, s'enlaceront de manière à rappeler l'idée d'une forêt vierge. Faites en sorte qu'on ne puisse embrasser d'un coup d'œil l'ensemble de votre jardin et que chaque objet qui se présentera à la vue, soit pour ainsi dire inattendu. En multipliant les aspects vous lui donnerez une étendue apparente bien au-dessus de la réalité.

Des bancs de gazon, des pelouses, des corbeilles et des massifs de fleurs, quelques fabriques, telles que ruines, chalets, belvédères, situés dans les endroits convenables, orneront le jardin.

N'oublions pas des sentiers mystérieux, serpentant sous une voûte de verdure dans les massifs, et offrant aux amateurs le calme et la solitude que troublera seul le chant des petits oiseaux cachés dans le feuillage.

Sur la lisière de ce massif s'élèveront des plantes au feuillage pittoresque, des asters, la persicaire orientale, la verge d'or, la digitale, le soleil, des dahlias, des phlox et mille autres plantes à effet. Devant celles-ci des plantes de taille moyenne formant le second rang, étaleront leurs riches couleurs, et enfin des plantes basses ou rampantes compléteront cet assemblage fleuri qui dessinera les parties boisées.

Nous ne nous étendrons pas davantage sur les plantes

destinées à l'ornement d'un jardin paysager. La seconde
partie donnera la description et le mode de culture de
toutes celles qui peuvent embellir les parterres ainsi que
l'indication des plantes propres à former des pelouses,
des bordures de gazon; celles des plantes grimpantes
convenables pour garnir les murs, les haies, les berceaux et les tonnelles et pour former des bordures de
fleurs; un choix de plantes pour les *suspensions* et un
autre choix de végétaux peu élevés pour garnir les
jardinières. Nous n'avons pas oublié les charmantes
liliacées dont on garnit des carafes et qui nous rappel-
lent le printemps au commencement de l'hiver; enfin
un calendrier indique l'époque des semis ou des repiquages des plantes d'agrément décrites dans cette seconde partie.

NOTIONS DE BOTANIQUE ÉLÉMENTAIRE [1]

ORGANES DES FLEURS

Étamines et pistils. — On considère généralement les étamines comme les organes mâles d'une
fleur et le pistil comme l'organe femelle. Une étamine

[1] Nous avons réduit ces notions au simple nécessaire, n'ayant
pour but que de faciliter l'intelligence de nos descriptions. Nous
ferons la même observation pour le vocabulaire des termes de botanique, placé à la suite.

(fig. 1), est ordinairement composée d'une sorte de petite capsule nommée *anthère* et remplie d'une pous-

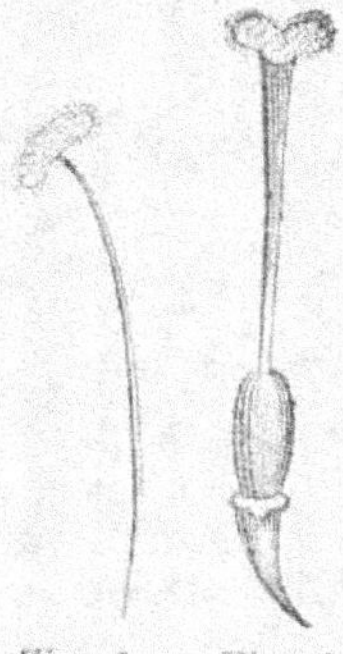

Fig. 1.   Fig. 2.

sière jaune qu'on appelle *pollen* et qui sert à la reproduction de la plante. C'est le pollen qui fournit aux abeilles la vraie cire brute; les anthères sont le plus souvent supportées par des filaments appelés *filets*.

Le *pistil* (fig. 2) se compose de trois parties : le *style*, le *stygmate* et l'*ovaire*. Le style est une sorte de tuyau fistu-leux, assez menu et qui est porté par l'ovaire. Le *stygmate*, partie supérieure du pistil, varie de forme suivant les espèces ; l'*ovaire*, ou germe, est la partie inférieure du pistil ; il renferme les embryons des semences ainsi que les organes qui servent à leur nutrition. Cette partie est portée immé-diatement par le réceptacle, c'est en général l'extrémité du pédoncule et ordinairement le centre de la cavité du calice.

Les fleurs dont on retranche les étamines ne fructi-fient point; la suppression des pistils produit le même effet.

Dans quelques espèces de plantes, il se trouve, chez les mêmes individus, des fleurs mâles, c'est-à-dire, n'ayant que des étamines et des fleurs femelles pour-vues seulement de pistils. Ces plantes sont dites *mo-noïques :* tels sont le noisetier et le melon.

Les fleurs des plantes Dioïques ont également les sexes séparés, mais sur des individus différents. Ainsi la mercuriale mâle ne porte que des fleurs stériles, c'est-à-dire, n'ayant que des étamines, et la mercuriale femelle des fleurs pourvues de pistils et par conséquent fructifères.

Le Créateur a formé encore d'autres combinaisons dans la distribution des organes mâles et femelles ; par exemple, dans le vératre le même individu porte à la fois des fleurs hermaphrodites, c'est-à-dire, ayant les deux sexes réunis et des fleurs monoïques mâles. D'autres plantes, comme la pariétaire, ne portent, outre les fleurs hermaphrodites, que des fleurs monoïques femelles.

Les mêmes combinaisons se répètent avec les fleurs dioïques substituées aux fleurs monoïques.

DES ENVELOPPES DE LA FLEUR. — Supposons un instant les étamines et les pistils privés d'abri, il est évident que les variations de l'atmosphère, les pluies, les brouillards et d'autres causes semblables seront un obstacle continuel aux fonctions d'organes si délicats, à la formation et à l'accroissement des germes renfermés dans l'ovaire. C'est pour parer à ces divers inconvénients qu'ils ont été pourvus d'enveloppes dont l'emploi est de protéger leur enfance et de fermer, pendant un certain temps, tout accès à l'action des corps extérieurs.

Ces enveloppes, auxquelles les botanistes ont donné le nom de *périanthes* ne s'ouvrent, en effet, que quand les parties qu'elles garantissent ont acquis assez de consistance pour n'avoir plus rien à craindre du contact de l'air et de la lumière, qui au lieu de leur nuire favorisent leur développement. Cette première enveloppe, celle qui entoure immédiatement les étamines et le pistil, est ordinairement ornée des plus brillantes couleurs, et porte le nom de *corolle*. L'enveloppe extérieure est le calice dont nous parlerons tout à l'heure.

La corolle n'est pas absolument essentielle aux fleurs

puisqu'il y en a qui en sont absolument privées ; cette partie de la fleur est celle qui fournit les caractéres les plus nombreux et les plus aisés à observer pour la classification des plantes.

On désigne ordinairement sous le nom de *pétales* les pièces dont est composée la corolle d'un grand nombre de fleurs. Ainsi qu'on peut le remarquer sur la rose, l'œillet, le coquelicot, etc.

La corolle monopétale est celle qui est formée d'une seule pièce et dont les divisions, si elle en a, ne sont point prolongées jusqu'à la base, de manière qu'on peut l'enlever en entier du lieu de son insertion. Telles sont les corolles du liseron (fig. 3) de la mauve et géné-

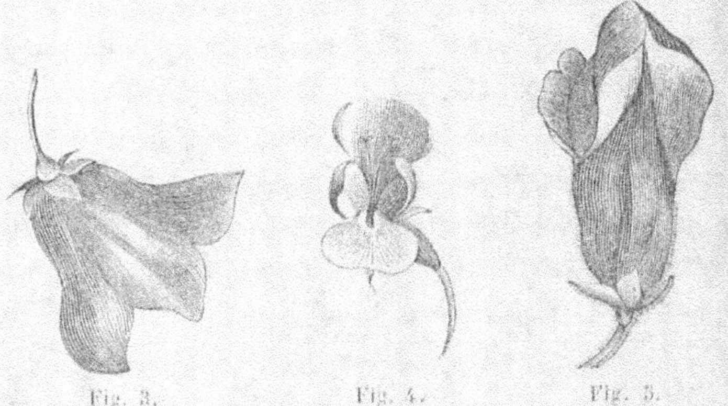

Fig. 3.   Fig. 4.   Fig. 5.

ralement de toutes les fleurs appartenant à la famille des *campanulacées* et à plusieurs autres familles. Elle peut être *infundibuliforme* comme la *primevère* ou *en roue*, comme la *bourrache*. On dit qu'une corolle monopétale irrégulière est labiée (fig. 4) si elle est disposée comme celle de la menthe ou de la sauge et en *masque* si elle ressemble à celle du muflier (fig. 5).

La corolle polypétale est composée de plusieurs pièces. Elle sera *cruciforme* (fig. 6) si elle a quatre pétales en croix ; *rosacée* si ses pétales plus nombreux sont disposés en rose (fig. 7 et 8) *papilionacée* lorsque ses quatre ou cinq pétales ont la forme et la disposition des fleurs du pois (fig. 9), du genèt, du haricot. On nomme *éten-*

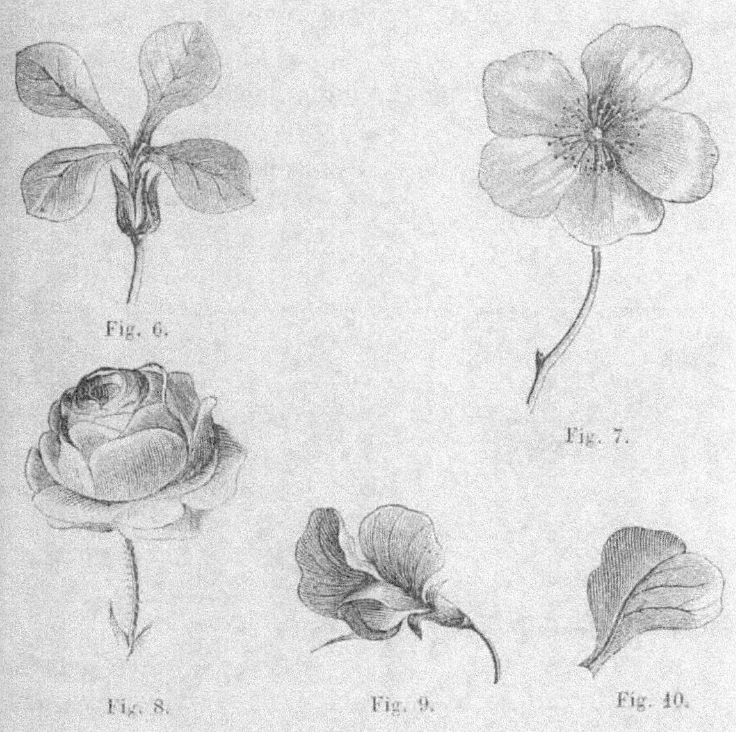

Fig. 6.

Fig. 7.

Fig. 8.   Fig. 9.   Fig. 10.

dard (fig. 10) le pétale supérieur de la fleur papilionacée, souvent étendu et relevé ou plié en dos d'ane. Un ou deux pétales infé-   Fig. 11.
rieurs forment la *carène* (fig. 11), et renferment les éta-

mines et pistils; les pétales latéraux portent le nom
d'ailes (fig. 12).

Fig. 12.

Le *calice* peut être considéré comme
l'épanouissement de l'écorce du pédun-
cule. C'est l'enveloppe secondaire qui
environne les fleurs d'un grand nombre de plantes. Il
se trouve ordinairement vert sous une corolle bleue,
rouge ou jaune. Tantôt le calice est à dix divisions sous
une corolle à cinq pétales, tantôt il a un nombre égal
de divisions placées dans les intervalles de celles de la
corolle, ou bien ses divisions, insérées sous celles de la
corolle et en nombre égal, sont beaucoup plus courtes.

Fig. 13.

La destination du calice semble être de servir d'appui à la
corolle et de doubler l'espèce
de rempart que celle-ci forme
autour des étamines et des
pistils.

Quelques espèces de fleurs
sont dépourvues de calice,
mais la corolle supplée en
partie à son défaut; tel est le
lis (fig. 13). Plusieurs botanistes rangent même ces espèces de corolles parmi les calices.

FLEURS COMPOSÉES. — La fleur composée est formée
par la réunion de plusieurs petites fleurs particulières,
disposées toutes sur le même réceptacle et ordinairement environnées par un calice commun. La fleur composée est donc un assemblage de fleurettes dont chacune a cinq étamines réunies par leurs anthères en
forme de gaine ou de cylindre au travers duquel passe

le pistil, comme dans le *chardon*, la *chicorée*, le *souci*.

Les corolles de ces mêmes fleurettes sont toujours monopétales : on en distingue deux espèces à raison de leur forme, savoir : le *fleuron* et le *demi-fleuron*. Le fleuron ou la corolle tubulée est une petite corolle tout à fait en cornet dont le bord supérieur est taillé en quatre ou cinq parties (fig. 14).

Le demi-fleuron est une petite corolle tubulée, vers sa base, mais dont le limbe se termine par une languette remarquable (fig. 15).

Fig. 14.   Fig. 15.

Les différentes manières dont les fleurons et les demi-fleurons se combinent dans les fleurs composées, ont donné lieu à la division de ces dernières en fleurs *flosculeuses*, *semi-flosculeuses* et *radiées*.

Quelques botanistes ont remplacé nouvellement ces termes caractéristiques par le mot de *Capitule* qui indique, si on le veut, une fleur *composée*, mais qui n'apprend rien sur la forme et la disposition de ses parties.

La fleur *flosculeuse* est celle qui est uniquement composée de fleurons : le *chardon*, le *bluet*.

La fleur semi-flosculeuse est celle qui n'est composée que de demi-fleurons : *Scorsonère*, *laitue*.

La fleur radiée est celle (fig. 16) dont le milieu, qu'on appelle *disque*, est occupé par des fleurons et dont la circon-

Fig. 16.

1.

férence est garnie de demi-fleurons qui représentent autant de rayons :
Soleil, paquerette.
Les figures 17 et
18 représentent de
même des fleurs
radiées.

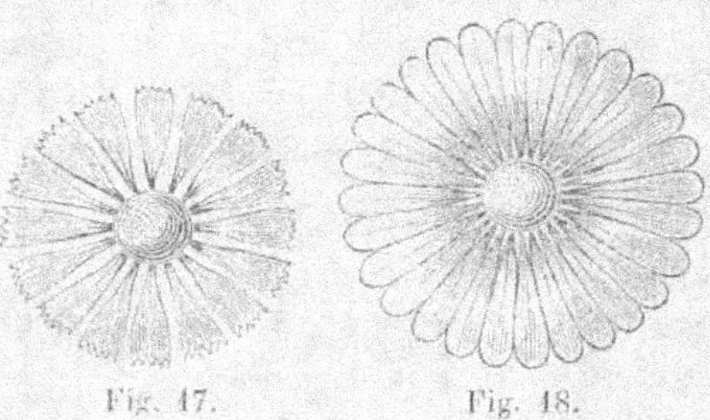

Fig. 17.   Fig. 18.

Les fleurs agré-
gées sont égale-
ment un assem-
blage de fleurettes disposées sur un même réceptacle,
mais elles diffèrent des fleurs composées avec lesquelles
on pourrait les confondre en ce que leurs étamines ne
sont pas réunies par les anthères : *Scabieuse.*

DUPLICATURE DES FLEURS. — Qu'une plante qui demande une séve abondante et vigoureuse soit portée
dans un terrain maigre et appauvri, elle sera grêle,
faible, chargée d'un petit nombre de feuilles et de
fleurs ; mais communément chacune de ses fleurs sera
pourvue de toutes les parties qui caractérisent son espèce : Au contraire que la force des engrais et le soin de
la culture occasionnent, dans certaines plantes, une affluence extraordinaire de sucs nourriciers, outre que
leurs parties se multiplieront et prendront du développement, le nombre de pétales pourra s'accroître dans
chaque fleur, et cet accroissement se fera le plus souvent aux dépens des étamines dont les unes dégénéreront
en nouveaux pétales, et les autres resteront la plupart
sans anthères et ne seront qu'ébauchées : enfin, toutes
les étamines et les pistils eux-mêmes pourront se conver-
tir en pétales; et alors, il n'y aura plus de fleur proprement dite, et par conséquent plus de fruits à attendre.

Lorsque la corolle est occupée tout entière par des pétales, provenus de l'expansion des étamines et des pistils et qui par cette raison reste absolument stérile et ne peut se multiplier qu'à l'aide des rejets et des boutures, on dit que la *fleur est pleine* et c'est le but vers lequel tendent tous les soins du fleuriste.

Du FRUIT ET DE LA SEMENCE. — Le fruit est l'ovaire lui-même qui a survécu à la plupart des autres organes de la fleur. On distingue dans le fruit, la graine que l'on appelle aussi la semence et son enveloppe qui porte le nom de *péricarpe*.

Une semence renferme différentes parties qu'il est utile de connaître. On y parvient facilement en faisant tremper dans de l'eau chaude un haricot, un pois ou un pepin.

On remarquera 1° l'espèce de membrane ou d'écorce qui enveloppe la semence et que l'on nomme *robe* dans la fève; 2° deux corps charnus appliqués l'un sur l'autre, ordinairement convexes à l'extérieur et aplatis du côté où ils se touchent et se tiennent, et un peu concaves à leur point de réunion. On les nomme *Cotylédons*.

La *plantule* ou l'embryon (fig. 19), est le vrai germe de la plante qui est comme emboîté dans les cotylédons, et placé au point où se réunissent les vaisseaux nombreux qui doivent nourrir la jeune plante. On distingue dans la plantule deux parties : la *radicule* et la *plumule*. La première est le rudiment de la racine et la seconde le rudiment de la tige.

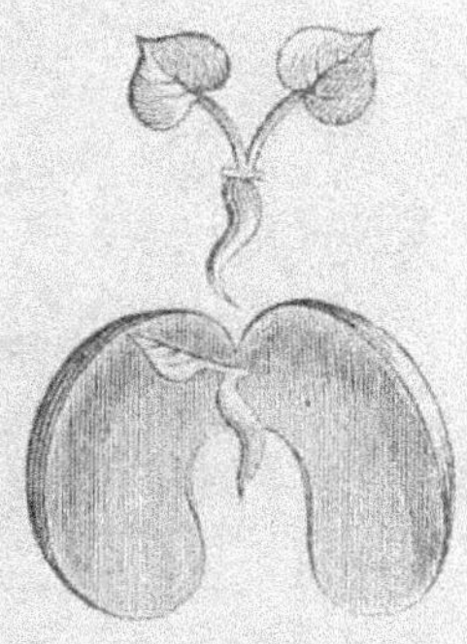

Fig. 19.

C'est la partie de la plante qui monte et tend à sortir de la terre.

Dans le plus grand nombre de plantes connues les semences ont deux cotylédons ; les liliacées, les graminées et les palmiers n'en ont qu'un seul ; les champignons, les mousses, les lichens paraissent en être totalement privés.

On a donc compris sous le nom de *monocotylédones* toutes les plantes qui n'ont qu'un seul cotylédon ; sous celui de *dicotyledones* l'immense majorité des plantes à deux lobes ou cotylédons ; et enfin sous le titre d'*acotylédones*, toutes les plantes cryptogames, c'est-à-dire, toutes celles dont les organes sexuels ne sont pas visibles et qui en paraissent privés.

Les plantes monocotylédones sont en général faciles à reconnaître par le parallélisme des nervures de leurs feuilles, tandis qu'elles sont plus ou moins ramifiées dans les dicotylédones.

Outre les cotylédons qui paraissent avoir pour objet de nourrir la plante naissante jusqu'au moment où elle pourra vivre par elle-même à l'aide de ses jeunes racines, la semence est pourvue de deux *feuilles séminales* qui terminent la plantule dont nous venons de parler et qui serviront d'abri à la petite plante, lorsque les cotylédons qui ont protégé sa première enfance, épuisés et desséchés auront disparu. La figure 19 ci-dessus représente les deux cotylédons d'un haricot dépouillé de sa robe ou tunique propre et les deux feuilles séminales dont la forme est très-souvent tout à fait différente de celles qui naîtront ensuite sur la tige.

Le *Péricarpe* est cette partie du fruit qui défend et enveloppe les semences. On peut dire qu'il est à l'égard

des semences ce que la corolle est par rapport aux étamines et pistils. Lorsqu'il n'existe pas, c'est ordinairement le calice ou le réceptacle qui le remplace dans ses
fonctions.

Le péricarpe varie dans sa forme et sa consistance : On
distingue donc la *Capsule* (fig. 20), enveloppe ordinairement formée de panneaux qui se joignent par leurs
bords, avant sa maturité et s'ouvrent ensuite, comme autant de battants pour laisser une issue libre aux semences.
Il y a des capsules qui
s'ouvrent par le haut,
comme dans le *pavot*,
d'autres sur le côté

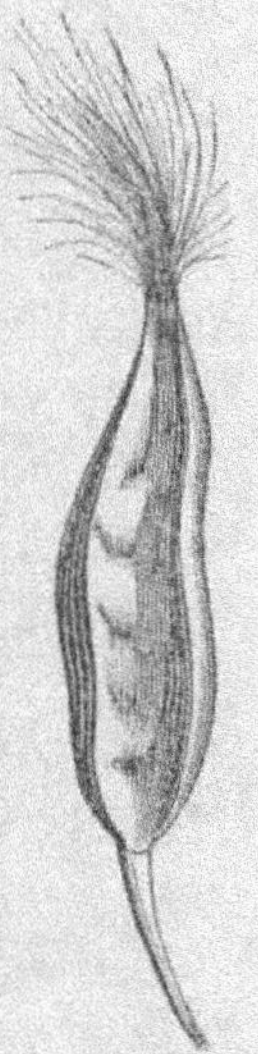

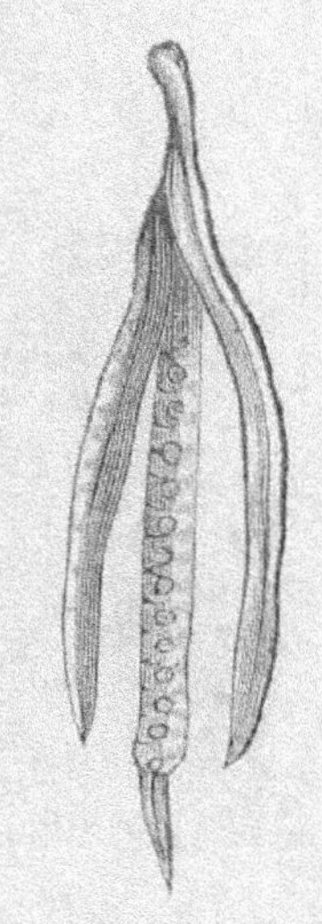

Fig. 20.   Fig. 21.   Fig. 22.

(l'*Ancolie*), d'autres enfin par le bas (*Campanule*), etc.

La *follicule* ou *Coque* (fig. 21) est un péricarpe allongé
s'ouvrant longitudinalement d'un seul côté : *Pervenche*,
laurier-rose, *séné*.

La *Silique* (fig. 22) sorte de péricarpe bivalve composé de deux panneaux réunis par des sutures longitu-

dinales. Les semences sont attachées à l'une ou à l'autre de ces deux sutures. Les crucifères en présentent un exemple : *chou, giroflée.*

La *Silicule* (fig. 23). Elle diffère de la silique par sa largeur qui est à peu près égale à sa longueur : *bourse à pasteur, cresson.*

Fig. 23.

La *gousse* (fig. 24) est assez semblable à la silique, mais ses semences sont seulement attachées à l'une des sutures formant la ligne de jonction des panneaux : *pois, haricot.*

La *baie,* péricarpe de forme arrondie, renfermant plusieurs semences au milieu d'une pulpe succulente : *raisin, groseille, solanum.*

Le *fruit à noyau.* Ce péricarpe est composé d'une pulpe charnue et solide renfermant dans son centre une sorte de boite ligneuse connue sous le nom de noyau et contenant la semence ou amande : *pêche, cerise, abricot.*

Le *fruit à pepins.* La pulpe de ce péricarpe est divisée dans son centre en plusieurs loges membraneuses contenant un certain nombre de semences ou pepins : *pomme, poire, orange.*

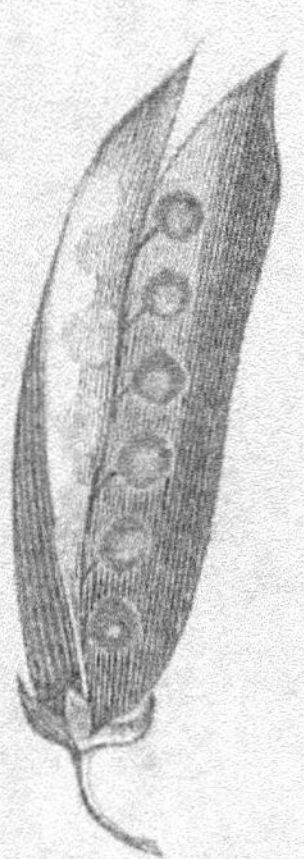

Fig. 24.

Le *cône* est un péricarpe composé d'écailles ligneuses recouvrant les semences : le *pin* et les autres végétaux de la famille des *conifères.*

Le *placenta* est le réceptacle propre de la semence ; c'est la partie du fruit sur laquelle est porté immédiatement la semence, lorsqu'elle est environnée d'un péricarpe.

RACINES, TIGES ET FEUILLES. — La racine est un organe ordinairement situé à l'extrémité inférieure de la plante et qui s'enfonce presque toujours dans le sol pour y pomper les sucs de la terre servant à la nutrition et à l'accroissement du végétal. — Quelques plantes que l'on appelle, de là, *parasites* s'attachent à d'autres aux dépens desquelles elles vivent ; telles sont la vanille, la cuscute, le guy. Il y a des plantes qui s'attachent aux corps comme les lichens et les mousses qui végétent sur les pierres et sur l'écorce des arbres. D'autres plantes nagent à fleur d'eau sans adhérer à la terre (la lentille d'eau). D'autres, comme les conserves et les byssus, paraissent entièrement privées de racines. D'autres enfin, telles que la truffe, semblent en être tout à fait composées et n'avoir aucune autre partie.

On a divisé les racines en trois classes : Les racines *bulbeuses*, *tubéreuses* et *fibreuses*.

1° La racine bulbeuse porte communément le nom d'ognon (fig. 25). Sa substance est tendre et succulente et sa forme arrondie ou ovale. Les unes, comme l'ognon de cuisine sont, composées de tuniques qui l'enveloppent les unes dans les autres. D'autres, comme l'ognon de la tulipe, sont d'une substance solide. Il en est qui sont disposées en écailles comme dans le lis (fig. 26).

Fig. 25.

2° La racine tubéreuse est un corps charnu, arrondi et solide, d'où partent latéralement et inférieurement de petites racines fibreuses comme dans la pomme de terre (fig. 27). On donne différents noms à cette racine

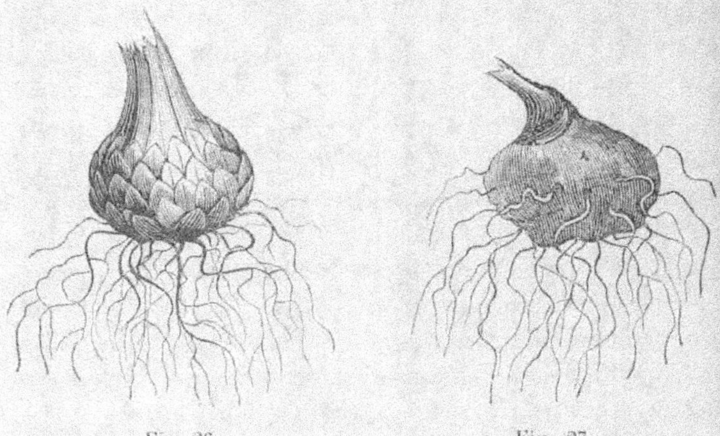

Fig. 26.   Fig. 27.

suivant la forme qu'elle affecte; elle peut être fasciculée

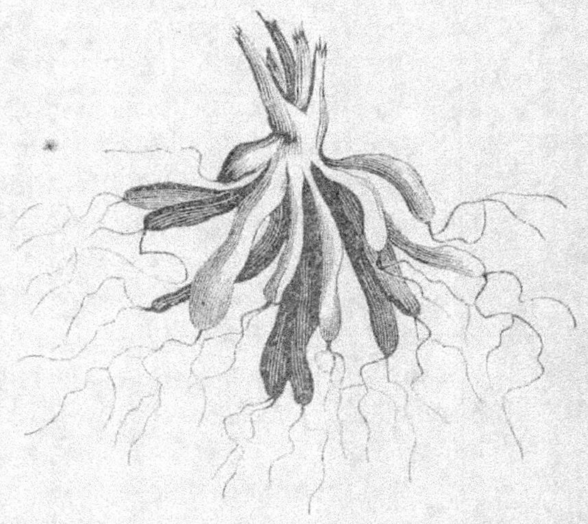

Fig. 28.

comme dans le *dahlia* ou l'*asphodèle* (fig. 28); palmée

Fig. 29.

comme dans l'orchis ; grume-
leuse comme dans les pattes
d'anémone ou les griffes de renoncule.

3° La racine fibreuse est composée de plusieurs jets longs et
filamenteux, fibreux ou cheve-
lus (fig. 29). Elle est *rameuse*
si elle se divise en plusieurs
branches latérales, imitant la
disposition des rameaux d'un
arbrisseau (fig. 30) ; fusiforme
c'est-à-dire en forme de fuseau,
lorsqu'étant épaisse, alongée,
elle va en diminuant comme dans la carotte et la rave (fig. 31) ; elle est traçante

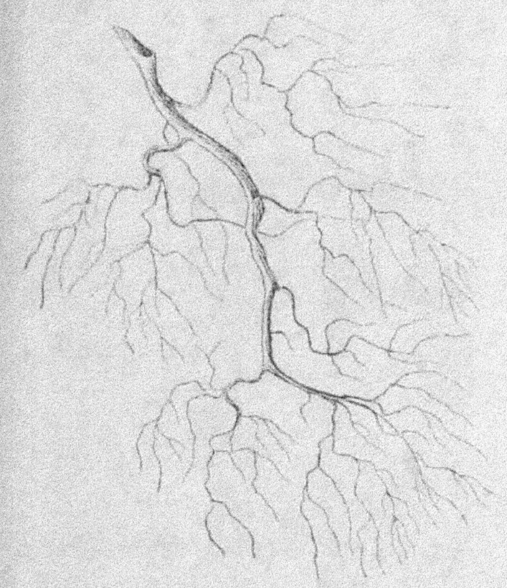

Fig. 30.

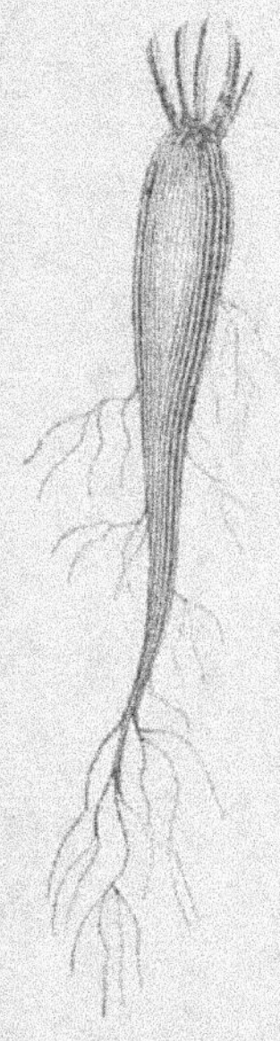

Fig. 31.

ou rampante lorsque, s'étendant horizontalement, elle
jette des brins de tous côtés sans pénétrer profondément la terre (fig. 32).

Fig. 32.

La racine stolonifère pousse çà et là des rejets rampants qui portent eux-mêmes des racines comme dans
le *chiendent* (fig. 33).

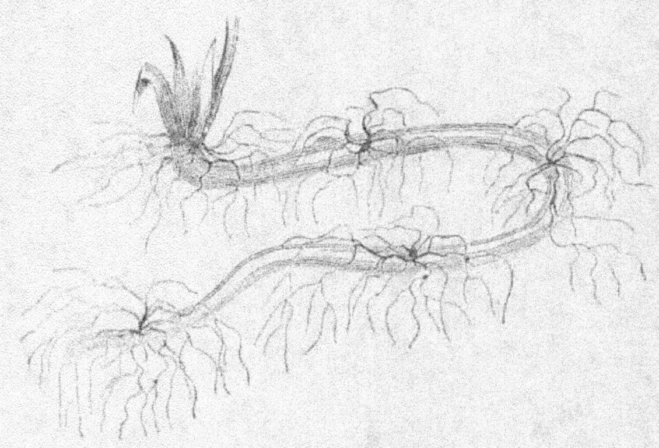

Fig. 33.

Le tronc ou la tige d'un végétal part directement de
l'extrémité supérieure de la racine, puis s'élève perpendiculairement dans l'air, ou rampe sur la terre, ou,

enfin, grimpe et s'entortille autour des différents corps qu'il rencontre. Il y a des plantes qui sont dépourvues de tige ; alors les fleurs, les feuilles ou les pétioles partent du collet de la racine ; ce sont des plantes *sessiles*.

Celles qui ont des tiges sont dites *caulescentes*. Une tige est *herbacée* lorsqu'elle a peu de consistance et périt tous les ans ; *sous-ligneuse* lorsque sa base subsiste mais que ses rameaux périssent presque entièrement tous les hivers, et *ligneuse* lorsqu'elle a la consistance du bois et vit plus de trois ans (fig. 34).

Fig. 34.

Les feuilles méritent, sous plusieurs rapports, de fixer particulièrement notre attention. L'époque de leur naissance, qui annonce le retour du printemps et le renouvellement de la nature, ce vert riant, ami de l'œil, dont la plupart sont colorées, leur disposition également agréable dans sa symétrie et dans son désordre, tout contribue à présenter la plante sous l'aspect le plus charmant et à lui donner un air de vie et de santé.

La feuille, proprement dite, n'est que l'épanouissement du pétiole, ou une continuité, une expansion de l'écorce de la tige, formée par deux couches, l'une supérieure et l'autre inférieure, entre lesquelles se trouve le prolongement des vaisseaux de la plante dont les principales ramifications forment les nervures de la feuille. Entre les feuillets de ce réseau vasculeux, ou entre ses mailles, on observe un tissu cellulaire et spongieux qu'on nomme *parenchime*, et qui est composé de vésicules dont les unes contiennent des sucs propres à sa nourriture, les autres des gaz ou liquides destinés à être éliminés.

C'est par leur surface inférieure que les feuilles absorbent les gaz et l'humidité de l'air; celle qui est tournée vers le ciel ne sert qu'à l'excrétion des principes nuisibles ou surabondants et à garantir la surface opposée de la lumière directe.

La lumière a une action puissante sur la végétation, action que démontre la tendance que les feuilles, les tiges, les fleurs, ont à se porter vers elle. Quelques fleurs même se tournent vers le soleil et suivent son mouvement. Privées de lumière, les plantes *s'étiolent*, c'est-à-dire blanchissent, leurs tiges s'allongent comme pour aller chercher le jour sans lequel elles ne peuvent vivre. Les jardiniers mettent à profit cette disposition pour attendrir, par la privation de lumière, certaines plantes qu'on emploie en salade.

Il a été reconnu que la lumière décompose le gaz acide carbonique dont la base ou carbone s'assimile à la substance de la plante pour concourir à son accroissement, tandis que l'oxygène se combine avec l'atmosphère qui nous entoure.

L'adhésion des deux gaz, l'oxygène et l'hydrogène qui constituent l'eau, est également détruite par l'action mystérieuse de la lumière. Les plantes épurent et assainissent l'air en y versant des flots d'oxygène que les chimistes nommaient jadis, non sans raison, *air vital*, et en absorbant le gaz carbonique, gaz qui, comme on le sait, n'est point respirable.

Durant la nuit l'action de la lumière cesse, l'oxygène de l'air se charge alors d'une certaine quantité de carbone, mais le retour de la lumière, produisant un effet opposé, le carbone est restitué à la plante et l'oxygène, devenu libre, à l'atmosphère.

Voilà pourquoi, dans le voisinage des grandes masses de végétaux, telles que celles que présentent les forêts, l'air que nous respirons devient plus salutaire par l'augmentation de son oxygène et que dans l'obscurité il devient presque malsain par l'accroissement de l'élément carbonique.

PRINCIPALES FORMES DE FEUILLES.

Lancéolée (Feuille), lorsqu'elle a la forme d'un fer de lance (fig. 35). Cette forme est commune à une foule d'autres plantes.

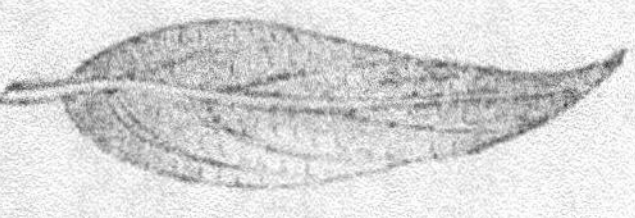

Fig. 35.

Spatulée (Feuille), imitant la forme d'une spatule, lorsqu'étant un peu *cunéiforme*, c'est-à-dire en forme de coin, elle se rétrécit sensiblement vers sa base (fig. 36).

Palmée, lorsqu'elle imite une main ouverte, étant divisée à peu près depuis son milieu en plusieurs parties presque égales : la *passiflore* (fig. 37).

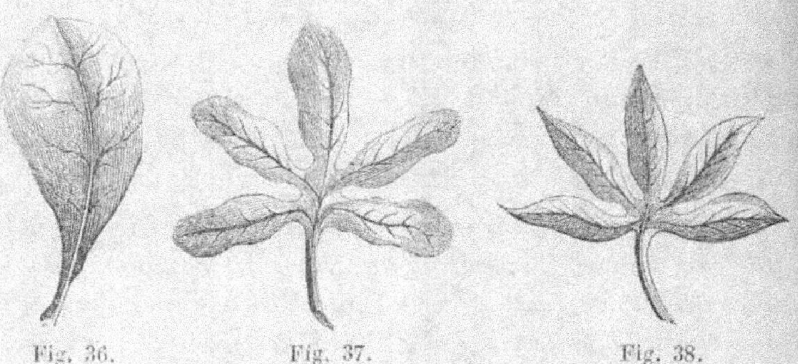

Fig. 36.   Fig. 37.   Fig. 38.

Digitées (fig. 38), lorsqu'elles imitent par leurs découpures les doigts de la main : *hellebore vert*.

Pinnatifides. On donne ce nom aux feuilles fendues en un certain nombre de lanières qui ne vont pas jusqu'à la côte (fig. 39).

Sinuée (fig. 40). Ses côtés présentent plusieurs sinuosités ou espèces d'échancrures arrondies, très-ouvertes (*jusquiame*).

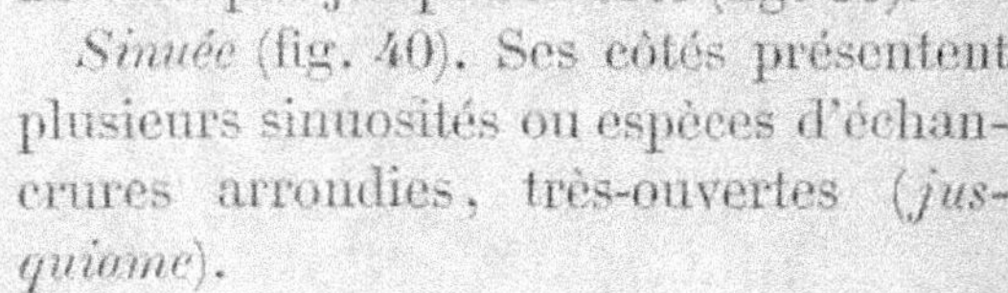

Fig. 39.   Fig. 40.

Binées, lorsque leur pétiole commun porte deux folioles insérées sur le même point (fig. 41).

Ternées, si ce pétiole commun porte trois folioles (fig. 42); *le trèfle*, — *quaternées*, s'il en porte quatre

Fig. 41.   Fig. 42.

(fig. 43), et enfin *quinées* si, de même que chez le *marronnier d'Inde*, le pétiole commun porte cinq folioles (fig. 44).

Fig. 43.   Fig. 44.

Ailées. On dit que les feuilles sont ailées lorsqu'un certain nombre de folioles sont rangées en manière d'ailes le long d'un pétiole commun (fig. 45) *l'astragale*, la *réglisse*, le *robinier* ou *faux acacias*.

Bipinnées, lorsque le pétiole commun porte de chaque côté des feuilles également ailées. On dit également qu'elles sont deux fois ailées (fig. 46).

Fig. 45. — Fig. 46.

Triternées, lorsque leur pétiole se divise en trois par-

Fig. 47.

ties qui se subdivisent chacune en trois autres parties, chacune d'une foliole (fig. 47).

DISPOSITION DES FLEURS.

La disposition des fleurs ou *inflorescence*, est une chose fort utile à connaître pour juger jusqu'à un certain point de l'effet d'une plante d'après sa simple description. Nous nous bornerons cependant aux termes qui ne s'expliquant pas suffisamment d'eux-mêmes exigent un développement.

Fleurs unilatérales, celles qui sont placées d'un même côté de la tige. Dans l'épi unilatéral, tel que celui de la digitale ou du glayeul, toutes les fleurs sont tournées du même côté.

Fleurs terminales, lorsqu'elles sont disposées à l'extrémité de la tige ou des rameaux (le *soleil*, la *tulipe*).

Fleurs sessiles, lorsqu'elles n'ont point de pédoncule et reposent immédiatement sur la tige (*bouillon blanc, balsamine*).

Fleurs axillaires, lorsqu'elles sont disposées dans les aisselles des feuilles et des branches, c'est-à-dire, lorsqu'elles naissent dans le point de concours des feuilles ou des branches avec la tige. Ce caractère appartient à un grand nombre de fleurs (*pervenche, balsamine*).

Radicales. Les fleurs radicales sont celles dont les pédoncules sortent immédiatement de la racine (le *colchique*).

Verticillées. Les fleurs verticillées sont disposées par étages, en forme d'anneaux, autour de la tige (*vitex agnus castus*), fig. 48. Le nombre des fleurs verticillées est très-peu considérable, mais beaucoup de plantes présentent de feuilles verticillées : tel est le lis martagon.

Ombelle (fig. 49). On appelle fleurs en ombelle celles dont les pédoncules se réunissent tous en un point commun comme les rayons d'un parasol. On a donné le nom d'*ombellifères* à une famille dont

Fig. 48.

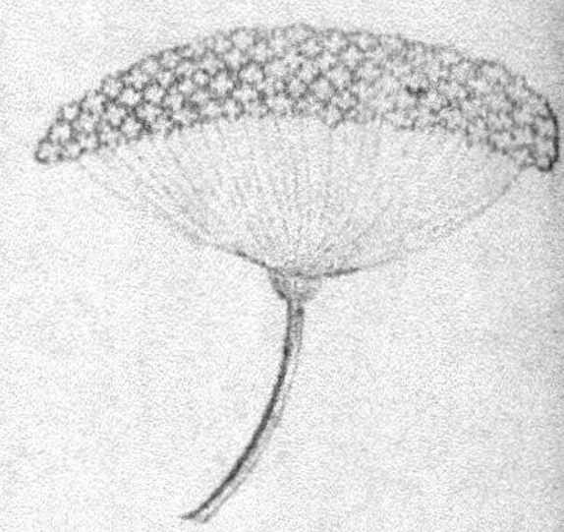

Fig. 49.

tous les individus réunissent ce caractère.

Corymbe (fig. 50). Il ressemble à l'ombelle par son sommet aplati, mais tous ses rayons ou pédoncules ne partent point d'un point commun comme dans l'ombelle (*achillée millefeuilles, spirée à feuilles d'obier*).

Thyrse ou *bouquet* (fig. 51).

Fig. 50.

Fig. 51.

Dans cette disposition les pédoncules partent graduellement des différents points d'un axe commun, toujours disposé dans une situation droite, et arrivent à des hauteurs différentes comme dans le *lilas*.

Grappe. Les fleurs en grappe diffèrent essentiellement des fleurs en bouquet par la situation du pédoncule, qui est redressé dans celui-ci et penché dans la grappe.

Panicule. Les fleurs en panicule sont disposées sur des pédoncules à divisions nombreuses et diversifiées. La panicule peut être considérée comme un bouquet dont les parties sont éparses et disposées à l'aise.

Épi. Les fleurs en épi sont généralement presque sessiles rassemblées sur un pédoncule commun, allongé et très-simple, c'est-à-dire non ramifié.

Capitées ou *en tête.* Les fleurs capitées forment une sorte de tête arrondie, telle que le *statice*, l'*ipomée*, etc.

VOCABULAIRE

DES PRINCIPAUX TERMES DE BOTANIQUE

POUR

SERVIR A L'INTELLIGENCE DES DESCRIPTIONS DE PLANTES.

ACICULAIRES (feuilles), minces et pointues comme des épingles.

ADOS, plate-bande relevée en pente vers le midi, pour favoriser les primeurs.

ADVENTIF, bouton qui a pris naissance ailleurs que dans l'aisselle d'une feuille.

ACOTYLÉDONES. Plantes privées de cotylédon.

ACUMINÉE (feuille), se terminant en pointe allongée.

AGRÉGÉES, fleurs réunies dans un réceptacle commun.

AIGRETTE, faisceau de poils ou de filets, surmontant une semence.

AILÉES OU PINNÉES (feuilles), lorsque plusieurs folioles sont rangées en manière d'ailes des deux côtés et le long d'un pétiole commun.

AILÉES (feuilles), avec impaire lorsqu'elles sont terminées par une foliole impaire.

AILÉES sans impaire, lorsqu'elles sont terminées par deux folioles opposées.

AILÉES avec interruption, lorsque leurs folioles sont alternativement grandes et petites.

ALTERNES, feuilles ou rameaux placés alternativement de côté et d'autre, sur une tige.

AMPLEXICAULES, feuilles ou pétioles embrassant la tige par leur base.

ANTHÈRE, capsule de l'étamine renfermant le *Pollen*.

AOUTÉ se dit des jeunes branches assez avancées pour passer l'hiver.

APÉTALE (fleur), privée de pétales.

ARBORESCENTE (plante), celle dont les tiges ou rameaux deviennent ligneux.

AXILLAIRES (feuilles ou fleurs), prenant naissance dans l'aisselle d'une plante.

BAIE, sorte de péricarpe mou, arrondi, renfermant une ou plusieurs semences (groseille, raisin); *baccifère*, qui produit des baies; *bacciforme*, en forme de baies.

BALE, enveloppe composée de paillettes ou d'écailles, et tenant lieu de calice et de corolle dans les graminées.

BIFIDE, TRIFIDE, QUADRIFIDE, feuille, corolle, etc., fendue en deux, trois ou quatre parties.

BIGÉMINÉES (feuilles), lorsque leur pétiole se bifurque, et pousse à ses extrémités quatre folioles disposées par paire.

BILOBÉ, TRILOBÉ, divisé en deux ou trois lobes.

BIPINNÉ. *Voy*. PINNÉ.

BOUTURE, branche garnie de bourgeons que l'on sépare du tronc et qu'on met en terre.

BRACTÉES ou feuilles florales, petites feuilles toujours situées dans le voisinage des fleurs, et ordinairement distinguées des autres feuilles par la forme et la couleur.

BULBEUSES (racines). (Fig. 25 à 28.)

BULBIFÈRE, plante qui produit des bulbes dans l'articulation des tiges.

BULBILLE, petite bulbe axillaire.

BUTER, relever la terre autour du pied d'une plante.

CADUC, caduques, calice, feuilles, etc., qui tombent avant la maturité du fruit.

CAIEU, petit ognon qui naît sur une bulbe et la remplace.

CALICE, enveloppe secondaire de la fleur.

CANALICULÉE (feuille), celle qui présente dans toute sa longueur un sillon profond.

CAPILLAIRES, feuilles effilées, comparables à des cheveux.

CAPSULE. (Fig. 20.)

CAPITULE, fleur composée. (Fig. 44 et 45.)

CAULINAIRES (feuilles), celles qui s'insèrent sur la tige, cas le plus ordinaire.

CHATON, fleurs unisexuées disposées sur un axe commun, comme dans le saule, le noisetier, etc.

COLLERETTE, espèce d'enveloppe découpée en plusieurs folioles et placée à quelque distance et au-dessous des fleurs.

COMPOSÉE (fleur), agrégation de fleurons ou demi fleurons.

CONE, fruit des arbres de la famille des conifères.

CONNÉES (feuilles), opposées deux à deux, et réunies par leur base.

COQUE. (Fig. 21.)

COROLLE, enveloppe interne et ordinairement colorée des organes sexuels de la fleur.

CORDIFORME (feuille), en forme de cœur.

CORYMBE (fleurs en), disposition de fleurs, dont les pédoncules partant de différents points de la tige, arrivent tous à la même hauteur.

COTYLÉDONS. (Fig. 19.)

CRÉNELÉES (feuilles), lorsque leur bord est divisé en dents arrondies.

CUNÉIFORMES (feuilles), en forme de coin.

CAPSULE, sorte d'enveloppe en forme de coupe, qui revêt la base du calice, comme dans le gland.

CRYPTOGAMIE (du grec cryptos et gamos : noces cachées), plantes à fleurs invisibles ou inconnues.

DÉCURRENTES (feuilles), lorsque leur base, se prolongeant sur la tige, y forme longitudinalement une sorte d'aile courante.

DEMI-FLEURONS. (Fig. 45.)

DICHOTOMES se dit des tiges et branches qui se divisent par deux.

DICLINES, ce mot, tiré du grec, indique les plantes où les organes mâles et femelles sont séparés dans la même fleur.

DICOTYLÉDONES, plantes réunissant les deux sexes.

DIGITÉES (feuilles), lorsqu'elles indiquent par leurs découpures les doigts de la main.

DIOIQUE, plante dont les sexes sont séparés sur des pieds séparés.

DISQUE, corps charnu entourant la base de l'ovaire.

DISTIQUES (feuilles), lorsqu'elles sont toutes rangées alternativement sur les deux côtés opposés de la tige.

DIVARIQUÉS (rameaux), écartés et divergents.

DRAGEON, jeune pousse souterraine ou tige naissante.

Effritée ou mieux Effraitée, terre usée et incapable
de produire.

Embriquées (feuilles), lorsque, placées entre les fleurs,
elles forment un épi serré.

Engainées, lorsque leur base forme une sorte de tuyau
entourant la tige comme dans les graminées.

Ensiformes (feuilles), lorsqu'elles ont la forme d'un
glaive ou d'une épée.

Éperon, prolongement de la corolle en forme de corne.

Épillets, petits épis portés sur des pédoncules rameux
dans quelques graminées.

Épigynes se dit des étamines, lorsqu'elles sont insérées
sur l'ovaire.

Espèces. En botanique on donne ce nom à des plantes
provenues en tout temps et en tout lieu, de plantes
semblables, et celui de *variétés* à celles qui ne présentent que des différences non essentielles. La réunion
d'un certain nombre d'espèces forme un *genre*, et un
groupe de genres, ayant des caractères communs,
constitue une *famille*.

Étamines. (Fig. 1.)

Fasciculées (feuilles), lorsque s'insérant plusieurs ensemble sur le même point, elles forment des petits
faisceaux.

Fleurons, demi-fleurons, fleurs flosculeuses et semi-
flosculeuses. (Fig. 44, 45.)

Filets des étamines. (Fig. 1.)

Follicule. (Fig. 21.)

Frutescent se dit d'une plante qui présente le port d'un
arbrisseau, sans être décidément ligneuse.

FUSIFORME se dit d'une racine en forme de fuseau.

GÉMINÉES (feuilles), lorsqu'elles sont disposées deux à deux sur chaque point de leur insertion.

GENRE, réunion d'espèces, voyez *ce mot*.

GERME, partie de la semence qui constitue la plante.

GLABRE (feuille), sans poils ni duvet.

GLAUQUE (feuille), d'un vert blanchâtre et comme farineuse.

GLUME. C'est la même chose que *bâle*.

GOUSSE. (Fig. 24.)

HASTÉES (feuilles) ayant la forme d'un fer de pique.

HAMPE, tige florale, nue comme celle du pissenlit.

HERMAPHRODITE (fleur), réunissant les deux sexes : étamines et pistils.

HISPIDE (feuilles, tiges), hérissées de poils rudes et écartés.

HYBRIDE se dit d'une plante produite par le mélange des poussières fécondantes (pollen) d'espèces, de genre ou de variétés différentes.

HYPOGYNES se dit des étamines insérées sous le pistil.

IMBRIQUÉ se dit des feuilles, bractées, écailles, disposées comme les tuiles d'un toit.

INERME (feuille, tige, calice, etc.), dépourvus d'épines.

INFÈRE se dit de l'ovaire, lorsqu'il est placé sous le calice.

INFUNDIBULIFORME se dit d'une corolle en forme d'entonnoir.

INVOLUCRE. *Voy.* COLLERETTE.

INVOLUCELLE, collerette partielle dans une ombelle composée.

LABIÉES (fleurs), on dit qu'une corolle est en masque ou labiée, lorsque son limbe forme deux lèvres, l'une supérieure et l'autre inférieure.

LACINIÉE (feuilles), lorsque leurs divisions ou découpures sont elles-mêmes une ou plusieurs fois divisées.

LACTESCENTES (plante), lorsqu'elle exsude un lait jaune ou blanc, si on rompt une feuille ou une branche.

LAME, partie supérieure d'un pétale.

LANCÉOLÉE (feuille), en fer de lance.

LANGUETTE, prolongement en lame de la corolle tubulée d'un demi-fleuron. (Fig. 45.)

LÉGUME, gousse produite par les plantes légumineuses.

LÉGUMINEUSES (fleurs). C'est la même chose que la fleur papilionacée qui se compose de quatre ou cinq pétales, savoir : le pétale supérieur ou *étendard;* la *carène* ou pétale inférieur, renfermant les étamines et le pistil, et les deux pétales latéraux nommés *ailes.*

LIGULÉES (feuilles), lorsqu'elles sont linéaires, charnues et un peu convexes en-dessous.

LIMBE, bord extérieur d'un pétale, et particulièrement d'une corolle monopétale.

LINÉAIRE, feuille ou pétale étroit et allongé, dont les bords sont parallèles entre eux.

LYRÉES (feuilles) découpées en lobes profonds, écartés et diminuant de grandeur, vers la partie inférieure de la feuille.

MARCOTTE, branche que l'on fait reprendre en terre en la courbant, et que l'on ne détache du sujet que lorsqu'elle a poussé des racines.

MÉRITHALLE, espace qui sépare deux nœuds sur un rameau.

MONOCOTYLÉDONES, semence pourvue d'un seul cotyldéon.

MONOÏQUES, plantes dont les sexes sont sur des pieds différents.

MONOPÉTALE, fleur dont la corolle est d'une seule pièce.

MUCRONÉE (feuille), terminée par pointe aigüe et formant saillie.

MULTIFIDES (feuilles), divisées en lanières profondes, mais n'allant pas jusqu'à la nervure.

ŒIL, petite pointe que l'on remarque sur les arbres ou arbrisseaux dans l'angle que forme l'insertion des feuilles sur les rameaux et qui est le rudiment d'un bouton à bois ou à fruit.

ŒILLETONS, rejetons que poussent certaines racines.

OMBELLE. On nomme fleurs en ombelle, celles dont les pédoncules se réunissent tous en un point commun, d'où ils divergent comme les rayons du parasol.

OMBILIC, vestiges du calice sur certains fruits tels que la pomme ou la poire. Les graines ont aussi une espèce d'ombilic qui se nomme *Hilum* et qui marque l'endroit par où elles adhéraient au placenta; cette marque est très-visible dans le haricot.

ONGLET. On donne ce nom à la partie qui termine inférieurement chaque pièce d'une corolle polypétale. Ils sont fort longs dans l'œillet.

OPPOSÉES (feuilles), lorsqu'elles sont disposées par paires et que les points de leur insertion sont diamétralement opposés.

Palmées (feuilles), lorsqu'elles imitent une main ouverte et qu'elles sont divisées en plusieurs parties égales depuis leur milieu.

Panicule. Les fleurs en panicule sont disposées sur des pédoncules à divisions nombreuses et diversifiées. Elle est ordinairement courte et étalée.

Pédicelle, queue particulière de la fleur et par laquelle elle tient soit au pédoncule, soit à la tige.

Pédoncule, prolongement de la tige ou des rameaux des plantes qui soutient les fleurs et les fruits et qui porte vulgairement le nom de *queue*.

Périanthe, nom donné aux enveloppes florales.

Péricarpe, partie du fruit qui n'appartient pas à la graine.

Persistantes (feuilles); lorsqu'elles ne tombent pas à la fin de l'année et persistent un ou plusieurs hivers.

Périgynes (corolle ou étamines), lorsqu'elles sont insérées sur le calice autour de la corolle.

Personnée. *Voy*. Labiées.

Pétiole. C'est la partie du tronc ou des rameaux des plantes qui soutient les feuilles mais jamais les fleurs. La feuille pétiolée a une queue, la feuille *sessile* n'en a pas.

Phanérogames. Les plantes phanérogames sont celles qui ont des fleurs visibles.

Pinnatifides (feuilles). Lorsque leurs découpures ne s'étendent pas jusqu'à la côte.

Pinnées (feuilles), c'est la même chose que feuilles ailées.

Pistil. (Fig. 2.)

Pivot, racine s'enfonçant perpendiculairement et le plus souvent unique.

Placenta, nom par lequel on désigne toute partie à laquelle se rattachent les semences.

PLANTULE, Plumule, Radicule. (Fig. 19.)

POLLEN ou Poussière séminale.

POLIGYNIE, désigne les plantes dont les fleurs ont plusieurs styles.

POLYPÉTALE, fleur ayant plusieurs pétales.

POLYPHYLLE (calice), formé de folioles, séparées jusqu'à leur base.

PUBESCENTES (feuilles), lorsque leur surface est chargée de duvet.

RADICALES (feuilles), lorsqu'elles naissent immédiatement du collet de la racine.

RADICANTES. On désigne ainsi les feuilles qui couchées sur la terre ou sur d'autres corps s'y attachent par de petites racines.

RADICULE. (Fig. 19.)

RAYONS, demi fleurons des fleurs radiées.

RÉCEPTACLE. C'est en général l'espèce de base sur laquelle reposent immédiatement la fleur et le fruit. C'est en général l'extrémité du pédoncule et le centre du calice.

RÉNIFORMES (feuilles) en forme de rein comme le haricot.

REPIQUER. C'est lever du jeune plant qui a poussé trop dru pour le replanter en l'espaçant davantage.

RHIZOME. Portion de tige qui ressemble à une racine et qui court horizontalement à la surface du sol, ou s'étend au-dessous de cette surface sans y pénétrer profondément.

ROSACÉE (fleur), lorsqu'elle est composée de plusieurs pétales égaux disposés en rose.

RUNCINÉES (feuilles), lorsqu'elles sont découpées latéra-

lement en lobes profonds, mais n'allant pas en diminuant vers leur base.

Sagittées (feuilles) en forme de fer de flèche et échan-
crées à leur base.

Sarmenteuse (tige), celle qui, longue et faible, traîne
sur la terre sans s'y attacher ou grimpe sur les corps
voisins.

Semi-doubles (fleurs), ayant plus de pétales que la fleur
simple et conservant la faculté de se reproduire par
semences.

Semi-flosculeuses, fleurs composées uniquement de
demi fleurons.

Sépales, divisions ou lobes du calice.

Silique, Silicule. (Fig. 22 et 23.)

Simple (feuille) non divisée (fleur), n'ayant que le nombre de pétales ordinaires à son espèce, ce qui la diffé-
rencie des fleurs semi-doubles, doubles ou pleines.

Sinuées (feuilles), remarquables par des sinuosités ou
échancrures arrondies.

Spatulées (feuilles), en forme de spatule.

Sur-composée. Ce nom s'applique aux feuilles pinnées
ou ailées, trois fois composées.

Stigmate, Style, parties du pistil.

Stipules, sortes de petites écailles qui naissent de chaque côté à la base des pétioles ou des pédoncules.

Stolonifère (racine), lorsqu'étant traçante, elle pousse
çà et là des rejets rampants qui portent eux-mêmes
des racines, comme dans le chiendent.

Subulées (feuilles) linéaires à leur base et se terminant
en pointe aiguë.

Supère. Se dit de l'ovaire, lorsqu'il est placé dans l'intérieur du calice. On dit alors que la fleur est *Supe-rovariée*.

Surgeons, jeunes rejetons d'un arbuste.

Taller. On dit qu'une plante talle, lorsque ses racines s'étendent soit naturellement, soit artificiellement par l'emploi du rouleau, pour les gazons.

Ternées (feuilles) quaternées, quinées, lorsque leur pétiole commun porte trois, quatre ou cinq feuilles.

Tête ou Capitule (fleurs en), celles qui sont ramassées et disposées en un espèce d'épi, fort court et plus ou moins arrondi.

Thyrse ou Bouquet (fleurs en), celles dont les pédoncules partent graduellement de différents points d'un pédoncule commun redressé et arrivent à des hauteurs différentes.

Tigelle. Tige naissante de la plantule.

Tomenteuses (feuilles ou tiges), lorsqu'elles sont recouvertes d'un duvet blanchâtre, formé par des filaments nombreux et entrelacés qui lui donnent l'apparence de la laine ou du coton.

Traçante (racine) ou rampante, lorsqu'elle s'étend horizontalement sans pénétrer profondément la terre.

Tripennées (feuilles), lorsqu'elles sont trois fois ailées, c'est-à-dire, lorsque leur pétiole porte de chaque côté, en manière d'ailes, plusieurs folioles bipennées.

Triternées (feuilles), lorsque leur pétiole se divise en trois parties, qui se subdivisent encore en trois autres parties, chargées chacune de trois folioles.

UNILATÉRALES (fleurs ou feuilles), lorsqu'elles sont rangées du même côté de la tige.

UNILOCULAIRE, biloculaire, triloculaire, quadrilocu-
laire, etc. On indique ainsi le nombre de loges, que
contient une capsule. Multiloculaire, loges nombreuses.

UNISEXUELLE (plante), n'ayant que les organes d'un seul
sexe.

VALVES, parties d'une capsule ou d'une gousse qui s'ouvre à la maturité, pour laisser échapper les semences
qu'elle contient.

VARIÉTÉS. On considère comme les variétés d'une plante
toutes les différences que l'on suppose dues à la culture, dans sa taille, le nombre de pétales, leur couleur, enfin dans tout ce qui n'est pas essentiel au caractère. Toutefois, le mélange des poussières séminales peut apporter de tels changements dans les
plantes hybrides que souvent les botanistes sont fort
embarrassés pour les classer.

VERTICILLE (fleurs en), lorsqu'elles sont disposées par
étages en forme d'anneaux autour de la tige.

CHOIX DE PLANTES D'ORNEMENT

ANNUELLES, BISANNUELLES OU VIVACES

QUE L'ON PEUT CULTIVER EN PLEINE TERRE (1)

A

ABRONIE A OMBELLES (*Abronia umbellata*). Annuelle ; jolies fleurs d'un rose vif, disposées en têtes. Semis en mars ; repiquer en avril ; floraison en juin, juillet. Hauteur 1 mètre 20 centimètres.

ACHILLÉE MILLEFEUILLES (*Achillea millefolium*). Vivace. On ne cultive que la variété à fleurs pourpres ; fleurit tout l'été. — A. FEUILLES DE FILIPENDULES (*A. filipendulina*). Fleurs jaunes en corymbe ; en juillet et septembre ; 1 mètre 50 cent. — A. PTARMIQUE OU BOUTON D'ARGENT (*A. ptarmica*). Fleurs durant tout l'été ; blanches, doubles et d'un joli effet. Hauteur 30 à 60 centimètres.

ACONIT NAPEL (*Aconitum napellus*). Vivace ; racine

______

(1) Il est un certain nombre de plantes ou d'arbustes très-intéressants qu'on ne peut conserver l'hiver qu'en les abritant dans l'appartement, dans une resserre ou dans une orangerie, sous le climat de Paris et du nord de la France : tels sont le *Camellia*, l'*Oranger*, le *Grenadier*, l'*Hortensia*, le *Laurier rose*, le *Myrte*, les *Geraniums*, etc., etc. Ne pouvant les passer sous silence dans un chapitre spécialement consacré aux plantes ornementales, nous les signalons dans les articles qui les concernent.

tubéreuse en forme de navet. Belles fleurs bleues en
forme de casque, en juin et juillet. Hauteur 1 mètre.
— ACONIT D'AUTOMNE (*A. autumnale*). Fleurs blanches
et lilas en panicules (Chine). — A. PANICULÉ (*A. panicu-
latum*). Fleurs bleues en août (Suisse) ; semis ou division
des touffes. Ces deux espèces sont de la même hauteur
que le napel. Toutes sont vénéneuses.

ACROLINIE A FLEURS ROSES (*A. rosæum*). Annuelle ; disque jaune ; rayons roses ; semis en place (Nouvelle-
Hollande). 30 centimètres.

ADONIDE PRINTANIÈRE (*Adonis vernalis*). Vivace ; jolies
fleurs à rayons d'un jaune vif. Semis en terre légère ou
éclats de racines ; couverture l'hiver. — A. D'ÉTÉ (*A æsti-
valis*). Fleurs petites, d'un rouge vif. Annuelle ; semis
en place. 30 centimètres.

AGAPANTHE A OMBELLE (*Agapanthus umbelliferus*). Très-
belle plante de la famille des liliacées. Ombelle de 30 à
40 fleurs bleues ; tige de 75 centimètres ; multiplication
par œilletons ; couverture de litière durant les grands
froids.

AGÉRAT DU MEXIQUE (*Ageratum Mexicanum*). Bisannuelle ; fleurs azurées en tête durant une grande partie
de l'année. Hauteur 70 centimètres. Semis ou boutures,
sous châssis. — AGÉRAT REMARQUABLE (*A. conspicum*).
Belle plante annuelle, à fleurs blanches, d'août en novembre. Semis en avril ; repiquer en place. Hauteur
40 centimètres.

AIL MOLY (*Allium moly*). Plante liliacée et vivace. En
juin ombelle de fleurs d'un jaune doré. Hauteur 35 centimètres. — A. AZURÉ (Sibérie). De juin à juillet, fleurs
d'un bleu d'azur ; terrain sec ; graines ou caïeux. 50 centimètres.

AKÉBIA A CINQ FEUILLES (*Akebia quinata*). Plante rampante; fleurs rouges en grappes. Terrain sec. Vivace; boutures ou racines.

ALSTROÈMÈRE PÉLÉGRINE OU LIS DES INCAS (*Alstroemeria pelegrina*). Plante vivace à jolies fleurs blanches teintes de pourpre et rayées. Pleine terre légère, mais couverture de litière l'hiver. Semis ou séparation des racines. 35 centimètres.

ALTHÉA (*Voy*. ROSE TRÉMIÈRE).

ALYSSE SAXATILE (*Alyssum saxatile*) OU CORBEILLE D'OR. Plante formant des touffes basses et couverte en mai de fleurs d'un jaune éclatant; multiplication par éclats ou marcottes. — A. DELTOÏDE (*Aubrietia deltoïdea*). Fleurs bleues d'avril à juillet; graines, éclats ou marcottes; terre ordinaire. Cette plante vivace forme des touffes comme la précédente.

AMARANTE QUEUE DE RENARD (*Amaranthus caudatus*). Plante annuelle de l'Inde. De juin à août, fleurs cramoisies en longues grappes pendantes. — A. POURPRE DU NÉPAUL. Belle plante à tige de 2 mètres. — L'AMARANTE GIGANTESQUE s'élève à près de trois mètres. Toutes les amarantes sont annuelles. Semis en pleine terre en mai, ou mieux en place. *Voy*. CÉLOSIE.

AMARYLLIS BELLADONE (*Amaryllis belladona*). Superbe plante bulbeuse, dont la hampe de 70 centimètres est terminée par de belles fleurs odorantes. — A. BLANCHE (*Amaryllis blanda*). Fleurs blanches en octobre, passant au rose en vieillissant. — A. JAUNE (*Sternbergia lutea*), *Lis Narcisse*. Fleur d'un jaune brillant, en septembre; hampe uniflore de 10 à 12 centimètres. — A. A FLEUR EN CROIX OU LIS DE SAINT JACQUES (*Sprekelia formosissima*). Belle fleur d'un pourpre foncé à la fin de l'été;

hampe de 32 centimètres. — AMARYLLIS CANDÉLABRE OU
A. DE JOSÉPHINE (*Coburgia multiflora*). Très-belle plante.
D'un ognon très-gros sort une hampe d'environ 70 centimètres portant une magnifique couronne d'environ
70 fleurs d'un joli rose, avec des raies pourpres. Cette
belle fleur peut se cultiver en pleine terre, mais sous
châssis. Il y a encore plusieurs autres espèces d'Amaryllis que les nomenclateurs ont dispersées dans d'autres
genres en changeant leurs noms. En général, les amaryllis aiment une terre légère qui doit être renouvelée
tous les quatre ans. Exposition chaude ; couverture de
litière en hiver. On les multiplie par la séparation des
caïeux qui doivent être immédiatement replantés.

AMÉTHYSTE BLEUE (*Eryngium amethystinum*). Plante
vivace et rustique ; tige de 45 centimètres. Semis en
place. Fleurs labiées et odorantes de juin en août, réunies en tête et d'un joli bleu améthyste.

AMPHICOME DE L'INDE (*Emodi*). Belle plante de la famille
des Bignonacées ; vivace par sa racine ; fleurs en tube
de couleur orangée et à limbe étalé d'un beau rose. Pleine
terre, mais abri durant l'hiver ; séparation des racines.

AMSONIE A LARGES FEUILLES (*Amsonia latifolia*). *Apocynées*. Vivace ; formant des touffes de 50 centimètres ;
fleurs bleues en corymbe.

ANCOLIE COMMUNE (*Aquilegia vulgaris*). Plante vivace
à tige de 70 centimètres. En mai-juin, fleurs pendantes,
rouges, roses, bleues ou panachées, simples ou doubles ; exposition ombragée ; terre substantielle ; multiplication par semis ou éclats de racines. — A. DE SIBÉRIE
(*A. Siberica*). Fleurs d'un beau bleu, marge des pétales
blanche. — A. AGRÉABLE (*A. formosa*). Fleurs roses,
doubles en corymbe. — A. DU CANADA (*A. Canadensis*).

Fleurs d'un beau rouge safrané. Terre fraîche et légère ; se resème souvent d'elle-même.

ANDROMÈDE DU MARYLAND (*Andromeda Mariana*). Plante vivace, en buisson, d'environ 1 mètre. En juillet, fleurs blanches et en cloche. Joli feuillage longtemps vert. — ANDROMÈDE A FEUILLES DE CASSINE (A. *Cassinefolia*). Fleurs grandes fasciculées, et d'un blanc pur ; en juillet, août. — A. A FEUILLES DE POUILLOT. Touffes de 30 centimètres ; fleurs rouges ou blanches. Les andromèdes se cultivent en terre de bruyère ou tout au moins en terre légère et sableuse.

ANDROSÈME OFFICINAL (*Androsemum officinale*). Joli arbuste de 30 à 50 centimètres, portant tout l'été des fleurs jaunes en ombelle que remplacent des baies noires. Terrain frais ; multiplic. par graines ou par éclats.

ANÉMONE DES FLEURISTES (*Anemone coronaria*). Très-belle fleur, vivace par ses tubercules ou *pattes*, et s'épanouissant de la mi-avril à la fin de mai. Variétés nombreuses, doubles ou semi-doubles, ornées des plus brillantes couleurs : pourpre, rouge, blanc, violet, cramoisi, etc. Terre légère, arrosements modérés. Multiplication par semis, et plus ordinairement par les pattes ou tubercules que l'on garde en lieu sec, à l'abri de la gelée, pour les replanter en février ou en octobre, avec couverture de litière. — A. OEIL DE PAON (A. *pavoniæ*). Fleurs cramoisies, racine tubéreuse. Mêmes soins que pour les précédentes. — A. DE L'APENNIN (A. *Ap nnina*). En mars et avril, belles fleurs bleues. — A. DU JAPON (A. *Japonica*). Vivace comme les précédentes ; fleurs grandes, lilas-pourpre. Terre légère, exposition ombragée. Drageons ou éclats. — A. HÉPATIQUE. *Voy. Hépatique.*

APOCYN, GOBE-MOUCHE (*Apocynum androsemifolium*).

Plante vivace et traçante de la Virginie ; tige de 60 centimètres. En août-septembre, corymbes de petites fleurs roses dont les anthères bifurquées retiennent dans leur fente la trompe des mouches qui viennent sucer le suc mielleux des fleurs. Terre légère et franche. Semis en mars ou drageons.

ARABETTE PRINTANIÈRE (*Arabis verna*). Petite plante vivace formant touffe. Fleurs blanches en mars et avril. Semis au printemps ou boutures enracinées. Terrain sec.

ARBOUSIER COMMUN ; *arbre aux fraises* (*Arbutus unedo*). De septembre à janvier, cet arbre de 4 à 5 mètres se couvre de fleurs blanches ou rouges auxquelles succèdent des fruits semblables à des fraises, mais d'un goût fade. Terrain ordinaire.

ARÉNAIRE A GRANDES FLEURS (*Arenaria balearica*). En mai-juin ; terre légère et sèche. Semis ou division des touffes. Cette petite plante forme un gazon touffu dont on fait de jolies bordures dans le midi.

ARGEMONE A GRANDES FLEURS (*Argemone grandiflora*). Plante annuelle du Mexique. De mai à juillet fleurs blanches, larges de 8 centimètres. Semis en place à l'automne.

ARISTOLOCHE SYPHON (*Aristolochia sypho*). Arbrisseau sarmenteux de 6 à 9 mètres. Ses belles feuilles garnissent parfaitement bien les berceaux ou tonnelles. Fleurs d'un pourpre sombre en juin et juillet. Terre fraîche et légère. Rustique.

ARMOISE-AURONE, *citronelle* (*Artemisia-Abrotanum*). Arbuste d'un mètre, cultivé dans les jardins pour son odeur aromatique. Fleurs petites et jaunes, disposées en grappes. Exposition chaude.

ASCLEPIAS INCARNAT (*Asclepias incarnata*). Très-belle

plante vivace de la Virginie. Tiges de 1 mètre 20 centimètres, couronnée en juillet par des fleurs en ombelles, odorantes et d'un rouge pourpre. Exposition chaude; terre légère; semis en automne ou éclats de racines.— A. DE SYRIE (*A. Syriaca*), *herbe à la ouate*. Plante vivace et traçante; tiges de 1 mètre 40 centimètres. Fleurs odorantes d'un blanc rosé, en juillet-août. — A. TUBEROSA. Fleurs en ombelle d'un rouge safrané et d'un grand effet. Même culture.

ASPÉRULE ODORANTE (*Asperula odorata*). Plante basse formant touffe. Corymbes de fleurs blanches tout l'été. Séparation des pieds.

ASPHODÈLE JAUNE (*Asphodelus luteus*). Famille des liliacées. Tige de 80 centimètres, terminée par un long épi de fleurs d'un jaune brillant. Semis au printemps ou séparation des pieds. — A. RAMEUX (*A. ramosus*). Fleurs blanches en étoiles; racines digitées et comestibles. Multiplication par semis ou par séparation et œilletons. Tous les asphodèles sont vivaces.

ASTER. Les asters sont presque tous des plantes vivaces éminemment propres à l'ornement des jardins. La plupart sont d'une taille élevée et forment de belles touffes que couronnent des corymbes de fleurs nombreuses, blanches, pourpres, bleu-pourpré ou lilas, suivant les espèces. Ils appartiennent à la famille des *Composées* et sont originaires, pour la plupart, de l'Amérique septentrionale. Comme la végétation des asters est fort active, il faut les changer de place tous les trois ans. Ils sont d'une culture facile, mais ils exigent une terre substantielle. On les multiplie par semis et le plus ordinairement par la séparation des touffes. Les principales espèces sont : L'ASTER AMELLUS; — L'A. DE LA NOUVELLE-AN-

GLETERRE (*A. Novæ-Angliæ*); — L'A. A GRANDES FLEURS
(*A. grandiflorus*); — L'A. HORIZONTAL (*A. horizontalis*).
— L'A. REVERS, *A. reversii* dont on forme de jolies bordures. La *reine Marguerite* était jadis considérée comme
un aster, mais les nomenclateurs lui ont imposé le nom
de CALLISTÉPHUS. *Voy.* ce mot.

ASTRAGALE VARIÉ (*Astragalus varius*). Plante vivace
de la famille des Papilionacées. En juillet, fleurs d'un
bleu violacé, en longs épis avec une tache jaune. —
A. ONOBRYCHIS. Fleurs en grappes d'un beau bleu. Les
astragales demandent une terre sablonneuse et une exposition chaude. Multiplication des graines sur couche ou
d'éclats.

ATHANASIE ANNUELLE (*Athanasia annua*). Plante indigène de la famille des Composées. Tiges de 35 centimètres terminées par un corymbe de fleurs jaunes. Semis en place à bonne exposition.

AZALÉE PONTIQUE (*Azalea pontica*). Joli arbrisseau de
pleine terre de bruyère, ou au moins de terre légère un
peu sablonneuse et ombragée. Les *azalées calendulacea,
glauca* et *viscosa*, demandent la même culture. Tous ont
fourni par la culture un grand nombre de variétés ornées de corymbes de fleurs aussi brillantes que variées,
mais ils ne conservent pas leurs feuilles en hiver. Ils
fleurissent de très-bonne heure. Il existe un grand nombre
d'autres espèces d'azalées à feuilles persistantes, mais
elles doivent être abritées durant l'hiver.

B

BAGUENAUDIER ORDINAIRE (*Colutea arborescens*). Arbuste
de 3 ou 4 mètres. A ses fleurs papilionacées, jaunes et

en grappes, succèdent des fruits vésiculeux, qui éclatent lorsqu'on les presse. Cet arbuste se plaît dans une terre franche et légère. Multiplication par graines ou drageons. — B. D'ÉTHIOPIE (*C. Sutherlandia*). Fleurs papilionacées d'un beau rouge. Comme il mûrit ses graines dans l'année, il peut être traité comme plante annuelle.

BALISIER OU CANNE D'INDE (*Canna Indica*). Cette plante,

vivace et bulbeuse, a de longues feuilles engaînantes entre lesquelles s'élève une tige de 1 mètre 50 centimètres, terminée d'août en octobre par un épi de fleurs du rouge le plus éclatant. — Le B. GIGANTESQUE (*C. gigantea*), s'élève à 1 mètre 75 centimètres. Ses fleurs écarlates durent jusqu'aux premiers froids. Cette plante se multiplie par ses tubercules qu'on conserve de la même manière que les tubercules des dahlias. Au printemps on les replante, après avoir divisé leurs touffes. On a beaucoup multiplié cette belle plante dans les squares de Paris.

BALSAMINE DES JARDINS (*Impatiens balsamina*). Plante annuelle, originaire de l'Inde. Elle porte sur une tige feuillue, épaisse et tendre, des fleurs axillaires, garnissant également les rameaux. Cette jolie plante présente des variétés nombreuses : à fleurs doubles, roses, ponceau, violettes, écarlates et panachées. On la sème sur couche en avril et on la repique en motte dans une plate-bande terreautée. Les graines de la balsamine sont renfermées dans des capsules dont les valves s'ouvrent et s'enroulent subitement au moindre attouchement, lorsqu'elles sont mûres. De là le nom latin d'*Impatiens* donné à la plante. — BALSAMINE GLANDULEUSE (*Impatiens glanduligera*). Plus grande que la précédente disposée en un large buisson. Ses fleurs d'un rouge violacé intense, sont grandes et forment au bout des rameaux une sorte de corymbe.

BAPTISIE DE LA CAROLINE (*Batisia Australis*). Plante à fleurs papilionacées. Tiges annuelles de 60 centimètres, formant touffe. Fleurs d'un joli bleu, à carène blanchâtre et disposées en une grappe allongée. Racine vivace. Terre franche et légère ; semis sur couche ou éclats.

BARBARÉE VULGAIRE (*Erysimum barbaræ*), *Julienne jaune* (crucifères). Plante indigène et rustique : ses fleurs jaunes, simples ou doubles, forment un bouquet terminal. Terre forte, boutures ou éclats de racines.

BASILIC COMMUN (*Ocimum Basilicum*. Plante aromatique et annuelle des Indes. Fleurs blanches ou purpurines pendant tout l'été. Graines ou boutures. — PETIT BASILIC (*O. minimum*). Vivace, feuilles vertes ou violettes, suivant la variété. Fleurs petites ou blanches tout l'été. Semis en avril ; repiquer à exposition chaude.

BEGONIA DISCOLORE (*Begonia discolor*). Plante vivace de la Chine. Fleurs d'un rose brillant en panicules et durant tout l'été. Les tiges périssent en hiver ; mais elles repoussent au printemps. Terre fraîche, situation ombragée. Multiplication par éclats ou par bulbilles. La belle tribu des bégonias renferme un grand nombre d'autres espèces, mais elles appartiennent à la culture en serre chaude.

BELLE DE JOUR. *Voy*. LISERON TRICOLORE.

BELLE DE NUIT (*Mirabilis jalappa*). Cette plante, du Pérou, s'élève à 35 centimètres. De juillet à septembre elle est ornée de fleurs campanulées axillaires et nombreuses ; rouges blanches, ou panachées suivant la variété ; elles ne s'ouvrent qu'après le coucher du soleil et exhalent alors un parfum suave. — B. DE NUIT A LONGUES FLEURS (*M. longiflora*). Elle nous vient du Mexique. Fleurs blanches à longs tubes. Terre légère ; semis au printemps. Conservation des racines comme celles des dahlias.

BENOITE ÉCARLATE (*Geum coccineum*). Vivace ; tige de 50 centimètres se couvrant tout l'été de fleurs écarlates, rosacées. Terre légère, exposition du midi. Semis ou division des pieds.

BERMUDIENNE A PETITES FLEURS (*Sisyrinchium bermu-*

diana). Cette plante, de 25 centimètres, se termine en juillet par un spathe renfermant quatre jolies fleurs bleues. Terre légère, arrosements modérés, couverture de litière dans les fortes gelées ; semis ou éclats des pieds.

BIGNONE A VRILLES (*Bignonia capreolata*). Cette belle plante grimpante à feuilles géminées et persistantes, se couvre en juin de fleurs nombreuses d'un rouge safrané. En hiver, couverture de litière sur son pied. — BIGNONE GRIMPANTE (*B. radicans*). *Tecoma, jasmin de Virginie.* Cette plante porte des fleurs en grappes d'un rouge vermillon. Ses tiges s'accrochent aux arbres et aux murailles au moyen de radicules. — BIGNONE A GRANDES FLEURS (*Tecoma grandiflora*). Fleurs safranées en juillet et août. Toutes ces plantes grimpantes demandent une terre franche et humide. Exposition chaude. Multiplication par des graines semées sur couche, ou mieux, boutures avec des tronçons de racines.

BOLTONIE A FEUILLES D'ASTER. Plante vivace et rustique de la Virginie, d'environ 75 centimètres. Fleurs en panicules ; rayons blancs, disque jaune. Terre légère et humide ; semis ou éclats de racines.

BOULE DE NEIGE. *Voy.* LANTANA-OBIER.

BOUSSINGAULTSIA BASELLOIDE. Plante sarmenteuse à racines tuberculeuses et très-mucilagineuses. Son feuillage, d'un beau vert luisant, la rend très-propre à garnir des haies et des berceaux. Fleurs blanches et petites en juin et juillet. Boutures et tubercules.

BRACHYCOME A FEUILLES D'IBÉRIDE (*B. ibéridifolia*. Petite plante annuelle de la famille des Composées, capitules radiés du plus joli bleu ; semis sur couche en mars, repiquer fin avril en place. Cette plante forme de jolies bordures.

BROUALLE ÉLEVÉE (*Browallia elata*). Plante annuelle du Pérou; fleurs d'un beau bleu violacé à tube jaune, le plus souvent disposées par trois. Tiges de 65 centimètres. Terre légère et substantielle; semis à la mi-avril; mise en place en mai.

BRUNELLE A GRANDES FLEURS (*Brunella grandiflora*). Plante labiée et vivace. En juillet, fleurs pourpres, bleues ou blanches, très-grandes et disposées en épis. Terre légère, peu d'arrosements; semis au printemps ou éclats des pieds.

BRUYÈRES. Nous nous bornerons à citer ici les bruyères indigènes; les autres, originaires du Cap, exigent la serre tempérée, et leur culture demande des soins assidus. — *Bruyère commune*, fleurs blanches ou purpurines, simple ou doubles. — *Bruyère cendrée* (*E. cinerea*), fleurs purpurines urcéolées. — *Br. quaternée* (*E. tetralis*). L'une des plus jolies; fleurs quaternées à l'extrémité des rameaux, globuleuses, blanches ou rosées, quelquefois doubles. — *B. ciliée* (*Erica ciliaris*), fleurs en grappes unilatérales, blanches ou pourpres. Culture en terre de bruyère.

BUGLOSSE TOUJOURS VERTE (*Anchusa semper virens*). 1 mètre; vivace; ses jolies fleurs ressemblant à celles du myosotis, mais un peu plus grandes, se succèdent depuis mai jusqu'en juillet. Sol frais et profond, situation ombragée; semis en avril, et mise en place au commencement de mai, ou reproduction par éclats de racines. — BUGLOSSE D'ITALIE (*Anchusa Italica*). Fleurs bleues de 9 à 10 millimètres de large, de mai en août. Hauteur, 1 mètre; belles touffes. Division des pieds en automne. — BUGLOSSE DE VIRGINIE (*Lithospermum sericeum*), *Orcanette*, plante vivace d'un mètre. Fleurs jaunes en épis ; plante tinctoriale ; terre sableuse, exposition chaude.

Buis nain. Variété consacrée aux bordures. Tonte au printemps ; multiplication par éclats de racines.

Bulbocode printanier. *Voy.* Ixia-bulbocode.

Buphtalme a grandes fleurs (*Buphtalmum grandiflorum*) plante indigène, à tiges de 50 centimètres, à grandes fleurs jaunes radiées tout l'été. Terre légère, exposition chaude ; multiplication par graines ou éclats.

Buplèvre frutescent (*Buplevrum fruticosum*), arbrisseau de 1 mètre 60. Feuilles persistantes, en juin et août, fleurs jaunes et petites, en ombelles. Sol humide et léger, situation ombragée ; semis ou éclats.

Butome a ombelle ; *Jonc fleuri* (*Butomus umbellatus*). Tiges nues que termine en juillet une ombelle de vingt-cinq à trente fleurs, grandes et d'un joli rose. Terrain humide, bord des eaux.

C

Cacalie écarlate (*C. senchifolia*). Plante annuelle très-jolie, 35 centimètres ; fleurs en capitules ressemblant à des roses pompon, qui se succèdent depuis le commencement de juillet jusqu'aux gelées ; semis sur place vers la fin d'avril.

Calandrine a ombelle (*Calandrina umbellata*). Petite plante vivace du Chili. En juin, fleurs d'un joli rose violacé. Cette plante est éminemment propre à former des bordures et de charmants massifs. On peut la semer en place en avril ou en septembre, pour avoir des fleurs de juin à août, ou de juillet à septembre, terre légère.

CALIMERIS INCISÉ (*Calimeris incisa*). Plante de Sibérie, tribu des Composées ; tige de 60 centimètres ; fleurs lilas clair, se succédant jusqu'en octobre. Terre ordinaire ; séparation des touffes.

CALLIRHOÉ A FLEURS POURPRES (*C. pedata*), jolie plante annuelle de la famille des Malvacées. Hauteur 60 centimètres. De juillet à octobre, fleurs d'un pourpre brillant avec une tache blanche au centre ; semis au commencement d'avril ; repiquer à la mi-mai.

CALLISTÈPHE DE LA CHINE, REINE MARGUERITE (*Aster Sinensis*), l'une des plus jolies plantes annuelles de nos jardins, qu'elle orne depuis juillet jusqu'aux gelées, par ses fleurs de couleurs unies ou panachées de bleu, de pourpre ou de blanc. La variété naine convient particulièrement pour les bordures. Multiplication par semis en mars ou avril, et même jusqu'au 1ᵉʳ mai.

CALYCANTHE OCCIDENTAL, arbre aux anémones (*Calycanthus floridus*). Arbrisseau de 2 mètres 40 centimètres, fleurs très-grandes, d'un rouge brun et disposées par trois. Terre légère, multiplication par semis ou par marcottes, qu'on ne sépare que la seconde année.

CALYSTEGIE DE LA DAOURIE (*C. Dahurica*). Les tiges de cette plante vivace et volubile atteignent jusqu'à 2 mètres. Elle peut orner les berceaux et les treillages par ses fleurs infundibuliformes, larges de 5 à 6 centimètres, et d'un rose foncé. Elle est rustique et se multiplie par la division des racines. — C. PUBESCENTE (*C. pubescens*), elle est également vivace et volubile. Ses fleurs grandes et très-doubles sont d'un joli rose. Le calystegie est une acquisition précieuse pour l'ornement des berceaux et des tonnelles. Même culture.

Camellia du Japon (*Camellia japonica*). C'est un arbuste remarquable par la beauté de son feuillage, et surtout de ses fleurs qui s'épanouissent en automne et en hiver. Son introduction en France date de 1786. Ses variétés se sont multipliées d'une manière étonnante ; on en compte aujourd'hui plus de sept cents. Dans le midi de la France on le cultive en plein air, et il atteint une grande dimension, mais dans le nord et sous le climat de Paris, on est obligé de recourir à la serre tempérée. Sa culture en serre est assez facile, il faut employer la terre de bruyère, à laquelle on ajoute un peu de terreau de feuilles, et le mettre en pots ou en caisse. Le rempotage doit être pratiqué vers la fin de juin, parce que la pousse du camélia est finie, et le changement de terre fait grossir les boutons. Au reste, cela dépend du temps et de certaines circonstances dont le jardinier est juge. On doit arroser avec de l'eau de pluie ou de rivière. Si on n'a que de l'eau de pluie, il faut y ajouter une certaine quantité d'engrais, tels que bouze de vache ou crotin de cheval. Les arrosages doivent aller crescendo de février en juillet et diminuer ensuite. En hiver on n'arrose que les jours où brille le soleil. On sort les camellias de la serre au mois de juillet. On laisse faire sous verre la pousse du printemps, parce que les boutons se développent mieux. Il faut les placer à mi-ombre et dans un endroit bien aéré.

Le camellia se produit facilement de boutures et de graines ; c'est par ce dernier moyen qu'on a obtenu de nouvelles variétés ; on le greffe de différentes manières.

Camomille romaine (*Anthemis nobilis*). Plante vivace et aromatique à fleurs blanches et doubles en juin et juillet. Multiplication par éclats de racines.— C. d'Aba-

BIE (*Cladentus proliferus*). Plante annuelle à fleurs jaune orangé; semis en avril en place.

CAMPANULE VIOLETTE-MARINE (*Campanula medium*). Belle plante bisannuelle; tiges de 70 centimètres, fleurs très-grandes d'un bleu tirant sur le violet, velues dans l'intérieur, simples ou doubles. Semis au printemps pour repiquer en juillet. — C. GANTELÉE (*C. Trachelium*). Vivace, tiges de 75 à 80 centimètres; fleurs moins grandes que les précédentes, bleues ou blanches; variété à fleurs doubles, la seule cultivée. — C. PYRAMIDALE (*C. pyramidalis*). Tiges de 1 mètre 20 à 1 mètre 30. Cette belle plante bisannuelle donne en juillet et septembre des fleurs bleues disposées en grappes et en bouquets. Terre légère, arrosements abondants durant la floraison; la garantir alors d'un soleil trop vif. — C. A LARGES FEUILLES (*C. latifolia*). Tige de 90 centimètres, fleurs bleues ou blanches, formant un bel épi en juin; vivace. — C. A FEUILLES DE PÊCHER (*C. persicæfolia*. Fleurs assez grandes, bleues ou blanches. Tiges de 40 centimètres; vivace. — C. A FLEURS EN TÊTE (*C. glomerata*). Plante de 35 centimètres, fleurs bleues ou blanches en têtes terminales. On cultive encore plusieurs autres espèces, telles que la *campanule des Alpes* à tiges de 18 centimètres et à fleurs d'un bleu vif en avril et juin; la *campanule de Bocconi* à fleurs blanches tout l'été, et la *campanule des murailles*, petite plante touffue à fleurs nombreuses et bleues. Les campanules ne sont pas difficiles sur le terrain. Il leur faut en général une terre légère et un soleil modéré.

CANNE D'INDE. *Voy.* BALISIER.

CAPUCINE (GRANDE) (*Tropæolum majus*). Plante annuelle originaire du Pérou; qu'on sème en place en avril, et dont les fleurs d'un rouge orangé ou d'un rouge pourpré, ornent tout l'été les treillages et les berceaux. Pleine terre ordinaire. La *capucine naine*, plus petite dans toutes ses parties est plus délicate.

CARAGANA FRUTESCENT (*Robinia frutescens*, L.). Arbuste de 2 mètres, de la famille des Papilionacées. Fleurs jaunes en mai ; semis en terre ordinaire. Cet arbuste produit un bel effet dans un bosquet, surtout si l'on choisit sa variété à *grandes fleurs*.

CARTHAME DES TEINTURIERS (*Carthamus tinctorius*). Plante annuelle de 75 centimètres. En juin, fleurs safranées en tête ; semis en terre ordinaire ; fait de l'effet dans un jardin paysager.

CASSE DU MARYLAND (*Cassiæ Marylandica*). Joli arbrisseau de 1 mètre à 1 mètre 25. Fleurs d'un jaune vif en grappes, auxquelles succèdent des gousses dont la pulpe est employée en médecine ; semis ou éclats. Il demande de fréquents arrosements.

CELASTRE GRIMPANT (*Celastrus scandens*) ou bourreau des arbres, arbrisseau de 4 mètres dont les tiges volubiles s'entortillent autour des arbres de manière à les étrangler si on n'y porte remède, fleurs petites et verdâtres en mai et juin. Fruits rouges remarquables par leur forme. Toute exposition, terrain frais.

CÉLOSIE A CRÊTE, PASSE-VELOURS (*Celosia cristata*). Plante annuelle de l'Inde. Fleurs rouges ou jaunes, suivant la variété, de juin à août. Elles sont formées par la réunion d'un grand nombre de petites fleurs disposées en forme de crête ; semis sur couche et repiquage en place avec la motte.

CENTAURÉE-BLUET (*C. cyanus*). Plante annuelle et rustique ; semis en mars et avril, pour mettre en place en mai. Le bluet se ressème ordinairement de lui-même ; variétés à fleurs bleues, rouges, lilas, violettes. — C. ODORANTE (*C. amberboi*), barbeau jaune. — C. D'AMÉRIQUE (*Plectocephalus Americanus*). Annuelle, tige de 90 centimètres à 1 mètre. En août et septembre, fleurs lilas tirant sur le bleu, formant de larges capitules ; semis sur couche en avril, repiquer en terre ordinaire. — C. DE MONTAGNE (*C. montana*) ou jacée de montagne. Tiges de 40 centimètres ; fleurs d'un bleu violacé en juillet et août ; semis fin avril, vivace, multiplication par éclats. — C. DU NIL (*C. crocodilium*) annuelle, fleurs belles et grandes, purpurines en dehors et blanches en dedans ; hauteur 50 centimètres, semis en place en avril. — C. MUSQUÉE (*C. moschata*). Annuelle, tige de 50 centimètres, fleurs blanches ou purpurines en septembre.

CÉRAISTE COTONNEUX (*Cerastium tomentosum*). Petite plante vivace et traçante, formant une touffe arrondie qui se couvre de fleurs blanches en mai-juin. Terrain ni trop humide ni trop ombragé. Semis en mars ou séparation des traces.

CERISIER A FLEURS DOUBLES (*Cerasus hortensis flore pleno*) *Renonculier*. Cette belle variété du cerisier se couvre d'une quantité de fleurs grandes et pleines, en bouquets et d'un blanc pur. — CERISIER LAURIER-CERISE (*C. Lauro-cerasus*). Cet arbuste, naturalisé dans le midi de la France, craint les hivers du climat de Paris. Ses belles feuilles, grandes, persistantes et comme vernies font un très-bel effet ; fleurs blanches et petites, fruits fades, noirs et de la grosseur d'une petite cerise. Ses feuilles qu'on a l'imprudence d'employer pour donner au lait un goût d'amande, renferment de l'acide prussique, poison dangereux et qui tue subitement lorsque la dose est forte.

CINÉRAIRE MARITIME (*C. maritima*). Composées; tiges de 80 centimètres. En septembre-octobre, fleurs jaunes disposées en corymbe, exposition chaude; semis en juillet, repiquage en pot et abri pour l'hiver. Mise en place en mai.

CINÉRAIRE HYBRIDE. *Voy.* SENEÇON POURPRE.

COIGNASSIER DU JAPON (*Cydonia Japonica* ou *Chænomeles*), (*Pyrus Japonica*). Cet arbrisseau épineux d'environ 1ᵐ.50, porte en avril et mai, des fleurs en bouquets du plus beau rouge. Variété à fleurs doubles et à fleurs rosées. L'abriter du grand soleil; terre légère.

CHARIEIS HÉTÉROPHYLE. Petite plante du Cap; annuelle et donnant de juillet à août des fleurs à rayons du plus joli bleu et à disque purpurin-violacé. Semis sur couche en février.

CHENOSTOME *multiflore*. Plante basse de l'Afrique, traitée comme plante annuelle. Fleurs nombreuses, couleur lilas avec gorge jaune, en été. Terre légère, semis.

CHÈVREFEUILLE DES JARDINS (*Lonicera caprifolium*). Tout le monde connaît cet arbuste à fleurs odorantes et à tiges volubiles, fleurissant en mai et juin. — C. TOUJOURS VERT (*L. Semper virens*). Ce chèvrefeuille est celui que l'on cultive de préférence. — CHÈVREFEUILLE DE VIRGINIE (*Lonicera flava*). Les fleurs de ce chèvrefeuille sont d'un jaune brillant. En général les chèvrefeuilles ne demandent qu'un demi-soleil. Multiplication de graines, drageons ou marcottes.

CHRYSANTHÈME DES COURONNES (*Chrysanthemum coronarium*) famille des Composées. Plante annuelle; tiges

de 60 centimètres ; fleurs à rayons blancs et disques
jaunes. Semis au printemps.

C. CARÉNÉ (*C. carinatum*). Plante annuelle du Maroc.
Tige de 35 centimètres, fleurs grandes à disque brun et
à rayons blancs teintés de jaune à leur base ; de juillet
à septembre. Semis en pleine terre et à bonne exposition. — Le CHRYSANTHÈME ARBORESCENT (*C. Grandiflorum*). Se couvre durant une grande partie de l'année
de fleurs à rayons blancs et à centre jaune. Ce charmant arbuste fleurit tout l'été en plein air, mais on doit
le rentrer en orangerie durant l'hiver.

CHRYSANTHÈME DES INDES. *Voy.* PYRÈTHRE.

CINÉRAIRE. *Voy.* SENEÇON POURPRE.

CLARKIE GENTILLE (*Clarkia pulchella*). Plante annuelle
de la Californie ; tiges de 45 à 60 centimètres, fleurs
nombreuses d'un joli rose. Semis en place à l'automne
ou au printemps. — C. ÉLÉGANTE (*C. elegans*). Elle est
également annuelle et du même pays ; ses fleurs sont
plus grandes et lilas. Même culture. Ces plantes sont
d'un bel effet et durent tout l'été.

CLEMATITE ODORANTE (*Clematis fragrans*). Tiges longues et sarmenteuses de 6 à 7 mètres ; fleurs blanches,
en grappes, en juillet, et répandant une odeur fort agréable. Elle perd ses feuilles et ses tiges l'hiver, mais ses
racines vivaces repoussent au printemps. Son feuillage
délicat, mais touffu, la rend très-convenable pour garnir des berceaux et des haies. Floraison en juillet et
août. Multiplication par boutures et marcottes. —
C. VIORNE de l'Amérique du Nord. Vivace par ses racines ; tiges de 2 à 3 mètres. Tout l'été fleurs pourpres en
dehors, blanc jaunâtre en dedans. Semis dès la matu
rité des graines ou éclats de racines. — C. AZURÉE (*C.*

cærulea), très-belle plante du Japon, vivace par ses racines; de mai à juillet, fleurs grandes et d'un beau
bleu. Pleine terre légère, mais franche; couverture de
litière en hiver. — C. BICOLORE. Fleurs terminales à sépales blancs renfermant de nombreux pétales pourpres.
Même culture que la précédente. — C. A FLEURS BLEUES
(*C. Viticella*). D'Espagne. Tiges de 3 à 4 mètres, fleurs
de juillet en septembre. Variété à fleurs blanches et
pourpres. — C. DES MONTAGNES (*C. montana*); de l'Hi-
malaya. Fleurs blanches et odorantes en mai. Marcottes
et boutures; plante rustique. — C. DU MOGOL. (*C. tubu-
losa*). Ses feuilles sont munies de longs pétioles qui
s'entortillent autour des corps environnants. Fleurs d'a-
bord verdâtres puis blanches et de longue durée. Variété à fleurs doubles. Terre légère; exposition chaude.

CLETHRA TOMENTEUX (*C. pubescens*). Arbrisseau de
1ᵐ.50 à 2 mètres. En août, fleurs blanches et odorantes en épis. Terre de bruyère ou terre légère sableuse;
situation ombragée. Marcottes ou éclats.

CLINTONIE DÉLICATE (*Clintonia pulchella*). Jolie petite
plante annuelle de la Colombie. Fleurs bleues en juillet
et août. Semis au commencement du printemps. — C.
GRACIEUSE (*C. elegans*). Également annuelle et du même
pays. Ses fleurs sont d'un bleu plus éclatant. Comme
la précédente, terre légère, demi-soleil.

COBÉE GRIMPANTE (*Cobea scandens*). Cette plante vivace
et de serre tempérée est assez généralement traitée
comme plante annuelle. A Paris où l'on aime à jouir
promptement et à garnir ses fenêtres, ses balcons, les
berceaux et les tonnelles de son jardin de fleurs dont on
n'a pas eu la peine de soigner l'enfance, on achète dans
les marchés aux fleurs des cobées venus en serre et

qui dans leurs petits pots élèvent déjà à 30 ou 40 centimètres leurs tiges grêles, à l'aide de filaments qui s'accrochent au tuteur qu'on leur a donné. Durant tout
l'été, cette plante, dont la végétation est très-vigoureuse,
produit un grand nombre de rameaux et de grandes
fleurs campanulées d'un superbe violet.

La cobée demande une terre légère, une exposition
chaude et de fréquents arrosements, surtout durant la
floraison. Semis en mars sur couche tiède.

COLCHIQUE D'AUTOMNE (*Colchicum autumnale*). Plante
bulbeuse et vivace. En automne, elle donne plusieurs
fleurs roses ou purpurines et dont la forme est celle du
Crocus. Ses feuilles ne paraissent qu'au printemps suivant. Graines ou caïeux. Le colchique fait de jolies bordures mêlé avec d'autres plantes basses.

COLLINSIE BICOLORE (*Collinsia bicolor*). Plante annuelle
de la Californie dont la tige, de 25 à 30 centimètres,
porte plusieurs rangs de verticilles de fleurs à corolle
irrégulière et dont la lèvre inférieure est blanche et la
lèvre supérieure rose ou violette. Semis en place au
commencement du printemps. — La COLLINSIE A GRAN
DES FLEURS et la COLLINSIE MULTICOLORE méritent également la culture.

COLLOMIE ÉCARLATE (*Collomia coccinea*). Plante annuelle de la Californie de 20 à 30 centimètres, fleurs
axillaires en grappes, d'un rouge cocciné. Cette plante
cultivée en massif ou en bordures produit un joli effet;
ses nombreuses fleurs se succèdent de juin en septembre. Semis en mars, ou en mai. Elle se ressème souvent d'elle même. — La COLLOMIE A GRANDES FLEURS (*C.
grandiflora*), porte des fleurs d'un jaune safrané. Semis
fin mars, ou mieux en octobre.

Consoude du Caucase a fleurs doubles (*Symphitum officinale*). Vivace ; tige de 1^m.25. Cette plante fait un bel effet dans les grands jardins; graines ou éclats.

Coréopsis de Drummond (*C. Drummondii*). Plante vivace de l'Amérique de la famille des Composées, 35 centimètres. Fleurs à rayons d'un beau jaune avec une tache brune à leur base, disque pourpre. — C. précoce (*C. præcox*). Vivace ; tiges de 60 centimètres, fleurs d'un jaune orange formant une espèce de corymbe. Fleurs de juillet à octobre. Terre ordinaire ; éclats de racines ou semis en mai sur place ou en mars-avril en pépinière. Il y a plusieurs autres espèces de coréopsis. Toutes font un très-bon effet dans les parterres. Les variétés naines sont charmantes dans les bordures.

Corète du Japon. *Voy.* Kerrie.

Coronille des Jardins (*Coronilla emerus*). Arbrisseau de 1^m.35 à fleurs jaunes papilionacées d'avril en juin et de septembre à octobre, si on tond l'arbrisseau après floraison. Exposition chaude ; terre légère. Graines, marcottes ou boutures.

Cortuse de matthiole (*Cortusa matthiole*). Primulacées. Plante basse et vivace, donnant en mai des fleurs blanches ou rouges en ombelles et d'un charmant effet. Séparation des touffes vers la mi-mars ; terre légère, demi-soleil.

Cosmos bipinné (*Cosmos bipinnata*). Plante annuelle du Mexique de la famille des Composées. Tige de 1^m.25. Fleurs d'octobre à novembre à rayons d'un rose violacé, disque jaune. Semis sur couche ; en février ; repiquage en place.

Crepis rose (*Crepis rubra*). Plante annuelle d'Italie (Composées) ; tiges de 25 à 30 centimètres. De juin en août, fleurs d'un beau rose grandes et très-jolies. Semis en place au printemps ou à l'automne. Exposition chaude. Variété à fleurs blanches. Dans la nouvelle nomenclature, elle porte le nom de *Barkhausie*.

CROCUS PRINTANIER, SAFRAN DES FLEURISTES (*C. Vernus*). Ognon rustique produisant en février des fleurs jaunes à races violettes blanches grises, bleues, violettes ou roses. On compte un grand nombre de variétés de cette jolie fleur, quelques-unes sont unicolores, mais la plupart sont agréablement panachées. On forme avec les crocus de charmantes bordures et de jolis massifs, surtout si on les entremêle avec d'autres petites plantes printanières, telles que la *tulipe duc de Thol*. On replante les crocus d'octobre à décembre en terre douce et sableuse. On relève les ognons lorsque les feuilles sont entièrement sèches et on les conserve en lieu sec.

CROISETTE A LONG STYLE OU CRUCIANELLE (*Crucianella stylosa*). Plante vivace et couchée formant des touffes assez fortes. Fleurs roses en bouquets terminaux, se succédant de juin en août. Semis ou séparation des touffes. Cette plante est très-propre à décorer par ses vastes touffes les talus d'un jardin paysager.

CROIX DE JÉRUSALEM. *Voy.* LYCHNIDE DE CHALCÉDOINE.

CUPIDONE A FLEURS BLEUES (*Catananche cærulea*). Plante vivace de la famille des Composées. Tige de 40 centimètres. Fleurs d'un joli bleu et assez grandes. Terre légère et un peu sablonneuse. Semis sur couche en avril, pour mise en place en mai; graines ou éclats; couverture de litière l'hiver; peu d'arrosements.

CYCLAMEN D'EUROPE (*Cyclamen Europæum*, L.). Plante basse à racine tubéreuse. En automne fleurs nombreuses, blanches ou purpurines, portées sur de longs pédoncucules. Terre légère un peu humide. Couverture de litière durant les grands froids. Semis de graines dès leur maturité.

CYPRIPÈDE, SABOT DE VÉNUS (*Cypripedium calceolus*), *Orchidée des montagnes*. Plante basse d'Europe, à feuilles engaînantes à la base. Fleurs pourpres à labelle (1) jaune, en forme de sabot, et à odeur de fleur d'oranger. Terre de bruyère humide. Multiplication par séparation des touffes.

CYNOGLOSSE OMPHALODES, *Voy*. OMPHALODE.

CYTISE (*Cytisus laburnum*), *faux ébénier*. Arbre à fleurs papilionacées jaunes et en longues grappes, en mai. Terrain sec, demi-soleil. Multiplication des graines semées en terre meuble en avril. — C. ODORANT OU DES ALPES (*Cytisus Alpinus*). Fleurs plus grandes, également jaunes, et s'épanouissant un peu plus tard. — C. POURPRE (*C. purpureus*). Fleurs en bouquet d'un rouge tirant sur le violet. Il existe plusieurs autres espèces de cytises, tous sont très-propres à la décoration des grands jardins.

D

DAHLIA. Plante magnifique de la famille des Composées. Elle a été introduite en France en 1800. C'est l'une des fleurs qui a été le plus perfectionnée par la culture. Dans l'espèce primitive elle était simple et de couleur orangée ; par les semis on a obtenu des variétés de couleur et de grandeur différentes, des fleurs doubles et des fleurs pleines. De sorte qu'aujourd'hui le dahlia présente toutes les nuances du jaune, du rouge,

____

(1) *Labelle*, pétale inférieur de la corolle des Orchidées.

du blanc et du violet. Il n'y a que le bleu qu'on n'a pu obtenir.

On le multiplie par ses tubercules, par bouture, par greffe herbacée (1) et par semis. Le premier de ces moyens est le plus employé. Quand novembre arrive avec les gelées qui détruisent les tiges des dahlias, on arrache les tubercules qu'on laisse ressuyer avant de

(1) Voyez pour la greffe herbacée le procédé indiqué pour la greffe de la Rose trémière.

les rentrer dans une cave jusqu'au printemps suivant;
il faut dresser les fascicules des racines en ayant soin de
laisser, à chaque portion de tubercule, au moins un
œil poussant. Le dahlia demande, pendant les chaleurs,
des arrosements modérés mais réguliers, et on lui donne
des tuteurs pour que ses tiges herbacées ne soient pas
brisées. Les boutures doivent être faites avant le mois
de juin, si on veut obtenir des tubercules assez gros
pour passer l'hiver. On coupe pour cela l'extrémité des
pousses qu'on met en terre légère dans des pots.

On peut greffer dans les aisselles des feuilles de différentes variétés pour avoir sur le même pied des fleurs
présentant des nuances différentes; mais ce genre de
greffe ne change pas la variété. Pour cela il faut greffer
en fente sur le côté d'un tubercule, ou sur le tubercule
même et le mettre dans une couche sous cloche. Le
semis a été jusqu'ici le seul moyen employé pour obtenir des variétés nouvelles. On sème en mars ou avril
en terre légère. On repique le plant lorsqu'il a quatre à
ou cinq feuilles, on l'arrose fréquemment en août et
septembre, et c'est alors qu'on choisit les pieds qu'on
désire conserver.

DALEA A FLEURS POURPRES (*Dalea purpurea*), *Petaloste-
mum violaceum*. Plante annuelle, famille des Papilionacées. Tiges de 50 centimètres; fleurs d'un pourpre
violet en épis et durant tout l'été. Exposition chaude;
semis sur couche au printemps.

DAPHNÉ LAURÉOLE (*Daphné mezereum*). Arbuste de 70 à
80 centimètres. En hiver, fleurs verdâtres, axillaires et
odorantes.

DÉCUMAIRE SARMENTEUX (*Decumaria barbata*). Arbrisseau à feuilles opposées, à petites fleurs blanches et odo-

rantes, disposées en corymbes. Cette plante, du nord de l'Amérique, est propre à garnir des berceaux et des haies. Terre ordinaire.

DIDISQUE BLEU (*Didiscus cœruleus*). Plante annuelle de l'Australie, de la famille des Ombellifères. Tige de 60 centimètres. En juillet fleurs d'un bleu clair en ombelles d'un joli effet. Semis en terre légère en avril; repiquer de bonne heure à une exposition chaude. Ménager les arrosements.

DIÉLITRE REMARQUABLE (*Dielitra spectabilis*). Plante magnifique, généralement cultivée dans les parterres depuis une douzaine d'années. Ses tiges, hautes de 40 à 50 centimètres, portent de mai en août de longues grappes de fleurs du rose le plus vif nuancé de jaune et gris de lin; la forme singulière de ces fleurs les rendent tout à fait remarquables. — D. A BELLES FLEURS (*D. formosa*) moins élevée que la précédente, mais également jolie par ses fleurs du plus beau rose. Ces plantes, de l'Amérique du Nord, fructifient rarement sous notre climat. Multiplication faite par l'éclat des pieds, au printemps ou à l'automne, ou par boutures des rameaux. Terre légère; toute exposition.

DIERVILLE DU CANADA (*Diervilla Canadensis*). Plante ligneuse, traçante et rustique; famille des Caprifoliacées. De juin jusqu'à la fin d'octobre, fleurs jaunes, petites et légèrement odorantes. Sol léger, demi-soleil. Graines, traces ou boutures.

DIGITALE POURPRÉE (*Digitales purpurea*). Cette belle plante, indigène et bisannuelle, appartient à la famille des Scrophularinées. Tige de 80 centimètres à 1 mètre. En juin-juillet, fleurs pendantes formant une sorte d'épi unilatéral, purpurines et ponctuées de brun; multiplication par semis dès la maturité des graines. Repiquer en octobre. — D. A GRANDES FLEURS (*D. grandiflora*). Fleurs jaunes piquetées de pourpre. — D. FERRUGINEUSE (*D. ferruginea*). Tige de 1 mètre ; fleurs grandes, ventrues, d'un jaune mordoré. En général, les digitales exigent une terre un peu sablonneuse et des arrosements modérés.

DIOSCORÉE CULTIVÉE (*Dioscorœa sativa*). Cette plante, utile comme plante alimentaire par sa racine tubéreuse, mérite une place dans un chapitre consacré aux plantes d'ornement par son beau feuillage persistant si propre à garnir les berceaux et les treillages, d'autant plus que par la rapidité de son développement elle l'emporte sur beaucoup d'autres plantes grimpantes ; elle ne brille pas, il est vrai, par ses fleurs qui sont blanchâtres et insignifiantes, mais elle est vivace, peu délicate sur le terrain et prospère dans toutes les expositions. Multiplication par la division des racines ou par les bulbilles, sortes de petits tubercules qui naissent quelquefois à l'aisselle des feuilles.

DODECATHÉON, GIROSELLE DE VIRGINIE (*Dodecatheon meadia*). Jolie plante vivace à feuilles radicales en rosette, d'où sort au printemps un bouquet de jolies fleurs roses pendantes, et ordinairement au nombre de douze. Terre légère, situation ombragée, éclats des pieds ou semis dès la maturité des graines.

DORONIC A FEUILLES EN CŒUR (*Doronicum pardalianches*). Composées. Plante vivace de 65 centimètres. En juin, fleurs jaunes, grandes et solitaires. Peu difficiles sur le terrain et l'exposition. — D. DU CAUCASE (*Caucasicum*). Plante basse à touffes serrées ; au commencement du printemps, fleurs nombreuses d'un jaune brillant. Multiplication par la division des touffes.

DRACOCÉPHALE D'AUTRICHE (*Dracocephalum Austriacum*). Jolie plante rustique, indigène et vivace. Tiges de 20 à 25 centimètres; en juillet-août, fleurs axillaires d'un bleu violacé, grandes et formant une sorte d'épi. Semis ou séparation des rejetons. Exposition au midi; terre légère mais substantielle. — D. DE MOLDAVIE (*D. Moldavica*). Annuelle; fleurs purpurines. Semis en place au commencement d'avril. — D. DE VIRGINIE ou PHYSOSTEGIA CATALEPTIQUE (*Dracocephalum Virginianum*, L.). Tiges de 80 centimètres. Ses fleurs, disposées en épis sur quatre rangs, sont d'un joli rose et présentent cette singularité qu'on peut les incliner dans tous les sens et qu'elles restent des heures entières dans la position qu'on leur a donnée. Même culture.

DRIADE OCTOPÉTALE (*Dryas octopetala*). Petite plante vivace des Alpes, à fleurs blanches en juin. Terre légère, exposition du nord, multiplication par séparation des touffes.

DUCHESNEA. *Voy.* FRAISIER DES INDES.

E

ECCREMOCARPE RUDE (*Eccremo carpusscaber*. Plante grimpante à tiges de 4 ou 5 mètres, du Chili. Fleurs tubuleuses écarlates et en grappes. Exposition chaude; couverture de litière l'hiver. Semis sur couche au commencement du printemps. L'eccrémocarpe convient pour garnir les haies et les berceaux.

ECHINOPE AZURÉE (*Echinops ritro*), famille des Composées. Vivace; tiges de 1 mètre 50; fleurs réunies en boule terminale, épineuses et d'un bleu d'azur. Semis en mars ou éclats des pieds.

ÉMILIE. *Voy*. CACALIE.

ÉNOTHÈRE ODORANTE (*OEnothera suaveolens. Onagre, herbe aux ânes*). Tige de 1 mètre, fleurs jaunes odorantes et très-grandes. Plante bisannuelle de la Louisiane, rustique et faisant un bel effet dans les grands jardins où elle fleurit de juillet en octobre. — E. GLAUQUE (*OE. glauca*). Du même pays, mais plus petite (50 centimètres) fleurs en juillet. — E. ROSE du Mexique. Vivace; fleurs roses en épi. Tiges de 35 centimètres, vivace. — E. POMPEUSE (*E. pompeux*). Tige de 80 centimètres de juin à octobre. Fleurs en grappes, blanches, très-grandes et odorantes, surtout le soir (Mexique). — (*E. pourpre E. purpurea*), du même pays, tiges de 50 centimètres; vivace. Tous les Énothères sont précieux pour l'ornement des jardins et se reproduisent par semis ou par éclats de racines.

ÉPERVIÈRE ORANGÉE (*Hieracium aurantiacum*). Jolie petite plante indigène de la famille des composées, de ses feuilles ovales, disposées en rosette, s'élève une tige de 25 à 30 millimètres portant des fleurs assez grandes en capitules jaune de capucine. Terre légère terreautée. Situation demi-ombragée; semis ou éclats. Mélangée avec d'autres plantes basses l'épervière fait de jolies bordures.

ÉPHÉMÈRE DE VIRGINIE (*Tradescantia*). Jolie plante vivace, de 40 centimètres. De juin à octobre. Fleurs nombreuses à trois pétales et d'un superbe violet formant une sorte d'ombelle. Terre humide et légère, demi-soleil. Division des racines au printemps ou à l'automne.

ÉPILOBE A ÉPI. LAURIER DE SAINT-ANTOINE (*Epilo-*

bium spicatum). Plante vivace et traçante ; tige de
1^m.25. Fleurs nombreuses d'un rose pourpre formant
un long épi en juin-juillet. Cette plante rustique se
plaît dans les terrains humides. Semis de mai à juillet
ou division des touffes.

ÉPIMÈDE DES ALPES (*Epimedium Alpinum*). Plante vivace à tiges grêles et herbacées de 30 à 35 centimètres,
portant d'avril en mai des épis de fleurs à calices rouges
et à pétales jaunes. — E. A GRANDES FLEURS (*Epimedium
macranthum*). Plante du Japon de 25 à 30 centimètres.
Fleurs en panicules, grandes et blanches, étamines jaunes. Les Épimèdes demandent une terre légère et peu
de soleil. Multiplication par éclats au printemps.

ÉRIGÉRON GLABRE (*Erigeron glabellum*) Composées.
Plante vivace de l'Amérique septentrionale ; fleurs radiées de 35 millimètres de diamètre, à disque jaune et
à rayons d'un pourpre tirant sur le violet. Tige de 50
centimètres. Terre ordinaire, semis au commencement
d'avril ou division des racines. — E. REMARQUABLE (*E.
Speciosum*). Plante vivace de la Californie ; fleurs nombreuses et plus grandes d'un beau lilas. Même culture.
Les Érigérons fleurissent depuis juillet jusqu'en automne.

ÉRINE DES ALPES (*Erinus Alpinus*). Petite plante vivace, à tiges de 12 à 15 centimètres ; feuilles disposées
en rosette ; fleurs d'un rouge violacé formant des épis
de 8 à 10 centimètres. Terre de bruyère, sinon mélangée
de terreau et de terre sableuse ; séparation des touffes
en automne ; terrain frais et ombragé.

ÉRODIUM DES ALPES (*Erodium Alpinum*). De sa racine
tubéreuse, sort une tige courte à feuilles bipinnatifides ;
fleurs violettes, veinées de pourpre ; en mai et juin. Multi-

plication par semis ou éclats. Cet Érodium mérite d'être distingué par l'élégance et la durée de ses fleurs. Terre légère, un peu sableuse, ou mieux, terre de bruyère.

ÉRYTHRINE CRÊTE DE COQ (*Erythrina crista galli*). Arbrisseau de 1ᵐ.25, portant en juillet-août, de superbes grappes de grandes fleurs rouges; graines ou boutures. On peut mettre cet arbrisseau en pleine terre au commencement de mai, mais on le relève avant les gelées pour le conserver dans un endroit abrité; on le replante au printemps.

ESCHSHOLTZIA DE LA CALIFORNIE (*E. Californica*). Plante bisannuelle, tiges de 50 centimètres. Fleurs grandes d'un jaune éclatant et safrané au centre. Semis du 15 mars au 15 avril; terre ordinaire. — E. A FEUILLES MENUES (*E. tenuifolia*). Plante annuelle du même pays. Feuilles réunies en petites touffes de 15 centimètres de hauteur d'où partent un grand nombre de pédoncules assez courts et terminés par des fleurs d'un jaune clair.

ÉTHIONÈME DU LIBAN (*Œthionema corydifolium*). Plante vivace de 20 centimètres; fleurs roses petites, mais nombreuses en grappes; de mai en juillet. Semis au printemps. Terre ordinaire. Forme de jolies bordures.

ÉTHULIE CORYMBIFÈRE (*E. Corymbola*). Plante annuelle de Madagascar (Composées) tiges d'un mètre, fleurs d'un rose lilacé, capitules nombreux formant une sorte de corymbe disposé en cime; en août. Semis en avril sur couche.

EUCHARIDION A GRANDES FLEURS (*Eucharidium grandiflorum*). Plante annuelle de la Californie à tige de 20 à 25 centimètres. Fleurs d'un rouge foncé, à quatre pétales; en juillet et août; semis au commencement du printemps. — E. ÉLÉGANT (*E. Concinnum*). Fleurs d'un rouge pourpre. Ces petites plantes font bon effet en bordures et en massifs dans les plates-bandes. Terre légère bien terreautée, arrosements modérés.

EUPATOIRE POURPRE (*Eupatorium purpureum*). Plante vivace de l'Amérique septentrionale ; tiges de 70 centimètres. Fleurs d'un rouge pourpre en septembre. Multiplication par graines ou par division des racines. — E. AGÉRATOÏDES. Vivace, mais traitée comme plante annuelle. Tige d'un mètre. Fleurs en capitules formant un large corymbe d'un blanc pur, de septembre en octobre. Terre humide, mais ameublie.

EUTOCA DE MENZIÈS (*E. menziesii*). Plante annuelle de la Californie. En été, fleurs campanulées nombreuses d'un joli bleu ; semis en place, fin mars. — L'E. MULTIFLORE et l'E. VISQUEUX, également à fleurs bleues, méritent aussi d'être cultivés.

F

FABAGELLE COMMUNE (*Fabago*, L.). Plante vivace de Syrie ; tiges de 70 centimètres, fleurs rouges ou orangées de juillet à septembre. Semis ou séparation des racines. Terre légère et sablonneuse.

FICAIRE RENONCULOÏDE (*Ficaria ranunculoïdes*). Petite chélidoine. Ses racines tuberculeuses donnent naissance en mars et avril à des fleurs jaunes et nombreuses simples ou doubles ; celle-ci, la seule que l'on cultive, ressemble à une petite renoncule. Terrain humide. Multiplication facile par ses racines.

FICOÏDE ANNUELLE (*Mesembrianthemum*). Les mésembrianthemums sont des plantes grasses, à feuilles charnues ; la plupart originaires du Cap. La ficoïde annuelle ou tricolore a des fleurs belles et grandes, placées au bout de tiges courtes et herbacées. Ses pétales, étroits et nombreux, sont blancs, pourpres et ses nombreuses étamines d'un violet foncé. — La F. CRISTALLINE OU GLACIALE (*F. Chrystallinum*), à ses feuilles couvertes de vésicules semblables a des gouttes d'eau congelées ; fleurs petites et blanches. — F. DE L'APRÈS-MIDI (*F. Pomeridianum*). Fleurs d'un beau jaune ne s'ouvrant que vers la fin de la journée ; elles sont fort grandes et paraissent en juin-juillet, de même que les précédentes.

Il existe un grand nombre d'autres ficoïdes, toutes fort belles, mais comme elles doivent être rentrées dans la serre chaude ou au moins dans la serre tempérée, nous n'en parlerons pas. Les ficoïdes annuelles doivent être semées sur couche au commencement d'avril pour être repiquées en pleine terre à une exposition chaude. Pour obtenir de belles touffes, on peut semer les ficoïdes à l'automne, mais alors il faut les hiverner en serre tempérée.

FRAISIER DE L'INDE (*Duchesnea fragarioides*). Jolie plante du Népaul, traçante ; fleurs jaunes tout l'été. Fruit d'un rouge vif, ressemblant à une fraise, mais insipide. Ses tiges, radicantes et flexibles, peuvent être palissées. Multiplication par stolons enracinés. Terre ordinaire.

FRITILLAIRE COURONNE IMPÉRIALE (*Fritillaria imperialis*). Cette plante a un ognon très-gros. Sa tige, élevée d'un mètre, se couronne en avril et mai de fleurs d'un rouge safrané et semblables à des tulipes renversées. Cette belle plante n'aime pas l'humidité, il lui faut une terre profonde, légère, non fumée et du soleil. Elle se reproduit de graines ou de caïeux replantés au mois d'avril et qu'on enterre à 30 centimètres pour obtenir la fleur l'année suivante. Peu d'arrosements.—F. MÉLÉAGRE ou F. DAMIER. Plante plus petite mais jolie. Ses fleurs sont marquées de carreaux dont les couleurs varient suivant les variétés qui sont au nombre de plus de quarante. Terrain frais; exposition ombragée. Planter les bulbes à 10 centimètres de profondeur.

FUCHSIA. Quoique le fuchsia ne soit pas une plante de pleine terre et que, cultivé en pots ou en pleine terre, on doive le rentrer l'hiver, sa culture est aujourd'hui si répandue que nous ne pouvons le passer sous silence. Cet arbuste, d'un port élégant, de la famille des OEnothérées, est facile à multiplier et surtout pendant l'hiver. Son nom lui fut donné par le P. Plumier, minime, qui découvrit le premier fuchsia. Depuis cette époque, que de belles variétés on a obtenues! M. le président Porcher, qui a écrit un livre sur cette intéressante plante, établit ainsi les conditions de beauté qu'exigent les amateurs : « Sans proscrire les hybrides élevées, il faut accorder la préférence aux plantes buissonnantes d'une taille moyenne qui, généralement, sont plus florifères. Le pédoncule doit être allongé de manière que la plante ait un port gracieux; le tube calicinal doit être bien proportionné dans toutes ses parties ; s'il est trop long c'est un défaut capital ; les segments du calice doivent être larges, réfléchis, ou tout au moins assez écartés pour dégager la corolle; lorsqu'ils sont longs et étroits, ils donnent à la fleur un aspect peu gracieux ; aux pétales de la corolle il faut de l'ampleur et une bonne disposition ; quant au coloris, des règles invariables ne peuvent être posées ; cependant on ne doit admettre que des couleurs vives, éclatantes, rejeter les nuances ternes, fausses et d'un effet médiocre. Ce que l'on cherche surtout, c'est que le coloris de la corolle soit en opposition avec celui du calice, de telle sorte que l'une et l'autre se fassent mutuellement valoir. »

La facilité que présente la culture du fuchsia n'a pas peu contribué à le répandre. En effet, il suffit de lui donner dans un pot, une terre plutôt légère que substantielle, de la lumière et de l'eau pour qu'il réussisse à merveille, et se multiplie de boutures faites au printemps ou en automne. A mesure que les sujets grandissent, il faut les tailler ou opérer des pincements de manière à leur donner une forme gracieuse, bien garnie de branches sur toutes les parties de la tige.

On distingue les fuchsia en espèces à longues fleurs et à fleurs courtes et globuleuses. Le nombre de leurs variétés est si grand, qu'il serait difficile d'en donner la nomenclature.

FUMETERRE BULBEUSE (*Corydalis bulbosa*). Plante vivace, indigène et rustique, haute de 15 centimètres. Fleurs inclinées, formant une grappe dense. Corolle à éperon composée de deux lèvres purpurines en dessus et blanches en dessous. Multiplication par ses bulbes ou par semis dès la maturité des graines.

G

GAILLARDE VIVACE (*Gaillardia lanceolata*). Plante vivace de la Floride, appartenant à l'immense famille des Composées. Tige de 40 à 50 centimètres ; fleurs radiées très-belles, à disque brun, à rayons orangés et pourpres à leur base. Terre légère, éclats ou semis; boutures sous châssis. Les plantes venues de semis fleurissent l'année même. — G. ARISTÉE (*G. Aristata*). Plante de la même contrée; fleurs plus grandes à rayons jaunes et disque pourpre. Même culture. — G. DE DRUMMOND (*G. Drummondii*). Très-belle plante que l'on cultive de préférence aux autres espèces. Tout l'été, fleurs à larges rayons d'un cramoisi clair, striés de cramoisi foncé au milieu et jaunes à leur extrémité; disque d'un pourpre presque noir. Semis dans la première quinzaine d'avril, mise en place en mai. Fleurs de juillet en septembre.

GALANE BARBUE (*Chelone barbata*). Plante vivace du Mexique, famille des Scrophularinées. Tige d'un mètre; fleurs écarlates à deux lèvres formant une grappe ou épi pendant; en juin et septembre. Terre franche légère; exposition chaude; couverture de litière l'hiver. — GALANE OBLIQUE (*G. obliqua*). Plante vivace moins élevée que la précédente; fleurs en août-septembre d'un blanc pourpré. Multiplication d'éclats; situation ombragée; terre légère un peu sableuse, ou mieux, terre de bruyère.

GALANTHINE-PERCE-NEIGE (*Galanthus nivalis*). Petite plante vivace et indigène de la famille des Amaryllidées. Fleurs penchées d'un blanc pur à six divisions marquées d'une tache verte, en février; exposition ombragée; terrain humide; multiplication par les caïeux.

GALEGA OFFICINAL (*G. officinalis*). Plante indigène et vivace. Tiges de 1 mètre 25 centimètres; fleurs légumineuses, en grappes axillaires et d'un bleu pâle en juillet. Semis en avril, mise en place en mai. Sol frais et profond. — Le G. ORIENTAL (*G. orientalis*) a des fleurs plus grandes et plus belles. Même culture.

GAULTERIA COUCHÉE (*Gaulteria procumbens*). Jolie plante sous-ligneuse de l'Amérique septentrionale, appartenant à la famille des Bruyères, mais se cultivant en pleine terre. Tiges de 25 centimètres, feuilles luisantes, pourpres en dessous; fleurs en grelot un peu purpurines; fruits d'un beau rouge et comestibles. Terre de bruyères, exposition ombragée. Multiplication par ses rejetons.

GAURA DE VIRGINIE (*Gaura biennis*). Plante bisannuelle de la famille des Œnothérées. Tiges de 1 mètre 20 c. à 1 mètre 40 centimètres, donnant en août-septembre des fleurs en épis s'ouvrant vers le soir; corolle rouge, puis blanche après l'épanouissement; calice rouge. Semis en place en avril. Terrain meuble et exposition chaude.

GENÊT A BALAIS (*Genista scoparium*). Arbrisseau indigène et rustique, à fleurs jaunes d'or, papilionacées. Il fait de l'effet dans les jardins paysagers. Terrain sablonneux. Multiplication par semis.

GENTIANE SANS TIGE (*Gentiana acaulis*). Plante indigène et vivace; hampe très-courte que termine une fleur très grande d'un bleu magnifique, dressée en entonnoir. Lorsque la plante est forte, elles s'épanouissent plusieurs à la fois et se succèdent de mai jusqu'au milieu de juillet. La gentiane acaule forme les plus charmantes bordures qu'on puisse voir, surtout si on l'entremêle avec d'autres plantes basses dont les couleurs contrastent avec le bleu de celle-ci. Semis d'avril en juin, ou plus sûrement séparation des touffes à l'automne. Terre franche sableuse. — G. A FLEURS JAUNES (*G. lutea*). Cette belle plante vivace, que l'on désigne aussi sous le nom de *Grande gentiane*, s'élève de 1 mètre 30 centimètres à

1 mètre 50 centimètres. Ses fleurs, d'un très-beau jaune, sont disposées en verticilles, en juillet ; multiplication de graines ou d'œilletons. Par le semis on n'obtient des fleurs qu'à la quatrième ou cinquième année. Terre sableuse ou ombragée. — G. POURPRE (*G. purpurea*). Plante des Alpes de 60 à 65 centimètres. Fleurs d'un beau jaune ponctué de pourpre. Même culture.

GÉRANIUM. Beaucoup de personnes confondent sous ce nom les *géraniums* d'Europe et les *pelargoniums* qui, au nombre de plus de six cents espèces, appartiennent tous aux pays chauds à l'exception d'une seule, dont nous parlerons à l'article PELARGONIUM. Les géraniums d'Europe sont tous de pleine terre et diffèrent des pelargoniums par leur corolle régulière.

GÉRANIUM STRIÉ (*G. striatum*). Plante d'Italie, vivace, à fleurs blanches striées de pourpre ; en mai-juin. Division des souches ; terrain sec. — G. SANGUIN (*G. sanguineum*). De mai en juin ; fleurs d'un rose pourpré. Plante buissonnante d'environ 35 centimètres ; indigène, vivace et assez rustique. Terrain sec. Éclats au printemps ou à l'automne. — G. A LARGES PÉTALES (*G. platypetalum*). Plante vivace, la plus belle du genre. Fleurs en juillet-septembre, d'un bleu strié de pourpre. Multiplication par éclats et même culture.

GESSE ODORANTE (*Lathyrus odoratus*). Pois de senteur. Tout le monde sait que ses fleurs papilionacées exhalent une odeur délicieuse analogue à celle de la fleur d'oranger. C'est une plante annuelle et rustique réussissant à toutes les expositions et très-propre à garnir les berceaux et les balcons des fenêtres. Semis en avril-mai. — G. A LARGES FEUILLES (*Lathyrus latifolius*). POIS VIVACE, POIS A BOUQUET. Le pois à bouquet ou pois de la Chine est parfaitement convenable pour orner, d'avril en juillet, les treillages de ses belles fleurs roses mêlées de pourpre et formant des bouquets au nombre de douze à quinze. Semer en été, repiquer en pépinière, et mettre en place au printemps. Terre ordinaire. — GESSE DE TANGER (*L. Tingitanus*). Plante annuelle. Fleurs rouge-pourpre, de juin à août. Exposition du midi; terre sèche et légère.

GILIA CAPITÉE (*G. capitata*). Plante de la famille des Polémonacées, annuelle, de l'Amérique, à tiges rameuses et à fleurs bleues réunies en cime à l'extrémité des pédoncules. Semis en avril-mai en place, ou en septembre-octobre pour en jouir l'année suivante. — G. TRICOLORE. Jolie plante annuelle de la Californie. Tige rameuse de 60 centimètres; fleurs en corymbe nuancées de bleu, de jaune et de pourpre. Même culture.

GIROFLÉE DES JARDINS (*Matthiola incana*). Plante bisannuelle à fleurs rouges, roses, blanches, carnées ou violettes, suivant la variété. — G. DES FENÊTRES. Variété à fleurs plus grandes que celles de la giroflée des jardins. —G. ANNUELLE OU QUARANTAINE. De même que la giroflée des jardins, elle compte beaucoup de variétés. Les giroflées auxquelles les nomenclateurs ont imposé le nom de *Matthiole*, demandent à être semées sur couche et repiquées en bonne exposition. A Paris, on se les procure en pots dans les marchés aux fleurs.

GIROFLÉE JAUNE (*Cheiranthus cheiris*). Indigène et bisannuelle. Cette plante si connue, croit naturellement sur les vieux murs, mais la culture l'a perfectionnée au point d'obtenir de cette plante si vulgaire des variétés du plus grand mérite; telles que celles doubles, violettes, brunes, allemandes ou d'Erfurth. Parmi celles-ci on distingue le *rameau d'or*, en forme de rose pompon, la même, nuance foncée, la *jaune-brune* à rameau, la *jaune naine*, etc. On multiplie la giroflée jaune au moyen de boutures prises sur de belles variétés, et surtout sur le rameau d'or. Terre légère, substantielle. On peut aussi employer les semis pour perpétuer les belles variétés, mais on réussit assez rarement.

GIROFLÉE DE MAHON. *Voy*. MALCOLMIA MARITIMA.

GIROSELLE. *Voy*. DODÉCATHÉON.

GLACIALE. *Voy*. FICOÏDE CRISTALLINE.

GLAÏEUL. Ce beau genre, de la famille des Iridées, se compose d'environ quarante espèces, dont deux seulement sont cultivées en pleine terre; les autres, originaires du Cap, exigent des soins particuliers. On les recouvre à l'entrée de l'hiver d'un châssis que l'on entoure de litière ou de feuilles pour les garantir de la gelée. — G. COMMUN (*G. communis*. Indigène. Tige de 45 centimètres; en mai et juin; fleurs unilatérales, rouges, carnées, roses blanches, ou violacées, suivant la variété. Terre légère; exposition chaude. — G. DE CONSTANTINOPLE (*G. Byzantinus*). Ses fleurs plus grandes, plus belles que celles du glaïeul commun, sont portées par une tige plus élevée. Même culture.

GLAUCIE DE PERSE (*Glaucium persicum*). Plante annuelle de la famille des Papavéracées. Fleurs rouge ponceau, très-larges. Tiges grêles, hautes de 50 centimètres. Semis en place en avril.

GODÉLIA DE LINDLEY (*G. Lindleyana*). Plante annuelle de l'Amérique du Nord, hauteur 40 à 50 centimètres. Fleurs en épi tout l'été. Pétales roses marqués d'une tache pourpre à leur base; en juin-juillet. —G. DE ROMANZOW. Tiges de 25 à 30 centimètres. Fleurs roses tirant sur le violet en grappes assez denses; en août. Semis fin d'avril. Terre légère mais substantielle. Ce genre renferme plusieurs autres plantes d'ornement.

GOMPHRÈNE GLOBULEUSE. *Voy.* IMMORTELLE VIOLETTE.

GNAPHALE. *Voy.* IMMORTELLE ORIENTALE.

GRENADIER A FLEURS DOUBLES (*Punica granatum*). Le grenadier est originaire de l'Afrique. On ne cultive que la variété à fleurs doubles comme arbre d'ornement. En plaçant le grenadier à l'exposition du midi, et le long d'un mur qui l'abrite, on peut l'élever en pleine terre sous le climat de Paris moyennant une couverture de paillassons, paille ou feuilles sèches, mais le plus ordinairement on le tient en caisse et on le rentre pendant les froids. Arrosements fréquents à l'époque de la floraison. Semis et greffe sur les sujets qui en proviennent. Terre légère mais substantielle.

GRENADILLE. *Voy.* PASSIFLORE.

GUTTIERREZIE. Plante annuelle du Texas, famille des Composées, fleurs radiées d'un jaune brillant, formant un corymbe aplati; semis en avril sur couche; floraison en août et septembre.

GYNERIUM ARGENTÉ. Plante vivace du Paraguay, de la famille des Graminées, faisant un très-bel effet dans une pelouse par ses feuilles longues d'un mètre, retombant gracieusement en formant une large touffe et du milieu de laquelle s'élèvent à plus de 1^m.50 des chaumes portant de vastes panicules d'épillets en forme de panaches élégants. Multiplication par semis ou division des racines. Couverture de litière ou de feuilles sèches dans les froids rigoureux.

GYPSOPHYLE ÉLÉGANTE. Plante annuelle du Caucase, de 45 centimètres; remarquable par la légèreté aérienne et l'élégance de son port. Ses fleurs blanches, nombreu-

ses, mais petites, forment de charmants panicules. —
Plusieurs autres espèces de gypsophyles peuvent également être cultivées en pleine terre. Toutes sont à très-
petites fleurs, blanches, roses ou gris de lin, suivant les
espèces et figurent avantageusement dans les bouquets
par la délicatesse de leurs tiges.

H

HARICOT D'ESPAGNE (*Phaseolus coccineus*). Cette plante
annuelle et grimpante de la famille des Papilionacées
est généralement connue. On la sème à la fin d'avril et
ses tiges de 2 ou 3 mètres, se garnissent de belles fleurs
écarlates.

HÉLÉNIE D'AUTOMNE (*Helenium autumnale*). Plante vivace et rustique de l'Amérique septentrionale, portant
d'août à octobre des fleurs radiées d'un beau jaune disposées en corymbes. Graines et division des racines.
Elle s'élève à près de 2 mètres. Très-ornementale pour
les grands jardins.

HELIANTE. *Voy*. SOLEIL.

HELICHRYSON ORIENTAL. *Voy*. IMMORTELLE ORIENTALE.

HELLÉBORE, ROSE DE NOEL (*Helleborus niger*). Cette
plante indigène et vivace à fleurs grandes et d'un blanc
rosé, fleurit dans les mois d'hiver. Terre forte et humide,
demi-soleil. Très-convenable pour les bouquets d'hiver.
— H. D'HIVER (*Eranthis Hyemalis*). Fleurs jaunes plus
petites, paraissant en février et mars et faisant un joli
effet associées au perce-neige et quelques autres fleurs
printanières. Eclats des racines et graines.

HÉMÉROCALLE (*Hemerocallis flava*). Liliacées. Racine
fibro-tubéreuse, tiges de 80 centimètres; fleurs en juin,

grandes, d'un beau jaune, odorantes et ressemblant au lis. Terre légère; séparation des touffes. — H. FAUVE. Plus grande; en juillet; fleurs d'un rouge obscur; même culture. — H. DU JAPON (*H. Japonica. Funkia subcordata*). Moins élevée, fleurs plus petites d'un beau blanc; en juillet-septembre; terre ordinaire.

HÉPATIQUE PRINTANIÈRE (*Anemone Hepatica*). Plante basse indigène et vivace; en mars; fleurs blanches, bleues, roses, violettes, simples ou doubles, suivant la variété. Ces fleurs, qui se succèdent durant un mois, produisent un joli effet. Terrain frais, situation ombragée. Multiplication par semis ou séparation des touffes.

HOTÉIA DU JAPON (*H. Japonica*). Plante vivace; tige de 30 centimètres; fleurs blanches en mai-août, disposées en panicule et produisant un joli effet. Terre légère sableuse, ou mieux, terre de bruyère. Exposition ombragée. Multiplication par éclats.

HOUBLON CULTIVÉ (*Humulus lupulus*). Nous ne citons ici cette plante vivace que parce que ses tiges annuelles et grimpantes sont très-propres à garnir les berceaux et les tonnelles. Ses fleurs vertes et en épis n'offrent d'autre intérêt que celui de leur utilité.

HYDRANGÉE HORTENSIA (*H. opuloïdes*). Ce bel arbuste est trop connu pour le décrire ici. Il ne peut être considéré comme plante de pleine terre qu'autant qu'on le garantira des gelées, surtout dans le climat de Paris. Dans la Normandie et la Bretagne, il est plus facile à conserver en pleine terre, ce bel arbuste aimant un sol frais et une température humide. Multiplication par rejetons enracinés; terre de bruyère ou terre sableuse mêlée de terreau de feuilles.

HYACINTE. *Voy.* JACYNTE.

I

Ibéride à Ombelle (*Iberis umbellata. Thlaspi d'Espagne*). Charmante plante annuelle. Tige de 35 centimètres. En juillet fleurs nombreuses, serrées, gris de lin et faisant un excellent effet dans un parterre. Variété à fleurs blanches. Semis en place au printemps. — I. toujours verte (*I. semper virens, corbeille d'argent*). Produit un bon effet en bordure. — I. de Ténore (*I. Tenoreana*). Plante vivace à feuilles persistantes; fleurs d'un beau lilas. Très-jolie en bordure. Graines et boutures pour les espèces vivaces.

Igname. *Voy.* Dioscorée.

Immortelle (*Helichrysum orientale. Gnaphale oriental*). Plante vivace; tige de 35 centimètres. Fleurs en corymbe, composé de capitules d'un beau jaune comme vernissé. Par la teinture on leur donne différentes nuances. Cette plante est d'orangerie et nous ne la citons ici qu'à cause de l'emploi général qu'on en fait pour les couronnes dont on décore les tombes et pour les bouquets d'hiver. — I. à bractées (*H. bracteatum*). Cette plante de la Nouvelle-Hollande est annuelle; fleurs d'un jaune orangé en juillet-octobre. Semis au printemps. Variété à fleurs blanches. — I. à grandes fleurs (*H. macranthum*). Cette belle plante porte des capitules larges de 4 à 5 centimètres et présentant des nuances diverses, suivant les variétés, mais, en général, tirant sur le rose, le violet, l'amarante ou le rouge bronze.

Immortelle violette (*Gomphrena globosa*). Plante annuelle de l'Inde; tiges de 50 centimètres se terminant par des fleurs tirant sur le violet et formant des têtes globuleuses dont la durée persiste longtemps. — GOMPHRÈNE (*G. écarlate. G. Coccinea*). Plante annuelle du Mexique d'un grand effet; fleurs plus grosses que celles de l'espèce précédente. Terre franche; exposition chaude. Multiplication par semis sur couche, mise en place avec la motte dès qu'on n'a plus de froids à craindre.

IPOMÉE POURPRE (*Pharbitis hispide. Volubilis des jardiniers*). Plante annuelle de l'Amérique du Sud; tiges de 2 à 3 mètres; fleurs très-grandes tout l'été, d'un pourpre violacé et satiné à l'intérieur. Variétés bleues, roses blanches, et terre ordinaire. — I. LIERRÉE (*Ph. hederacea; Liseron de Michaux*). Plante annuelle d'un grand effet par ses charmantes fleurs d'un bleu ou d'un violet magnifique et que portent ses longues tiges volubiles depuis août jusqu'en octobre. Semis en place fin avril.

IPOMOPSIS ÉLÉGANT (*J. Elegans*). Plante annuelle de la Caroline. Famille des Polémonacées. Fleurs écarlates en août-septembre. Semis en pleine terre au printemps. Repiquer à une exposition chaude; craint les gelées blanches et la trop grande humidité.

IRIS D'ALLEMAGNE ou GERMANIQUE. Plante volumineuse; du milieu de ses feuilles ensiformes s'élève une hampe portant plusieurs grandes fleurs d'un beau violet foncé. Les stigmates pétaloïdes sont d'un lilas clair ou d'un blanc rosé. Ces fleurs légèrement odorantes s'épanouissent en mai-juin. — I. DE FLORENCE (*I. florentina*). Cette belle plante à fleurs blanches, à odeur suave, fleurit en juin. Ses racines réduites en poudre sont employées dans la parfumerie. — I. DES MARAIS (*I. pseudo-acorus*). Fleurs jaunes, hampe de plus d'un mètre. Se plaît sur le bord des eaux. — I. XIPHION ou BULBEUSE (*I. Xi-*

phium. Ses belles fleurs présentent des variétés ornées des couleurs les plus riches. On en fait des collections. Floraison en juin. — I. NAINE (*I. pumila*). Elle n'a que 12 à 15 centimètres de hauteur et fait de jolies bordures ; fleurs bleu violacé ou purpurines, blanches ou jaunes suivant la variété. — I. DE SUZE (*I. susiana*). Tige de 50 centimètres ; fleurs de mai en juin, très-grandes et singulières par leur coloration. Elles sont d'un blanc un peu violacé ; marbré ou strié de violet pourpré ou de violet brun. Exposition chaude et couverture de litière dans les grands froids. Les iris peuvent se multiplier de graines, mais on emploie plus fréquemment la division des racines ou rhizomes. Quant à l'iris bulbeuse, on la multiplie par ses caïeux, après la dessication des fanes, pour les conserver en lieu sec jusqu'à l'automne, époque où on les replante.

IXIA BULBOCODE. Petite plante d'Europe. En mars, fleurs d'un rouge pourpre, blanches, bleues, violettes ou jaunes suivant la variété. Terre légère sableuse. Multiplication par les caïeux.

C'est la seule ixia qui appartienne à l'Europe ; les autres, qui sont du Cap, demandent beaucoup de soins et la serre tempérée.

J

JACYNTHE D'ORIENT. Cette charmante plante est aussi recherchée pour ses jolies fleurs que pour la suavité de son odeur. En Hollande, la culture de la jacinthe a été portée à son dernier degré de perfection. On lui doit ses variétés les plus remarquables, simples ou doubles, et dont les couleurs sont le rouge et le bleu dans toutes leurs nuances, depuis la plus pâle jusqu'à la plus foncée, le blanc et le jaune très-pâle, car le jaune jonquille et l'orangé n'existent pas dans cette fleur. — CULTURE. Il faut replanter en octobre les ognons qu'on a relevés en juillet, dans une terre bien ameublie à laquelle on peut mêler du terreau de feuilles. L'ognon doit être enfoncé de manière que la partie supérieure soit au niveau de la terre. On couvre la plantation avec des feuilles ou de la litière pendant les fortes gelées. Au printemps, quand les fleurs commencent à se montrer, on leur donne des tuteurs et on les garantit des insectes et du froid.

Si on veut jouir plus tôt des fleurs des jacynthes, on les met en pots ou dans des carafes. En pot, cette plante, dans une chambre bien aérée, fleurit à partir de janvier.

La culture en carafe est très-intéressante. En automne on remplit d'eau des carafes sur lesquelles on dépose des ognons, de sorte que la couronne d'où sortent les racines affleure l'eau ; on a soin de tenir les carafes toujours remplies d'eau qu'on renouvelle tous les mois.

JASMIN COMMUN (*Jasminum officinalis*). Cet arbrisseau sarmenteux et grimpant est originaire de l'Asie ; il s'élève à 3 ou 4 mètres et porte tout l'été des fleurs du blanc le plus pur et de l'odeur la plus suave. Pleine terre, exposition du midi ; couvrir son pied de litière pendant les gelées. Arrosements fréquents en été. On le multiplie avec facilité, soit par boutures, soit par marcottes. — J. JAUNE OU A FEUILLES DE CYTISE (*J. fruticans*). Ses feuilles sont toujours vertes ; fleurs petites, de mai à septembre. Terre légère ; exposition chaude ; rejetons et marcottes. — J. TRIOMPHANT (*J. revolutum*). Ce beau jasmin, originaire de l'Inde, porte des fleurs jaunes très-odorantes. Ses tiges sarmenteuses ont jusqu'à 3 mètres de longueur. Graines, rejetons ou marcottes. Quoique indiqué comme plante de serre temperée ou tout au moins d'orangerie, on a constaté qu'il a supporté 12 degrés de froid en pleine terre.

JONQUILLE. *Voy.* NARCISSE.

JOUBARBE DES TOITS (*Sedum tectorum*). Plante vivace. Tige de 35 centimètres; feuilles de la base formant une rosette; fleurs petites, d'un blanc rougeâtre, disposées à l'extrémité des tiges sur des ramifications formant panicule. Le nombre d'espèces de sedum est très-considérable, leurs fleurs ont peu d'apparence, mais ils sont utiles pour orner les rocailles, les toits rustiques des fabriques et les suspensions. Multiplication par la séparation ou la division des rosettes. Terre légère et sèche; il est inutile d'arroser.

JULIENNE DES JARDINS (*Hesperis matronalis*). Plante bisannuelle. Tiges de 75 centimètres; fleurs crucifères blanches ou violettes analogues à celles des giroflées, de juin à juillet et à odeur suave, principalement le soir. Arrosements modérés, terre ordinaire mais substantielle. Éclats de racines et boutures. Variété à fleurs doubles.

JURINE REMARQUABLE (*Jurinea spectabilis*). Plante bisannuelle du Caucase. Tige de 50 centimètres; fleurs radiées disposées en un large panicule et d'un pourpre violacé. Terre ordinaire; arrosement modéré. Séparation des pieds au printemps.

K

KAULFUSSIE AMELOÏDE. *Voy*. CHARIŒIS HETÉROPHYLLA.

KERRIE DU JAPON (*Kerria Japonica*). Arbrisseau d'un mètre à 1 mètre 50 cent. Fleurs nombreuses jaunes, doubles dans l'espèce cultivée, et semblables pour la forme à des roses pompon. Terre fraîche et légère ; exposition à demi-ombre. Ses rameaux flexibles se palissent avec facilité et garnissent agréablement les haies et clôtures. Multiplication par boutures.

KETMIE DES JARDINS (*Hibiscus syriacus*). *Althæa frutex*. Arbrisseau de la famille des Malvacées, s'élevant jusqu'à 1 mètre 60 centimètres. Fleurs en août et septembre, en forme de rose trémière, simples ou doubles et des nuances les plus variées du pourpre, du violet et du nankin. Terre légère mais substantielle. Exposition chaude. Semis en terrines la première année, puis mettre en place à bonne exposition.—K. ANNUELLE (*H. trionom*). Corolle d'un jaune nankin avec une tache noire pourpre à la base des pétales. Semis sur couche fin avril ; mise en place à la mi-juin.

KETMIE DES MARAIS (*Hibiscus palustris*). Plante vivace de l'Amérique du Nord, s'élevant à 1 mètre 30 centimètres. Fleurs, de juillet à octobre d'un rose tendre. Sol profond et sec ; arrosements fréquents durant les chaleurs. Semis et boutures. — K. MILITAIRE (*H. militaris*). Tiges de 1 mètre 30 centimètres ; fleurs plus grandes et d'un rose plus intense. Même culture. — K. ROSE. Plante indigène, vivace.

KITAIBÉLIE A FEUILLES DE VIGNE (*K. vitifolia*). Plante bisannuelle de la Hongrie, famille des Malvacées ; tiges s'élevant jusqu'à 2 mètres; fleurs d'un blanc pur de 25 à 30 millim. de largeur. La kitaibélie s'accommode de tout terrain. Floraison de juillet à septembre. Semis en avril; repiquage quand le plant sera assez fort ou l'année suivante au printemps. Convenable pour les jardins paysagers.

L

LAITRON DE PLUMIER (*Mulgedium Plumeri-Sonchus, Plumeri*, L.). Belle plante vivace et indigène de la famille des Composées. Tige de 1 mètre; de juillet en août, fleurs d'un bleu intense; convient aux lieux ombragés et aux pelouses qu'elle ornera par son large feuillage. Semis ou éclats.

LANTANA OBIER (*Viburnum opulus*). Arbrisseau indigène de 2 mètres, à fleurs en mai très-blanches et réunies en tête sphérique, ce qui lui a mérité le nom de *Boule de neige*. Terrain frais; rejetons et marcottes. Le tondre après défloraison. — LE VIORNE, LAURIER-TIN (*V. Laurustinus*). Joli arbrisseau à feuilles persistantes, en mars-avril, fleurs petites, rouges en dehors et blanches en dedans. Il doit être rentré dans les froids.

LAURÉOLE. *Voy.* DAPHNÉ.

LAURIER ROSE ORDINAIRE (*Nerium oleander*). Charmant arbrisseau de la famille des Apocynées, originaire du midi de l'Europe. Il se multiplie facilement de graines, de marcottes et de boutures. Terre légère; fréquents arrosements. Pendant l'été et le commencement de l'automne, ses rameaux se couvrent à leurs extrémités de jolies fleurs roses, blanches simples ou doubles. On divise les Neriums en N. d'Europe et N. de l'Inde: les uns et les autres ont produit un grand nombre de variétés.

LAVATÈRE A GRANDES FLEURS (*L. trimestris*). Cette jolie plante annuelle, de la famille des Malvacées, porte des fleurs de la forme de celle de la mauve, mais plus grandes et du plus joli rose avec une tache violette à la base. Peu difficile sur le terrain. Arrosements durant les sécheresses. — Il existe une LAVATÈRE EN ARBRE qui s'élève à 2 mètres et dont les fleurs ressemblent à celles de la lavatère annuelle.

LEPACHIS *Voy*. RUDBEKIA.

LEPTOSYPHON A FLEURS DENSES (*L. densiflorum, gilia*). Plante annuelle de la Californie (Polemoniacées). Tige rameuse de 35 centimètres; fleurs en corymbe, d'un rose tendre tout l'été puis d'un bleu violacé clair. Semis en place au commencement d'avril. Variété à fleurs blanches. — L. DORÉ. Plante beaucoup plus petite, formant de jolies bordures par la quantité de fleurs d'un jaune doré dont elle se couvre en juillet-août. Semis en place en avril.

LESSERTIE VIVACE (*L. perennans*). Plante de la famille des Papilionacées. Fleurs roses en grappes, striées de lignes plus foncées. Traitée comme plante ligneuse, elle vit trois ans.

LIATRIDE A ÉPI (*Liatris spicata*). Plante vivace de l'Amérique septentrionale. Tige de 60 centimètres; en septembre fleurs d'un pourpre plus ou moins foncé suivant la variété. — L. ÉCAILLEUSE (*L. scariosa*). Tige un peu plus haute; fleurs plus grandes et d'un beau rouge violacé. Ces belles plantes, à racines tubéreuses, craignent l'humidité. Terre légère et sableuse. Multiplication par semis ou par séparation des racines.

- LIERRE. Tout le monde connaît cet arbrisseau grimpant, si propre à garnir les vieux murs et à entourer de ses vertes guirlandes le tronc des arbres auxquels il s'accroche par ses tiges radicantes, mais, depuis quelques années, on a forcé sa nature à former à l'aide de la taille et des ciseaux des bordures de plates-bandes qui, toujours vertes, font un très-bon effet. Le lierre n'est difficile ni sur le terrain ni sur l'exposition. Multiplication par semis, par boutures et plus ordinairement par branches enracinées ou séparation des touffes.

LIGULAIRE A GRANDES FLEURS (*Ligularia macrophylla*). Composées. Plante vivace de la Tartarie. Tiges rameuses de 60 centimètres, qui, en juillet, se couvrent de fleurs ou grappes allongées d'un jaune foncé. Graines ou division des touffes. Plante convenable pour les grands jardins.

LILAS. *Voy*. SYRINGA.

LIS. Cette belle fleur est le type de la grande famille des Liliacées. Plus heureux que l'œillet que l'on a dépouillé du titre de chef de la famille des Caryophyllées pour le transmettre à l'obscur *silené*, le lis a conservé ses prérogatives.

Le genre des lis compte des espèces nombreuses, qu'on distingue principalement par la couleur des fleurs. Les unes ont des fleurs blanches comme le LIS COMMUN, le LIS DU JAPON, le LIS A LONGUES FLEURS, etc. ; les autres les ont jaunes ou *safranées*, rouges ou violacées : LIS ORANGÉ, LIS SUPERBE, LIS BULBIFÈRE, LIS MARTAGON, etc. En général, le lis se contente de toute terre pourvu qu'elle soit légère et fraîche. Tous les trois ans, quand les feuilles sont desséchées, on relève les ognons pour en séparer les caïeux qu'on remet en terre pour avoir des plantes l'année suivante.

En général les lis supportent bien les froids de notre climat. Toutefois, le lis superbe ne prospère qu'en terre de bruyère et craint l'humidité.

Le lis que nous avons figuré ci-contre est le *Martagon*,

qui fleurit en juillet-août. Ses fleurs, d'un jaune tirant sur le rouge, sont ponctuées de noir. Terre fraîche et légère ; peu de soleil. De même que les autres lis on le multiplie par les caïeux ou bulbilles.

LIMNANTHÈS A FLEURS ROSES (*L. rosea*). Petite plante de

la Californie. Fleurs d'un rose pâle, à pétales échancrés. Annuelle. Semis en place, en mai; floraison en été.

LIN VIVACE (*Linum perenne*). Jolie plante indigène de 30 à 40 centimètres; fleurs d'un joli bleu se succédant tout l'été mais ne durant qu'un seul jour. Variétés à fleurs blanches, rouges : (*Lin d'Autriche*), roses, violettes et jaunes. Semis en terre meuble et substantielle en mars ou avril. — L. A GRANDES FLEURS (*L. grandiflorum*). Cette charmante plante est annuelle et originaire de l'Algérie. Fleurs d'un beau rouge et durant plus long-temps que celles du lin vivace. Les lins forment l'un des plus gracieux ornements du parterre par l'élégance de leur port, l'éclat et l'abondance de leurs fleurs. Le lin vivace doit être changé de place tous les ans.

LINAIRE A GROSSES FLEURS (*L. triornithrophora*). Plante annuelle et souvent bisannuelle de la famille des Scro-phularinées. Tiges de 70 centimètres, portant tout l'été des fleurs violettes à palais jaune et assez grandes. Se-mis, au printemps, abri sous une couverture de litière dans les grands froids. — L. A FLEURS D'ORCHIS (*L. bi-partita*). Plante annuelle de 45 centimètres. Fleurs en thyrse d'un bleu violacé. Semis au printemps, en plate-bande.

LINOSYRIS VULGAIRE (*Chrysocoma linosyris*). Famille des Composées. Plante vivace indigène, Corymbe aplati formé par des fleurs jaunes petites mais nombreuses; en juin juillet. Terre ordinaire; semis ou éclats.

LIPPIA. *Voy.* VERVEINE CITRONELLE.

LISERON TRICOLORE, BELLE DE JOUR (*Convolvulus tri-color*). Plante annuelle originaire du Portugal. Fleurs nombreuses, à limbe du plus beau bleu, blanches au milieu et jaune soufre à la gorge. Elles durent peu, mais se succèdent sans interruption de juin à septembre. Multiplication par semis en planche en avril. Charmante en bordure, surtout si on l'associe à des plantes de la même hauteur (35 centimètres) et de couleurs contrastant avec le bleu magnifique de la belle de jour.

LOASA ORANGÉ (*L. aurantiaca*). Cette plante du Chili, vivace en serre, peut être traitée comme plante annuelle. Ses tiges s'élèvent à plus de 3 mètres. Ses fleurs, d'une forme assez singulière, présentent un mélange de blanc pur, de rouge et de jaune éclatant. Ses tiges sont couvertes de poils brillants. La variété dite *L. Hebertii* mérite la préférence comme étant l'une des plus jolies, des plus curieuses plantes grimpantes.

LOBELIE CARDINALE (*Lobelia cardinalis*). Plante vivace de l'Amérique du Nord. Tiges de 40 à 50 centimètres; fleurs grandes et d'un très-beau rouge. Terre franche et meuble; exposition ombragée. Semis sur couche; boutures au printemps ou éclats de racines à l'automne.

— L. SYPHILITIQUE (*L. syphilitica*). Plante de la même hauteur que la précédente; fleurs bleues en épi. Se ressème d'elle-même dans les terrains humides où elle se plaît.

LOPEZIE A GRAPPES (*Lopezia racemosa*). Plante annuelle du Mexique, famille des Œnothérées. Elles portent des fleurs petites, formant un épi qui s'allonge jusqu'à 20 ou 25 centimètres. La plante entière s'élève jusqu'à 50 centimètres.

LUNAIRE ANNUELLE (*Lunaria annua*). Cette plante, de la famille des Crucifères, porte, du milieu d'avril à la fin de mai, des fleurs blanches, rouges, purpurines ou panachées; tiges de 60 à 80 mètres. Peu difficile sur le terrain; se sème d'elle-même.

Lupins (*Lupinus*). Ce genre, appartenant à la famille des Légumineuses est très-nombreux et comprend des plantes vivaces et des plantes annuelles. Toutes ont leurs fleurs disposées en thyrse élégant. Les lupins exigent une terre légère et sableuse et cependant substantielle, car ils ne tardent pas à périr dans un sol gras et argileux. On connaît plus de quarante espèces de lupins, dont plusieurs sont exotiques et demandent à être abrités pendant l'hiver. Les lupins fleurissent depuis juin jusqu'en août. Ces belles plantes présentent des espèces ou des variétés à fleurs bleues, blanches, roses, pourpres, jaunes, en diverses nuances. Les lupins vivaces doivent être semés en pot et mis en place avec la motte; les lupins annuels peuvent être semés immédiatement en place.

Lychnides. Ce genre charmant comprend beaucoup de plantes qui sont depuis de longues années l'ornement de nos parterres. Voici les plus remarquables :

Lychnide de Chalcédoine, Croix de Jérusalem (*Lychnis Chalcedonica*). Plante vivace; tiges de 60 centimètres; fleurs simples ou doubles, disposées en cime et du rouge le plus éclatant, en juin et juillet. Terre franche et légère; exposition du midi. Multiplication par semis, boutures, éclats, à l'automne ou au premier printemps. — Lychnide des jardins, Agrostème des bouquets, OEillet de Dieu, Coquelourde (*L. Coronaria*). Plante bisannuelle d'Italie; tiges de 35 centimètres; fleurs d'un rouge pourpre éclatant, en corymbe. Variété à fleurs doubles qu'on multiplie par l'éclat des racines en automne. Semis en mars; repiquage en avril. — Lychnide fleur de Jupiter (*L. flos Jovis*). Vivace. Même culture que la précédente à laquelle elle ressemble. — Lychnide laci-

NIÉE, VÉRONIQUE DES JARDINIERS (*L. flos cuculi*). Vivace, En août, fleurs purpurines que ses pétales découpés font ressembler à un petit œillet. Multiplication par œilletons. Variétés à fleurs blanches. — LYCHNIDE VISQUEUSE BOURBONNAISE (*L. viscaria*). Fleurs assez grandes et purpurines. Variété à fleurs doubles : porte des fleurs qui ressemblent à de petites roses pompon. Multiplication par la séparation des touffes à la fin de l'été. LYCHNIDE ÉCLATANTE (*L. fulgens*). Vivace. Cette espèce, originaire de la Sibérie, porte des fleurs du rouge le plus vif. — LYCHNIDE DIOÏQUE, JACÉE DES JARDINIERS. Vivace. En mai ou juin, fleurs roses ou blanches, simples ou doubles suivant la variété. On connaît encore plusieurs autres espèces de cette jolie plante qui, en général, ne s'élève guère au delà de 35 à 40 centimètres. Les lychnides craignent l'humidité et la neige, et sont sujettes à fondre lorsque les touffes deviennent trop grosses.

LYCIET commun, arbrisseau de la famille des solanées. Ses rameaux grêles et nombreux forment un buisson touffu. A ses fleurs petites et violettes succèdent de petits fruits rouges ; on l'emploie pour former des clôtures.

LYSIMAQUES. Plante de la famille des primulacées, indigène, vivace et se plaisant sur le bord des eaux. — La L. ÉPHÉMÈRE porte en juillet-août des fleurs blanches en épi.— La L. VERTICELLÉE ; en juin, fleurs jaunes formant un thyrse ou grappe terminale. Ces plantes s'élèvent à près de 1 mètre. Exposition au nord ; arrosements fréquents. Éclats des pieds.

SALICAIRE COMMUNE (*Lythrum salicaria*). Terre fortement humide, fleurs purpurines nombreuses, formant un long épi très-dense ; vivace ; s'élève à 1 mètre. —

S. VIRGATUM, elle est également vivace et se plait sur le bord des ruisseaux et des étangs. L'épi est moins dense que dans l'espèce précédente, mais ses fleurs sont plus grandes.

M

MACLEYA A FEUILLES CORDIFORMES; BOCCONIE (*Macleyana cordata*). Papavéracées. Tige de 1 mètre 50 centimètres. Fleurs blanches et petites, formant un large panicule de longue durée. Graines et éclats de racines.

MADIA ÉLÉGANT (*M. elegans*) (*Composées*). Plante annuelle du Chili. Tige de 1 mètre; de juin à septembre, fleurs radiées, nombreuses, d'un jaune d'or et d'un très-bel effet; disque purpurin. Semis au printemps ou à l'automne.

MALCOMIA MARITIMA (*Cheiranthus maritimus*). Giroflée de Mahon, julienne de Mahon (*crucifères*), petite plante annuelle. En juin-juillet fleurs lilas, tournant ensuite au violet. On l'emploie en bordures ou en massifs. Semis en avril.

MALOPE TRIFIDE (*M. trifida*). Plante annuelle de la famille des Malvacées; tiges de 60 centimètres. En juin-juillet, fleurs d'un beau rose strié de pourpre et assez grandes. Peu difficile sur le terrain et l'exposition. Semis en place, arrosements fréquents.

MARGUERITE VIVACE (*Bellis perennis*). Charmante plante indigène, généralement connue. On ne cultive que les variétés à fleurs doubles rouges, plus ou moins foncées, blanches ou panachées. Multiplication par la division des touffes; relever chaque année la plante pour éviter la dégénérescence. Terre franche. Très-employée en bordure.

MARTYNIE (*Martya proboscidea*). Plante annuelle du Brésil, aussi remarquable par son port que par la beauté et la singularité de ses fleurs. Tige 40 à 50 centimètres. Fleurs d'un blanc jaunâtre, teinté de rouge, odorantes et ayant quelque analogie avec la digitale pour la forme. Fruit d'une forme toute particulière et terminé par un long bec crochu. Terrain léger et bien fumé ; exposition chaude, arrosements fréquents.

MATRICAIRE COMMUNE (*Matricaria parthénioïdes*). Cette plante aromatique, de la famille des Composées, rappelle la camomille par la forme et par l'odeur pénétrante de ses fleurs. On ne cultive guère dans les jardins que la *matricaire à fleurs doubles*, c'est-à-dire la variété dont les fleurons du centre se sont allongés de manière à simuler une petite rose pompon. Terrain frais ; graines ou éclats.

MATTHIOLE. *Voy*. GIROFLÉE.

MAURANDIE TOUJOURS FLEURIE (*Maurandia semper florens*). Plante annuelle du Mexique (Scrophularinées). Tiges grimpantes et volubiles, s'élevant jusqu'à 2 mètres. De mars à septembre, belles fleurs d'un rose pourpré. — *M. Barclayana*. Ses fleurs sont plus grandes et d'un violet foncé. Ces plantes sont vivaces en serre, mais on peut les traiter comme plantes annuelles. Semis sur couche en mars, mise en place à la fin d'avril ou au commencement de mai. Terre légère et substantielle. Outre les semis, les maurandies se multiplient par boutures faites au printemps ou à l'automne.

MAUVE D'ALGER. (*Malva mauritania*). Plante annuelle d'un mètre ; fleurs grandes et nombreuses, rosées et striées de violet ou de pourpre. Semis en place au printemps. — M. MUSQUÉE (*M. moschata*). Fleurs roses ou blanches en panicules, ayant une légère odeur de musc; de même que la précédente; semis en place et terre ordinaire. — M. CAMPANULÉE (*M. campanulata*). Celle-ci est vivace en serre, mais peut être traitée comme plante annuelle. Ses fleurs, d'un lilas clair, répandent une légère odeur de vanille. Semis sur couche et repiquage en pleine terre.

MECONOPSIS. *Voy*. PAVOT CAMBRIQUE.

MELILOT BLEU (*Melilotus cærulea*). Cette plante annuelle, qui s'élève à 30 ou 35 centimètres, n'est guère cultivée que pour l'odeur agréable qu'elle répand autour d'elle et qui parfume le miel qu'elle procure aux abeilles. Semis en place en mars-avril.

MELLITE DES BOIS (*Melissa melissophyllum*). Plante indigène, vivace et commune dans les bois des environs de Paris. Fleurs labiées, blanches ou carnées, avec une tache pourpre à la lèvre inférieure. Terre légère et sablonneuse; exposition ombragée.

MESEMBRIANTHEMUM. *Voy*. FICOÏDE.

MICHAUXIA CAMPANULOÏDE. Très-belle plante de la Perse. Tige de 1 mètre 25 centimètres, garnie tout l'été de grandes fleurs dont la corolle, en roue et à huit divisions réfléchies, est blanche ou rosée. Exposition du midi; terrain sec et profond. — M. LISSE (*M. Lævigata*.) Plante bisannuelle. Tiges de 1 mètre 50 centimètres. Fleurs d'un blanc jaunâtre. Ces deux espèces se multiplient d'elles-mêmes par les graines qu'elles répandent. Terre légère; exposition au midi.

MILLEPERTUIS A GRANDES FLEURS (*Hypericum calycinum*). Tiges de 35 centimètres; fleurs très-grandes et d'un beau jaune comme celles de tous les millepertuis. Feuillage persistant ; floraison en juillet-septembre. Terre ordinaire, un peu argileuse. Division des pieds ou drageons enracinés.

MIMULE PONCTUE (*Mimulus luteus*). Plante vivace de la famille des Scrophularinées (Amérique septentrionale). Tige de 35 centimètres. Fleurs d'un jaune d'or, ponctuées de rouge, en mai jusqu'en août. Terre légère ; arrosements fréquents ; semis ou éclats de racines. — M. ÉCARLATE (*M. cardinalis*). Plante vivace à fleurs d'un rouge de minium. — M. MUSQUÉE (*M. moschatus*). Vivace, fleurs jaune pâle dont l'odeur se répand à quelque distance. Il existe un certain nombre de mimules ponctuées fort jolies et très-convenables pour l'ornement des plates-bandes.

MONARDE ÉCARLATE, *Thé d'Oswégo* (*Monarda didyma*). Plante labiée de la Transylvanie. Tiges de 65 centimètres ; terre légère ; soleil modéré ; multiplication par division des racines. — M. FISTULEUSE (*M. fistulosa*) du Canada ; tiges de 70 centimètres. En juin-août, fleurs verticillées d'un pourpre plus ou moins foncé et quelquefois violettes. Même culture que la précédente.

MONOLOPE DE LA CALIFORNIE (*Monolopia Californica*). Plante annuelle s'élevant à 30 ou 35 centimètres. Ses fleurs radiées sont jaunes et font bon effet en bordures ou dans les corbeilles. Semis en terre légère à bonne exposition ; floraison de mai à juillet.

MORÉE DE LA CHINE (*Moræ Sinensis*). Très-belle plante de la famille des Iridées. Tige de 50 centimètres. De juillet en août, fleurs d'un jaune safrané maculé de nuances purpurines. Terre ordinaire, fraîche et même un peu argileuse. Multiplication par éclats et division des pieds ou du rhisome. Dans le midi de la France, la morée supporte très-bien nos hivers; mais sous le climat de Paris une couverture de litière est indispensable.

MORELLES A FEUILLES LACINÉES (*Solanum laciniatum*). Cette plante annuelle, de la Nouvelle-Zélande, peut s'élever jusqu'à 1 mètre 50 centimètres. Feuilles pinnatifides d'un beau vert; fleurs grandes et d'un bleu violacé et disposées en grappes latérales. Terre légère mais substantielle. Cette plante fait un très-bel effet dans un parterre, de même que les morelles à *feuilles de vélar* et à *feuilles de citrouille*.

MORINE A LONGUES FEUILLES (*Morina longifolia*). Belle plante vivace, très-remarquable du Népaul. Tige de 80 centimètres. De juillet en septembre, fleurs purpurines tubulées, dont les verticilles forment un long épi. Terrain frais, mais léger quoique substantiel. Semis ou éclats.

MORNA LUISANT (*Morna nitida*). Plante annuelle de la famille des Composées. Tige de 30 centimètres. Fleurs jaune orangé, de juillet à novembre. Semis à la mi-août et mise en place en mai.

MUFLIER DES JARDINS. MUFLE DE VEAU. GUEULE DE LION (*Anthirhinum majus*). Plante bisannuelle indigène et vivace. Tige de 40 à 50 centimètres; de mai en juillet, fleurs rouges, blanches ou nuancées de jaune en forme de mufle. Cette belle plante, cultivée depuis longtemps, compte beaucoup de variétés. Semis a l'ombre vers la fin de juin pour être mis en place à l'automne et fleurir au printemps suivant. Les terrains légers et sablonneux lui conviennent parfaitement.

MUGUET DE MAI (*Convallaria maialis*). Cette petite

plante traçante et vivace est recherchée pour l'odeur de ses fleurs. Terrain frais et ombragé. Multiplication par graines semées en place, par rejeton ou par racines.

MUSCARI ODORANT (*Hyacinthus muscari*). HYACINTHE MUSQUÉE (*liliacées*). Plante bulbeuse et rustique à fleurs en épi d'un jaune violacé et exhalant l'odeur du musc. Multiplication de graines et caïeux en juillet. On doit changer cette plante de place tous les trois ans.

MULGEDUM. *Voy.* LAITRON DE PLUMIER.

MYOSOTIS DES MARAIS ; SCORPIONNE (*Myosotis palustris*).

Petite plante de la famille des Borraginées commune dans les prairies et les lieux humides ; racines vivaces ; fleurs du plus beau bleu ; jaunes à l'orifice du tube.

Les allemands ont donné à cette jolie fleur les significa-
tions suivantes : *Souvenez-vous de moi*, ou *ne m'oubliez
pas*. — MYOSOSTIS DES ALPES (*M. Alpestris*). Petite plante
à tiges de 20 centimètres. Vivace ; fleurs d'un bleu tendre se succédant d'avril en juin. Forme de charmantes
bordures ; demi-ombre ; semis en juin pour repiquer en
septembre.

MYRTE (*Myrtus communis*). Ce joli arbrisseau se multiplie de graines, mais plus communément par boutures, marcottes ou rejetons. Terre légère et substantielle.
Arrosements l'été et même leur donner un peu d'eau
l'hiver. Exposition au soleil. Abri dès les premières gelées et les tenir dans un endroit abrité jusqu'au beau
temps.

N

NARCISSE DES POÈTES (*Narcissus poeticus*). Cette jolie
plante de la famille des Amaryllidées, se multiplie de
caïeux qu'on détache de l'ognon principal en juillet et
qu'on replante en octobre. Le narcisse des poètes fleurit en mai. Sa fleur blanche odorante présente dans son
milieu une couronne courte bordée de pourpre. — N.
TAZETTA A BOUQUETS ou de CONSTANTINOPLE. Cette belle
fleur, qui est originaire du midi de l'Europe, est malheureusement délicate et ne pourrait supporter la rigueur
des hivers du nord de la France. Les amateurs qui veulent néanmoins jouir de son parfum sous le climat de Paris
ont la ressource de l'élever en carafes en l'associant aux
jacinthes et d'en orner leurs cheminées et l'intérieur de
leurs appartements depuis janvier jusqu'à la mi-avril.

Dans le Midi, Provence, Languedoc, etc., on a l'avantage de le cultiver en pleine terre (*Voy.* à la table, *l'article relatif aux fleurs d'appartement.*) Les narcisses présentent plusieurs belles variétés. — NARCISSE JONQUILLE (*N. Jonquilla*). Cette jolie fleur, qui appartient également au midi de l'Europe, porte de deux à cinq fleurs sur une hampe d'environ 30 centimètres. Ces fleurs sont du plus beau jaune et d'une odeur suave. L'espèce à fleurs simples réussit en pleine terre sous le climat de Paris moyennant qu'elle soit plantée à une exposition chaude, dans un sol léger sablonneux et à une profondeur suffisante pour ne pas redouter les gelées. Il n'en est pas de même de l'espèce à fleurs doubles qui exige soit un abri de litière, soit d'être élevée dans l'intérieur des appartements comme le narcisse de Constantinople. — NARCISSE FAUX, NARCISSE A FLEURS DOUBLES (*N. pseudo narcissus; viault narcisse sauvage*). Il est indigène, ses fleurs sont assez grandes et du plus beau jaune, mais il est inodore. Il est commun dans les prés et peut former de charmantes et riches bordures.

NARCISSE MULTIFLORE (*N. polyanthos. Le Tout blanc; Totus albus des jardiniers*). Variété très-odorante et plus tardive que les autres espèces; il réussit très-bien en carafe.

NARDOSMIE. *Voy.* TUSSILAGE ODORANT.

NÉMOPHYLE MACULÉE (*N. maculata*). Plante annuelle de la Californie, haute de 15 à 18 centimètres. Fleurs larges de 3 centimètres et d'un blanc pur, portant sur chacune de leurs divisions une tache d'un violet foncé. On cultive plusieurs espèces de Némophyles. Toutes sont très-basses et forment des touffes qui se couvrent d'une grande quantité de fleurs en mai-juin. Semis en place au printemps. La némophyle est très-propre à former de charmantes bordures.

Nigelle de Damas. Jolie plante annuelle de la Barbarie; famille des Renonculacées. Tiges de 40 centimètres; fleurs bleues ou blanches tout l'été. Graines odorantes employées comme épices en Syrie. Exposition du Midi. Terre légère, semis en place.

Nivéole du printemps (*Leucoïum vernum*). Jolie petite plante indigène et vivace ayant de la ressemblance avec le perce-neige. Ses fleurs sont blanches, solitaires et chacune d'elles est marquée d'une tache verte à son extrémité. La nivéole fleurit en février-mars; elle est particulièrement propre à la formation des bordures. Situation ombragée.

Nivéole d'été (*Leucoïum estivum*). Elle ressemble à la précédente, elle est également bulbeuse et fleurit en mai-juin. Terre fraîche et profonde.

Nolane a feuilles d'arroche (*N. atriplicifolia*). Plante annuelle du Chili; tiges de 20 centimètres; fleurs larges de 4 centimètres d'un bleu violacé au limbe; tube et gorge blanche. Les fleurs des nolanes ont quelques rapports avec celles du liseron tricolore.

Nycterine a feuilles de selagine (*N. selaginoïdes*). Charmante plante annuelle s'élevant au plus à 15 centimètres et formant une touffe basse couverte tout l'été de petites fleurs roses odorantes. Cette plante est parfaite pour former des bordures, des corbeilles, et orner les jardinières.

O

ŒILLET DES FLEURISTES (*Caryophyllus*). Cette belle plante originaire d'Afrique appartient à la famille des Caryophyllées et fleurit en juillet-août. L'on a rangé ses variétés nombreuses dans quatre catégories qui sont l'*Œillet grenadin*, l'*Œillet prolifère* et à carte, l'*Œillet jaune* et l'*Œillet flamand*. Pour obtenir des variétés, il faut semer des graines d'œillets doubles. On sème au printemps sur terre de bruyère et l'on repique sur plate-bande, si on ne veut pas les laisser en pleine terre. Comme la tige de l'œillet est trop faible pour supporter la fleur, on lui donne un tuteur. Un ennemi spécial de l'œillet est le perce-oreille ; on le détruit en plaçant au bout des baguettes servant de tuteurs des ergots de porc ou de mouton où le perce-oreille se retire le matin. Au moment de la floraison, il est bon de faire des *boutures*. Pour cela, on coupe une marcotte au milieu d'un nœud, on y fait une fente, on enlève les feuilles à une certaine hauteur et on met en terre, ou ayant soin d'arroser jusqu'à ce qu'on juge qu'elle a poussé des racines. On peut également coucher les branches en terre pour les mar-cottes ou bien, quand elles sont trop élevées, les mar-cottes en *cornet*. Ce procédé consiste à rouler autour de la marcotte un cornet en plomb laminé, on le remplit de terre, on le maintient avec une baguette et l'on arrose fréquemment pour favoriser l'émission des ra-cines.

L'œillet ne craint pas la gelée, mais bien l'humidité de l'hiver, c'est pour cela qu'on doit les tenir sous des hangars ou dans des chambres bien aérées où on ne les arrose que pour ne pas les laisser mourir.

On possède un très-grand nombre de variétés d'œillets remarquables par la beauté et la diversité de leurs nuances ; des variétés dites *remontantes* qui fleurissent tout l'hiver et l'œillet ligneux d'Orient, à tiges longues, qui donne toute l'année de belles fleurs panachées blanc et puce. — ŒILLET MIGNARDISE. Il forme de charmantes bordures en mai et juin par ses fleurs petites, simples ou doubles, blanches, rouges ou rosées.— ŒILLET DE POÈTE, plante trisannuelle ; fleurs blanches rosées ou, le plus ordinairement, du plus beau rouge, disposées en corymbe. Marcottes éclats ou semis. — L'ŒILLET D'ESPAGNE ne diffère du précédent que par ses fleurs plus doubles ou plus grandes et ses feuilles moins larges. — ŒILLET DE LA CHINE, fleurs petites en bouquets variés de rouge vif, de violet, de pourpre, panachées, etc. Culture des plantes annuelles, quoique bisannuel. — ŒILLET DELTOÏDE. Ses petites touffes se couvrent d'une grande quantité de fleurs pourpres. Convenable pour bordures.

OMPHALODES A FEUILLES DE LIN (*Omphalodes linifolia.*) Plante annuelle de la famille des Borraginées. Ses tiges de 30 centimètres portent en juin-août des fleurs blanches en panicule. Semis au printemps en touffes ou bordures. — L'OMPHLODE PRINTANIÈRE ou petite consoude porte sur des tiges basses depuis avril jusqu'en mai de jolies petites fleurs d'un beau bleu qui ont du rapport avec celles du Myosotis. Terrain frais. Situation ombragée. Division ou traces.

ONOPORDE D'ARABIE (*Onopordon arabicum*). Grande plante bisannuelle ; famille des Composées. Fleurs pourpres très-grandes. Semis au printemps pour fleurir l'année d'ensuite. Plante qui, à cause de sa hauteur, (2 mètres et demi) ne convient qu'aux jardins paysagers.

ONAGRE. *Voy.* ENOTHÈRE.

ORANGER. Ce bel arbre originaire de la Chine est remarquable par la beauté de son feuillage, l'élégance de son port, le parfum de ses fleurs, la couleur et la délicatesse de ses fruits. On en compte plus de cent variétés. Il a été introduit pour la première fois en France, vers l'an 1333. L'oranger se multiplie par semis, par bouture et par marcotte; c'est au semis qu'on doit donner la préférence. A cet effet, on prend des pepins de citrons qu'on sème dans des pots garnis de terre à oranger. On donne ce nom à un terreau composé autrefois de terre franche de fumier, de fiente de poule ou colombine, de poudrette, de terre de gazon, de crottin de mouton et de marc de raisin bien mélangés chaque année et employé seulement à la troisième. Aujourd'hui, on se contente d'employer de la terre franche à laquelle on ajoute un tiers de terreau de feuilles et de fumier gras ou de la terre de bruyère.

Le jeune plant doit passer trois ans sous châssis et à la quatrième année, on l'expose à l'air pendant l'été. On greffe à écusson ou à la pontoise. Il est bon de faire connaître ici ce genre de greffe dont nous n'avons pas parlé ailleurs. On taille le sujet en biseau évidé en A pour recevoir une greffe dont l'extrémité se taille en coin de même grandeur que la cavité du sujet. On choisit le moment où l'oranger est en sève, on y place une branche chargée de fleurs, on met sous châssis pendant une quinzaine de jours et l'on rend graduellement l'air. Au lieu de greffer sur citronnier, on peut greffer sur l'espèce dite bigarade, on obtient de plus beaux orangers.

Il faut avoir soin d'arroser fréquemment surtout au moment de la floraison et diminuer à mesure que la température baisse. Les arrosements doivent être répétés plus souvent en raison de la légèreté de la terre.

On doit fournir à l'oranger à mesure qu'il grandit, une terre ayant plus de consistance et une caisse proportionnée à sa taille. Il faut laver les feuilles et enlever les insectes.

La taille se réduit à peu de chose, mais on doit viser en même temps à la forme et à la fleur et surtout à leur donner une forme cylindrique plutôt qu'arrondie.

Les orangers doivent être rentrés dans le nord de la France, avant le 15 octobre ; on les arrose quand on les a rentrés afin de raffermir la terre, on les débarrasse des feuilles jaunes et des moisissures et on les soigne dans l'orangerie, jusqu'en mai qu'on les sort de nouveau pour passer l'été dehors. L'oranger fleurit vers le milieu de juin ; ses fleurs durent peu par conséquent, on doit les cueillir tous les jours, on les fait sécher sur un linge blanc et on doit les employer au bout de deux ou trois jours. Le kilogramme de fleur d'oranger se vend 3 et 4 fr. aux parfumeurs.

ORCHIDÉES. La grande famille des Orchidées renferme plus de trois mille espèces toutes remarquables par la beauté et la bizarrerie de leurs fleurs. Malheureusement presque toutes appartiennent aux contrées les plus chaudes de l'Amérique. Toutefois on peut essayer de cultiver plusieurs des espèces qui croissent naturellement dans nos bois et particulièrement les espèces suivantes :

Orchis militaire (*O. militaris*). Très-commune au mois d'août et de mai dans les bois montueux et particulièrement dans les bois qui entourent Versailles où nous avons recueilli l'individu dont nous donnons la figure ci-jointe. Sa tige offre à son extrémité un panache de

plusieurs centimètres composé de feuilles et de fleurs purpurines souvent mélangées de rose et de blanc. — Orchis singe (*O. simia*). A fleurs purpurines et quelquefois blanchâtres avec des taches pourpres et dont le *labelle* est divisé en lanières étroites, qui ont été comparées aux quatre membres d'un singe. Nous citerons encore l'*O. maculé* (l'*O. maculata*), l'*O. bouffon* (l'*O. morio*) et l'*O. papillonacé*, très-belle espèce. Pour réussir dans leur culture, il est indispensable de les placer dans le terrain et l'exposition qu'elles trouvent dans les bois ou les prés qu'elles habitent, mais pour presque tous la terre de bruyère pure ou mêlée de terreau est indispensable.

ORNITHOGALE PYRAMIDAL (*Ornithogalum pyramidale*). Liliacées. Plante indigène de pleine terre ; tige de 55 centimètres, fleurs blanches en étoile et disposées en épi. Terre légère. Tous les deux ou trois ans on lève l'ognon à la fin de juin pour en séparer les caïeux et le replanter en octobre. — ORNITHOGALE A OMBELLE, DAME D'ONZE HEURES. Hampe de 15 centimètres. En juin, fleurs blanches et odorantes s'ouvrant à 11 heures pour se fermer à 4 heures. Elles ne s'ouvrent d'ailleurs que lorsque le soleil brille. Terre ordinaire.

OXALIDE. Genre nombreux de plantes dont plusieurs ont des fleurs assez remarquables pour être cultivées comme plantes d'ornement. Elles présentent d'ailleurs des couleurs variées, telles que le rose, le blanc, le jaune, le pourpre, etc., mais elles ont l'inconvénient de ne s'ouvrir que lorsqu'il fait du soleil ; plusieurs ont des racines bulbeuses ; d'autres ont des racines fibreuses : ainsi les oxalides peuvent se multiplier par bulbilles ou par séparation de pieds. Les espèces annuelles et tuberculeuses sont de pleine terre ; telle est l'OXALIDE A FLEURS ROSES (*O. rosea*). Cette plante de 15 à 20 centimètres peut faire de charmantes bordures pour juillet et août. — OXALIDE DE DEPPE (*O. deppei*). De ses bulbes arrondies sortent des pétioles de 20 à 25 centimètres, portant des fleurs d'un rouge obscur au nombre de dix à douze. Cette oxalide est également propre à former des bordures, et sa racine en forme de navet a passé longtemps pour alimentaire.

OXIPÉTALE BLEU (*Oxipetalum cœruleum*). Cette plante volubile du Brésil où elle est vivace, peut être traitée comme plante annuelle sous notre climat. Ses fleurs en forme d'étoile et d'un bleu d'azur sont disposées en grappes. Semis sur couche à l'automne ; repiquage en place au printemps.

P

PANICAUT-AMÉTHISTE. *Voy.* AMÉTHISTE.

PARNASSIE DES MARAIS. On ne possède en Europe qu'une seule espèce de parnassie. Elle fleurit à la fin de l'été. Fleurs blanches maculées de jaune. Terrain humide ; semis.

PASSIFLORE GRENADILLE ; FLEUR DE LA PASSION. Les Passiflores forment un genre nombreux de plantes grimpantes remarquables par leur beauté et leur singularité. Plusieurs espèces donnent des fruits comestibles qu'on mange dans les pays chauds auxquels appartient cette belle plante. Une de ces espèces peut supporter la pleine terre avec une couverture de litière l'hiver. Nous ne parlerons que de celle-là que présente la figure ci-contre.— PASSIFLORE BLEUE (*Passiflora edulis*). Plante grimpante de l'Amérique du Nord. Tiges de 6 à 8 mètres et même davantage. Corolle blanche et plus courte que les filaments ; couronne de filaments colorés purpurins à la base, bleu pâle au milieu et bleu vif aux extrémités. On a comparé aux instruments de la Passion les différentes parties de cette singulière fleur, ce qui lui a mérité le nom de *fleur de la Passion*. A la fleur succèdent

des fruits comestibles qui, dans quelques espèces, acquièrent la grosseur d'un melon et dans d'autres celle d'un
œuf. Terre douce ; palissage le long d'un mur au midi ;
couverture l'hiver.

PAVOT SOMNIFÈRE (*Papaver somniferum*). PAVOT DES
JARDINS. Plante annuelle du plus grand effet par la

beauté, la variété de ses couleurs et la grandeur de ses fleurs. C'est une plante extrêmement rustique et qui vient partout. On en possède une grande quantité de variétés entre lesquelles celles à fleurs doubles sont les plus recherchées. — P. COQUELICOT. Cette espèce que tout le monde connaît présente également un grand nombre de variétés dont plusieurs sont parfaitement doubles. Les pavots ne souffrent pas la transplantation. On les sème en place sur la fin de septembre ou en avril. On sème les coquelicots aux mêmes époques. — PAVOT DE TOURNEFORT, vivace. Sa fleur est plus grande; pétales d'un rouge plus vif; même culture. — PAVOT CAMBRIQUE (*meconopsis à fleurs jaunes*). Papaveracées. Semis en place ne souffrant point la transplantation. Terre légère et humide, exposition ombragée.

PELARGONIUM, D'ENTLICHER. Ce genre composé de près de six cents espèces ou variétés est mal à propos confondu avec le genre Géranium; confusion qui se perpétue malgré les réclamations des botanistes.

Au reste la description des Géraniums n'entre pas dans notre cadre, principalement consacré aux plantes de pleine terre. Toutefois nous dirons quelques mots de la culture de ces magnifiques plantes si répandues sur nos marchés à fleurs, et dans les jardins.

Les Pélargoniums sont des plantes vivaces qui diffèrent des vrais géraniums par leurs fleurs à pétales inégaux, tandis que les géraniums ont toutes leurs fleurs parfaitement régulières. C'est par les semis qu'on a obtenu et que l'on obtient encore chaque jour des variétés nouvelles. Les semis se font au printemps, sous châssis, ou dans des terrines garnies de terre légère. Lorsque les plants ont acquis une force suffisante on les repique à mesure dans de petits pots, sauf à les rempoter plus tard dans de grands pots. Mais le moyen le plus simple de multiplier les pélargoniums, lorsqu'on ne tient pas à créer des espèces nouvelles est d'en faire des boutures prises depuis juillet jusqu'en septembre sur des individus de choix. La force de végétation des pélargoniums est si grande qu'au bout d'un mois les boutures sont enracinées et doivent être repiquées dans des pots plus grands.

Au commencement d'octobre, on rentre les pélargoniums dans la serre ou dans l'appartement. Si on n'a pas d'autres abri ; ils doivent être arrosés avec modération et la température de leur resserre ne doit pas être au-dessous de 5 degrés centigrades ni au-dessus de 12 ou 14 degrés. Il faut leur donner de l'air toutes les fois que cela sera possible.

PENSÉE. *Voy.* VIOLETTE.

PENTAPÉTÈS DE SYRIE (*Pentapetes pœnicea*). Plante annuelle de l'Inde, s'élevant à 1 mètre au moins à fleurs pourpres. Semis sous châssis sur couche chaude et mise en place en pleine terre à la fin d'avril.

PENTSTEMON, genre nombreux en espèces d'ornement appartenant à la famille des Scrophularinées et dont plusieurs étaient connues sous le nom de *galanes* (Cheloné). PENTSTEMON LA FLEURS BLEUES (*P. cyananthus*). Plante vivace et de pleine terre originaire du Mexique ; tiges de 40 centimètres, fleurs d'un beau bleu en épis ; boutures ou éclats. — P. A FLEURS DE DIGITALES (*P. Digitales*). Tige de 60 à 80 centimètres, fleurs blanches en panicules terminales en juin. Plante rustique et ayant donné plusieurs belles variétés. — P. A FEUILLES LISSES (*P. pubescens*). Plante commune au Canada. Tige de 50 centimètres, fleurs longues de deux centimètres, d'un violet bleuâtre, en grappe paniculée. Semis en août ou éclats au commencement de mars. — P. DE HARTWEG. Plante vivace au Mexique, mais annuelle dans notre climat. Fleurs d'un violet pourpre.

PERCE-NEIGE. *Voy*. GALANTHINE.

PERIPLOCA DE LA GRÈCE (*P. Græca*). Arbrisseau grimpant propre à garnir les murs par ses tiges feuillées de 7 à 8 mètres. Fleurs d'un pourpre obscur en juin-juillet; demi-soleil. Graines, marcottes ou drageons.

PERSICAIRE DU LEVANT (*Polygonum orientale*). Annuelle. Tige de 2 mètres 50 centimètres. En juillet, fleurs rouges en épis terminaux. Semis en mars; repiquer en terrain frais.

PERVENCHE (GRANDE) (*Vinca major*). Plante grimpante rustique, indigène et vivace. Tiges rampantes d'un mètre et quelquefois plus. En mai-septembre, fleurs axillaires en forme d'entonnoir du plus joli bleu, feuilles d'un vert satiné. Situation ombragée. Terre ordinaire. —PETITE PERVENCHE (*Vinca minor*). Fleurs et feuilles plus petites; variétés à fleurs doubles, pourpres, blanches, rouges ou violacées. Terre légère, graines ou rejetons. — PERVENCHE DE MADAGASCAR. Cette charmante plante vivace et sous-ligneuse est traitée comme plante annuelle et fleurit tout l'été. Fleurs d'un rose violacé très-brillant.

PETUNIA ODORANT (*P. nyctaginiflora*), de la Plata; traitée comme annuelle ici, mais vivace en serre. Fleurs blanches tout l'été, ressemblantes à celles de la belle de nuit. — PETUNIA A FLEURS VIOLETTES (*P. Violacea*); annuelle comme la précédente et durant tout l'été jusqu'aux gelées. Le Petunia à fourni par les semis de nombreuses variétés pour lesquelles on choisit les graines provenant des *plantes mères* à grandes fleurs et d'une couleur foncée. Cette plante et des plus précieuses pour garnir les treillages, les berceaux, les rampes et les balcons. Sa culture est facile, on peut aussi la propager par boutures.

PHACÉLIE BIPINNATIFIDE (*Phacelia bipinnatifida*). Jolie plante de l'Amérique du Nord. Touffes de 30 centimètres, fleurs petites d'un beau bleu et disposées comme celles de l'héliotrope; en septembre. Semis en place en avril.

PHALANGÈRE RAMEUSE (*Phalangium ramosus*). Liliacées. Hampe de 40 centimètres; épis de fleurs blanches nombreuses et bien ouvertes en juin. Terre légère ou plutôt terre de bruyère. — Division des racines à l'automne.

PHLOMIS FRUTESCENT (*P. fruticosa*). — Labiées. Plante frutescente du levant; tige de 80 centimètres; fleurs d'un beau jaune; exposition du Midi. Couverture de litière l'hiver. — PHLOMIS TUBÉREUX (*P. tuberosa*). Vivace. Tige de 1 mètre 20 centimètres. En juin-juillet, fleurs violettes en verticilles. Terre légère, arrosements fréquents. Semis ou séparation des tubercules.

PHLOX. Ce sont de très-belles plantes de le famille des Polémoniacées, à racines vivaces et à tiges nombreuses. Toutes appartiennent à l'Amérique septentrionale. Leurs couleurs varient suivant les espèces du violet au pourpre plus au moins foncé et du rose au lilas et au purpurin. Il y a aussi des variétés à fleurs blanches. Leur taille varie également suivant les espèces de 35 centimètres à 1 mètre. Les Phlox sont des plantes rustiques et d'une multiplication facile par la séparation des touffes, par semis ou par boutures. Terre franche et légère; arrosements copieux dans les chaleurs. Voici les noms des principales espèces de phlox. — *P. de Drum-mond annuel.*—*P. Paniculé vivace ainsi que les suivants.* — *P. à feuilles ovales.* — *P. Printanier.*—*P. Acuminé.* — *P. Pyramidal.*—*P. Subulé.*— *P. Sétacé.*— Aucune plante n'est plus ornementale que le Phlox.

PHYGÉLIE DU CAP (*Phygelius Capensis*). Plante vivace de la famille des Scrophularinées. Fleurs, de juillet à novembre, d'un rouge de corail à l'extérieur et d'un jaune clair à l'intérieur. Ces fleurs remarquables sont pendantes et forment une belle panicule. Semis à la fin de l'été en terre légère ; hivernage sous châssis et mise en place en mai.

PHYTOLACCA A DIX ÉTAMINES (*P. Décandra*). Grande plante rustique de la Virgine ; racines vivaces ; fleurs petites et d'un blanc rougeâtre en grappes et auxquelles succèdent des baies à suc rouge de laque qui ont fait donner à cette plante le nom de *raisin d'Amérique.* Ses feuilles peuvent remplacer, dit-on, les épinards.

PICRIDE DE TANGER (*Picridium Tingitanum*). Plante de la famille des Composées, haute de 70 centimètres, à rayons jaunes et à centre d'un pourpre noir. Cette plante vivace est d'un bel effet.

PIED D'ALOUETTE (*Delphinum ajacis*). Renonculacées. Plante annuelle fort jolie ; tige de 65 centimètres. En juillet, fleurs en épis denses, simples ou doubles, roses, bleues, rouges, violettes, suivant la variété. — LE PIED D'ALOUETTE NAIN forme de charmantes bordures. Semis en place au printemps, en terre légère et terreautée. — P. D'ALOUETTE A GRANDES FLEURS (*Delphinium grandi-florum*). Plante vivace de Sibérie, haute de 60 centimètres, faisant de l'effet par ses grandes fleurs du plus beau bleu d'azur ; la garantir des grandes gelées de l'hiver par une couverture de litière. — P. D'ALOUETTE ÉLEVÉ (*Delphinium elatum*). Vivace. Sa tige s'élève souvent à plus d'un mètre 50 centimètres. Ses fleurs disposées en longs épis, sont d'un bleu d'azur. Terre ordinaire, mais saine et ameublie. Multiplication d'éclats à l'automne ou au printemps, ou par semis en pépinière. La grandeur et beauté de cette plante la rend éminemment propre à décorer les grands jardins. On cultive encore plusieurs autres espèces de pieds d'alouette, vivaces et très-remarquables par la beauté de leurs fleurs ainsi que des hybrides des espèces précédentes.

PIVOINE OFFICINALE (*Pæonia officinalis*). Plante magnifique de la famille des Renonculacées et originaire des Alpes. On ne cultive que les variétés à fleurs très-doubles, carnées, roses, cramoisies ou écarlates, dont l'effet est admirable dans une plate-bande. Outre les pivoines dont nous parlons on cultive des pivoines à tige ligneuse ou *Pivoines en arbre*, (PIVOINE MOUTAN) qui ne sont pas moins remarquables que l'espèce précédente. Les pivoines s'élèvent de 1 mètre à 1 mètre 50 centimètres. Elles aiment une terre de bruyère mêlée d'un quart de terre franche ou encore de la terre à oranger, mélangée avec un quart de terre de bruyère. On la multiplie par la division des racines, boutures, greffes ou semis ; mais par ce dernier procédé on n'obtient des fleurs qu'au bout de six ou sept ans ; quant à l'exposition, elles sont peu difficiles.

PODOLEPIS DORÉ (*P. Chrysantha*). Plante annuelle de l'Australie, tige de 40 centimètres, fleurs radiées grosses et d'un jaune d'or.— LE PODOLEPIS A GRANDES FLEURS (*P. affinis*), s'élève à 50 centimètres ; fleurs encore plus grandes et de la même couleur que le P. doré. Ces plantes sont élégantes et fleurissent de juillet en octobre. Terrain plus sec qu'humide. Semis en place vers le 15 mai.

Pois vivace, pois a bouquets, pois de senteur. *Voy.* Gesse.

Polémoine (*Polemonium cœruleum*). *Valériane grecque.* Plante vivace d'environ 30 centimètres. Fleurs bleues en corymbe en juin-juillet. Semis en mai, en pépinière, et mise en place au printemps suivant. Quoique vivace, on fera bien de la renouveler chaque année, car en vieillissant sa beauté diminue. On peut aussi la multiplier par la division des racines.

Populage des marais (*Caltha palustris*). Renonculacées. Plante vivace à tiges de 33 centimètres. On ne cultive que la plante à fleurs doubles, elle est grande, pleine et d'un beau jaune. Terrain humide, boutures, éclats de racines.

Pourpier a grandes fleurs (*Portulaca grandiflora*). Plante annuelle de l'Amérique du Sud. Fleurs très-belles, d'un magnifique pourpre violacé avec un centre blanc et des anthères couleur d'or. Il est regrettable que ces fleurs ne s'épanouissent bien qu'en plein soleil.

Polentille du Nepaul (*Polentilla Nepalensis*). Plante vivace. Tiges de 60 centimètres ; l'été et l'automne, fleurs d'un beau rouge, feuilles radicales ternées. Terre ordinaire, demi-soleil, graines et éclats. — Polentille frutescente (*P. fructicosa*). Petit arbrisseau de 80 centimètres. Fleurs en corymbe d'un beau jaune; tout l'été. Plante rustique. — Polentille pourpre noir (*P. atrosanguinea*). Fleurs plus grandes que les précédentes. Culture de la P. du Nepaul.

Primevère élevée (*Primula elatior*). Plante indigène

et vivace que tout le monde connait. Fleurs en ombelle.
Elle a un grand nombre de variétés simples, doubles et
de toutes les nuances. Cette jolie fleur aime une terre
légère, fraiche et un soleil modéré. Multiplication par
semis et par séparation des pieds. — PRIMEVÈRE A GRAN-
DES FLEURS (*P. grandiflorum*). Cette espèce se distingue
de la précédente par ses fleurs solitaires ou réunies par
deux ou trois et portées sur des pédoncules radicaux.
Ses variétés sont un peu moins nombreuses que celles
de la primevère élevée. — PRIMEVÈRE, OREILLE D'OURS.
Cette espèce, originaire des Alpes, présente une hampe
de 10 à 15 centimètres, couronnée au printemps par
une ombelle de fleurs charmantes par leur forme, la
variété et l'éclat de leurs nuances veloutées. De même
que les primevères ci-dessus, l'oreille d'ours aime une
terre légère et fraiche. Elle craint les changements
brusques de température et surtout l'humidité qui
amène la pourriture de ses feuilles et de ses racines.
Elle préfère l'exposition du nord ou du levant. On multiplie l'oreille d'ours par la séparation des pieds en automne ou par semis de décembre jusqu'en mars, en
terre de bruyère, ou terreau parfaitement consommé
et mêlé de terre sableuse. Les amateurs, qui collection-
nent les variétés nombreuses de l'oreille d'ours, les
tiennent dans des pots qu'ils rangent sur des gradins de
manière à flatter la vue par le contraste de leurs couleurs. — PRIMEVÈRE OFFICINALE (*P. officinale*, *Fleur de
coucou*). Cette espèce peu intéressante habite les bois
qu'elle orne de ses fleurs jaunes à pétales en forme de
coupe. On cultive encore plusieurs autres espèces de
primevères alpines propres à former de jolies bordures.

PTARMIQUE, HERBE A ÉTERNUER. *Voy*. ACHILLÉE.

Pulmonaire de Virginie (*P. Virginea. Mertensia Virgica.* Tiges de 30 centimètres. En avril-mai, fleurs en bouquets pendants du plus joli bleu ; variétés à fleurs blanches ou rouges. Plante rustique fort agréable. Terrain frais, soleil modéré. Multiplication par division des racines.

Pyrèthre des Indes ou **Chrysanthème des Indes** (*Pyrethrum*). Très-belle plante de la famille des Composées. Tiges de 1 mètre, fleurs pourpres, jaunes ou blanches, etc. La variété dite *Chrysanthème Pompon* a des fleurs d'une grandeur moyenne et des tiges peu élevées. Les chrysanthèmes dits remontants ont au contraire des tiges élevées et des fleurs plus larges. Ce beau genre par le nombre et l'éclat de ses variétés a fourni à nos intelligents horticulteurs le moyen de multiplier et d'entretenir l'ornement de nos parterres jusqu'aux premières gelées. Il y a une variété de chrysanthèmes dits précoces qui commencent à fleurir dès juillet en sorte qu'on en peut jouir très-longtemps, tandis que chez d'autres variétés la floraison est quelquefois si tardive qu'on ne peut en profiter qu'en le rentrant dans un abri. Ces plantes demandent une bonne terre ; elles sont faciles à multiplier par éclats ou par boutures en automne. Les semis du printemps produisent des individus qui pour la plupart fleurissent la première année.

Q

Quamoclit écarlate (*Ipomea coccinea*). Cette jolie plante annuelle, de la famille des Convolvulacées, a des tiges volubiles qui s'élèvent jusqu'à 2 mètres 50 centimètres. De juillet à septembre elles se couvrent de fleurs écarlates et campanulées. Le quamoclit appartient à l'Inde. Floraison d'août en octobre. Semis sur couche en avril et mise en place fin mai.

R

REINE MARGUERITE. *Voy*. CALLISTÈPHE.

RENONCULE DES JARDINS (*Ranunculus asiaticus*). Belle plante vivace, type de la famille des Renonculacées et dont la racine digitée porte le nom de *griffe*. Ce genre comprend un nombre considérable de variétés : simples, semi-doubles, doubles et présentant les nuances les plus vives et les plus variées. Il faut à la Renoncule une terre substantielle, mais légère et même un peu sablonneuse. L'exposition du levant est celle qui lui convient le mieux. On peut semer les renoncules en pleine terre dans un terrain bien ameubli et recouvert d'un centimètre de terreau passé au crible. Les graines mettent en terme moyen 40 jours à lever. On doit garantir le jeune plant de la gelée avec de la litière pendant l'hiver. Il est bon de relever les plantes venues de semis à la fin de la première année et de les replanter en terre nouvelle. L'éducation des jeunes renoncules demande des soins continus, mais dont on est bien récompensé lorsque dans une planche, venue de semis, on aperçoit un certain nombre de fleurs de choix.

On lève les griffes lorsque les fanes sont desséchées, on détache les feuilles et les tiges et on lave à grande eau les griffes qu'on met sécher en lieu sec et à l'ombre. Renfermées dans des sacs de papier, elles peuvent

facilement se conserver un an. — R. A FEUILLES D'ACO-
NIT (*Bouton d'argent*). Même culture que pour la renoncule asiatique. — La *R. âcre* et la *R. rampante* à fleurs
doubles, donnent des fleurs du plus beau jaune que l'on
confond sous le nom de *Bouton d'or* et que l'on traite
comme plante d'ornement.

RÉSÉDA ODORANT (*R. odorata*). Plante annuelle. Pro-
venance inconnue. Tiges de 25 centimètres, fleurs petites et verdâtres en grappes et très-odorantes. Terre
saine, plutôt sèche qu'humide. Semis en place d'avril à
juin. Quoique réputé annuel, le réséda peut être conservé en pot plusieurs années; il devient alors ligneux
et peut s'élever dit-on jusqu'à 2 mètres 50 centimètres
sous la forme d'une pyramide.

RICIN (*Ricinus communis*). *Palma christi*. Plante annuelle de l'Inde. Tiges de 1 mètre 50 centimètres. Feuillage élégamment découpé. L'aspect étranger de cette
plante la fait rechercher plutôt que la beauté de ses
fleurs, mais son port est si beau qu'on l'accueille avec
plaisir. Dans son pays natal, il devient ligneux et prend
les proportions d'un arbre.

ROMARIN OFFICINAL (*R. officinalis*). Arbrisseau indigène de 1 mètre 20 centimètres. De mars à mai, fleurs
d'un bleu tendre. Terre légère. Exposition au midi et
abritée contre les vents froids. Boutures et marcottes.
Arrosements durant l'été; le tondre à l'automne.

ROCMERIE ÉCARLATE (*R. refracta*). Très-belle plante,
annuelle de la Tauride. En juin, fleurs de l'écarlate le
plus vif assez semblables à celles du coquelicot, mais
plus grandes. Semis en place.

RHODODENDRON. *Les Rhododendrons* sont des végétaux
magnifiques par la beauté de leur port, de leur feuillage

et surtout par leurs grandes et superbes fleurs, disposées en corymbes ou en bouquets, roses, violet tendre,
cramoisies suivant les espèces. Il serait difficile d'énu-
mérer ici toutes les variétés de ce splendide végétal, car
il n'entre pas dans notre plan de parler ici de celles
qui exigent les serres chaudes ou tempérées.

Les Rhododendrons sont originaires du Nepaul, de

l'Hymalaya, des îles du grand archipel d'Asie, de l'A-
mérique septentrionale, de l'Asie-Mineure, des Alpes
et des Pyrénées. A l'exception des espèces de l'Hymalaya, du Nepaul et de l'archipel d'Asie, la plupart des

autres peuvent supporter la culture de pleine terre en terre de bruyère et à l'exposition du nord ou du levant. — Les espèces les plus remarquables sont le *Rhododendron pontique à grandes fleurs* d'un pourpre-violet, le *R. ferrugineux des Alpes* à fleurs d'un rose brillant, les *R. de Catawba* à fleurs blanches, roses, lilas, pourpres, avec des macules de diverses nuances. L'une des plus petites espèces est le *R. Chamæcistus* à pétales d'un rose tendre et à anthères d'un pourpre obscur. (*Voy.* sur la figure ci-contre cette plante de grandeur naturelle). On multiplie les Rhododendrons de pleine terre par semis, en terre de bruyère, par la greffe ou les marcottes.

Rose-trémière (*Althæa rosea*); Rose d'outremer. Plante bisannuelle magnifique par sa hauteur, la beauté de son feuillage élégamment découpé, son port, et surtout ses grandes et belles fleurs. Les variétés de la rose-trémière sont très-nombreuses. On ne cultive guère que les variétés à fleurs doubles ou pleines; le jaune, le violet, le rouge, le brun foncé, le pourpre, le rose, ainsi que toutes les nuances intermédiaires, brillent dans cette fleur, et chaque jour ou en voit naître de nouvelles que l'on obtient par les semis. La rose-trémière s'élève jusqu'à deux mètres et même au delà dans le midi de la France. Souvent elle périt après la première floraison, mais on peut conserver les individus par la division des pieds, et même par la greffe herbacée que l'on exécute sur la racine d'une autre rose trémière. On pratique sur cette racine, de côté et à son sommet, une entaille triangulaire dans laquelle on insère le bout d'un rameau auquel on ne laisse qu'une ou deux feuilles, et l'on taille la base de ce rameau en forme de coin, de façon qu'il remplisse exactement l'entaille destinée à le recevoir. Il est essentiel, comme dans toutes les greffes possibles, que les écorces de la greffe et du sujet se correspondent parfaitement. On assujettit ensuite cet appareil de façon qu'il ne se dérange pas, et on le fixe avec un lien après l'avoir recouvert de terre légère, en laissant la greffe hors de la terre. Cette opération doit avoir lieu au printemps, ou même en automne. La division des racines, de même que le bouturage, peuvent se faire indistinctement au printemps ou à l'automne.

Rosier (*Rosacées*). La culture du rosier remonte à la plus haute antiquité. Nous la retrouvons chez tous les peuples civilisés, qui prodiguaient les roses dans les cérémonies religieuses, dans les fêtes et dans les festins. Les Romains en paraient les autels et en couronnaient leurs fronts. Les poëtes l'ont célébrée, et ils en ont fait l'emblème de la beauté, de la candeur et de l'innocence. La plus parfaite des roses, celle à cent feuilles, a dû, de tout temps, mériter la préférence.

La culture moderne ne pouvait obtenir mieux, mais il lui restait à chercher les moyens de prolonger la durée d'une aussi charmante fleur. Or, l'horticulture a obtenu de nos jours cet heureux résultat par l'acquisition de nouvelles races.

Le rosier se multiplie de drageons ou de greffe; il est quelques variétés à bois tendre, telles que les *thé*, les *noisette*, les *bengale* et les *roses de l'île Bourbon*, qu'on peut multiplier de bouture.

Il faut à cet intéressant arbuste une terre franche et un peu fraîche, un lieu bien aéré. Si on a recours à la greffe pour sa multiplication, on doit faire choix d'églantiers de deux à trois ans, à écorce rugueuse et d'un gris-vert, arrachés depuis peu de temps, afin que la reprise soit facile. On doit donner la préférence à l'églantier à fruits longs, parce qu'il donne des bourgeons plus vigoureux, et qu'on peut obtenir ainsi plus promptement de belles touffes. Il faut le planter en automne, afin qu'il travaille pendant l'hiver et puisse pousser de bonne heure au printemps.

On greffe en écusson, ou en fente. La première est dite à *œil poussant* ou à *œil dormant*. La greffe à *œil poussant* se pratique en mai. On lui donne ce nom parce que l'œil greffé ne tarde pas à pousser.

La greffe à *œil dormant* a lieu de juillet à septembre. Comme la végétation ne commence qu'au printemps, et que l'œil paraît dormir quelque temps, on lui a donné la dénomination de greffe à œil dormant. Quelle que soit la méthode qu'on emploie, il faut toujours couper la branche à 10 centimètres au-dessus de l'œil, et donner des tuteurs aux jeunes bourgeons.

La greffe en fente est ordinaire ou *forcée*. La greffe forcée a lieu en janvier et février, et sous cloche ou sous châssis; l'autre se pratique en mars et avril. Lorsque le sujet est fort, on met deux greffes; on ligature avec du jonc et l'on applique de la cire sur la plaie. Ce mode de greffe offre le plus d'avantages.

On compte un très-grand nombre de variétés de rosiers, trois mille au moins. Nous n'avons pas la prétention d'en faire ici la nomenclature, et nous nous bornerons, comme la plupart de ceux qui ont écrit des traités d'horticulture, à les diviser en sections.

Section I. — ROSIERS THÉ. Cette section comprend des rosiers délicats, petits, à écorce lisse et presque sans épines; les feuilles sont luisantes, les fleurs ont une couleur pâle, et elles sont rarement rouges; l'odeur qu'elles exhalent ressemble à celle du thé. C'est ce qui leur a valu le nom de *rose-thé*.

Section II. — ROSIERS BENGALES. Cette espèce est plus vigoureuse que la précédente; l'écorce est également lisse, et les rameaux non épineux; les fleurs sont disposées en panicule; elles sont plus ou moins colorées, mais ni rouges complétement ni tout à fait blanches. Elles ont très-peu d'odeur. A cette section appartient la petite *rose pompon*.

Section III. — ROSIERS NOISETTE. Cette section comprend des rosiers vigoureux, à rameaux allongés et épineux, à fleurs disposées en corymbe, blanches, roses, ou jaunes.

Section IV. — ROSIERS ILE DE BOURBON. Les rosiers de cette section sont forts et vigoureux; l'écorce est lisse, les épines courtes et recourbées, les feuilles d'un vert sombre; les fleurs rouges, roses, blanches, jaunes.

Section V. — ROSIERS HYBRIDES REMONTANTS.

Section VI. — ROSIERS DES QUATRE SAISONS. Les rosiers de cette section ont les rameaux droits couverts d'épines nombreuses, fines et inégales; les feuilles sont un peu gaufrées, à nervures apparentes, les fleurs en petit nombre et très-odorantes. On les subdivise en *rosiers mousseux*, *rosiers pimprenelle* et *rosiers des quatre saisons*.

Section VII. — A cette section appartiennent le ROSIER MUSCAT et diverses variétés de rosiers remontants.

Section VII. — ROSIERS NON REMONTANTS. Les rosiers de cette section ont les rameaux allongés, les fleurs nombreuses et petites. Ils conservent longtemps leurs feuilles, ce qui fait donner à quelques-uns le surnom de *semper virens* : rosiers *Banks*, rosiers *multicolores*, à fleurs d'anémones, à feuilles de ronce, rosiers *sulfureux*, rosiers *capucines*, rosiers de *Damas*, rosiers *cent feuilles*, *mousseux*, *Provins*.

Section IX. — ROSIERS A PETITES FEUILLES. Rameaux garnis d'épines à la base et aux côtés des feuilles qui sont divisées en six paires de folioles. *Rosiers mycrophyle*, rosiers *bractéolés*.

RUDBECKIA élégante. Plante vivace de l'Amérique septentrionale de la famille des Composées. Tige de 70 centimètres, fleurs radiées d'un jaune safrané, à disque pourpre noir; semis en terre légère à la mi-avril pour repiquer au commencement de l'été. Fleurs abondantes jusqu'à la fin d'août. On peut la traiter comme plante annuelle.

S

SAFRAN OFFICINAL (*Crocus autumnalis*). Cette plante, originaire d'Orient, fleurit à la mi-septembre; fleurs violet-pourpre. On recueille ses trois stigmates d'un jaune aurore pour former le safran du commerce. On lève ses ognons tous les trois ans pour les replanter en octobre. Les fleurs du safran forment de très-jolis massifs à l'automne.

SAINFOIN D'ESPAGNE (*Hedisarum coronarium*). Plante bisannuelle de la famille des Papilionacées. Tige de 1^m. 50. En juillet fleurs rouges. Semis au printemps. Couverture de litière l'hiver.

SALICAIRE COMMUNE (*Lythrum salicaria*). Rustique, indigène et vivace. En juillet et août épi serré de fleurs purpurines. Cette plante exige un sol humide et se plaît sur le bord des eaux. Multiplication par drageons.

SALPIGLOSSIS SINUÉE (*S. sinnata*). Plante annuelle du Chili ; tige de 50 centimètres ; fleurs fort belles dont la couleur est mélangée de pourpre, de jaune plus ou moins foncé et de violet. Semis en terre légère au commencement du printemps ; fleurs en juillet et août.— S. A FLEURS JAUNES. Même culture.

SAPONAIRE OFFICINALE (*S. officinalis*). Plante rustique vivace. Tige de 60 centimètres fleurs, d'un rose violacé, un peu odorantes. On ne cultive que les variétés à fleurs doubles, rosées ou pourpres. Division des touffes. Ses tiges écrasées ont une propriété savonneuse.

SARRÈTE DES TEINTURIERS (*Serratula pinnatifida*). Plante vivace de la famille des Composées. Tiges de 60 centimètres, portant en juillet des fleurs d'un rose tirant sur le violet. Multiplication par division du pied. Convient aux jardins paysagers.

SAUGE OFFICINALE (*Salvia officinalis*). Plante indigène de 50 centimètres. Fleur bleue ou blanche en juin et juillet. Exposition du midi ; terre légère.

SAUGE HORMIN (*Salvia horminum*). Plante annuelle de 60 centimètres. Fleurs rose tendre, à bractées colorées. — On connaît près de 400 espèces de sauges, toutes douées de propriétés aromatiques et dont une grande partie, appartenant aux plus chaudes contrées de l'Amérique, demandent la serre. Parmi les plus belles espèces on remarque la SAUGE ÉCLATANTE du Brésil, la SAUGE CARDINALE du Mexique. — La SAUGE ÉCARLATE de la Floride, la SAUGE A FLEURS VIOLETTES du Mexique.— La SAUGE DORÉE DU CAP.

SAXIFRAGE A FEUILLES ÉPAISSES (*S. de Sibérie, S. cras-*

sifolia). Feuilles larges et épaisses faisant touffe ; tige de
20 à 80 centimètres, terminée, en avril et mai, par un
thyrse de fleurs du plus joli rose. Terre fraîche et légère ; exposition du Nord. Multiplication par drageons.
— S. COTYLEDON (*S. pyramidalis*). Très-belle plante
vivace. Tige de 60 centimètres. En juin, charmante pyramide de fleurs blanches, petites, mais nombreuses. Demi-soleil ; graines ou séparation des œilletons. — S. OM-
BREUSE ; *Mignonette* (*S. umbrosa*). Jolie petite plante des
Alpes ; tiges de 20 à 25 centimètres. En mai, panicules
de petites fleurs blanches pointillées de pourpre. Division des touffes.

SCABIEUSE FLEUR DE VEUVE ou S. NOIR-POURPRE (*S. atro-
purpurea*). Plante bisannuelle, de la famille des Dipsa-
cées, à fleurs d'une couleur brune veloutée en juillet.
Exposition du midi ; semis en place au printemps ou en
automne, pour repiquer en avril. La S. DU CAUCASE
(*S. Caucasica*), à tiges simples et vivaces, a des fleurs
plus grandes, mais, par leur couleur, elles diffèrent peu
de la *Scabieuse sauvage* de nos bois.

SCHIZANTHE AILÉ (*Schizanthus pinnatus*). Plante annuelle du Chili, famille des Scrophularinées. Tiges de
60 centimètres. Fleurs nombreuses en panicules, d'un
lilas tendre avec le palais jaune. Semis en mars ou en
septembre.

SCILLE D'ITALIE (*S. Italica*) ; *Lis-jacinthe*. Hampe de 15
centimètres. En mai, grappe allongée de fleurs bleues
d'un joli effet. Pleine terre légère. Multiplication par
caïeux. — S. DU PÉROU (*S. Peruviana*), plus grande et
plus belle que la précédente ; même culture. — S. AGRÉABLE
(*S. amœna*) ; *Jacinte étoilée*. Hampe de 25 centimètres ;
fleurs en avril, d'un beau bleu. Graines ou caïeux. —

S. CAMPANULÉE (*S. campanulata*). Hampe de 30 centimètres. En juin, fleurs d'un bleu tirant sur le violet. Multiplication par caïeux.

SCUTELLAIRE A GRANDES FLEURS (*S. macrantha*). Plante vivace de la famille des Labiées. Tiges de 20 centimètres; fleurs en épi, grandes, et d'un beau bleu. Éclats, graines et boutures, en pleine terre légère.

SEDUM-RHODIOLE (*Rhodila rosea*). Jolie plante rustique et vivace des Alpes; tiges très-basses; fleurs roses odorantes. Demi soleil; terre sèche ou sableuse. Multiplication par éclats. — S. ORPIN (*S. telephium*). Corymbes de fleurs purpurines. Même culture. — S. DE SIÉBOLD (*S. Sieboldii*). Fleurs gris de lin. Même culture. — S. A FEUILLES DE PEUPLIER (*S. populifolium*). En juillet, fleurs roses odorantes.

SENEÇON D'AFRIQUE (*S. elegans*). Plante charmante par ses fleurs à rayons d'un cramoisi plus ou moins foncé, lilas, roses, blanc pur, blanc rosé et à centre du plus beau jaune. Variété à fleurs doubles. Semis, de mars en avril, en terre douce mêlée de terreau, à l'exposition du midi, et replanter en mottes. On traite cette jolie plante comme annuelle, ou, si on la conserve en serre tempérée, elle pourra vivre trois ans. — S. POURPRE (*S. cruentus*). Cette plante vivace, originaire de Ténériffe, abritée durant les gelées dans la serre tempérée, fleurit depuis les premiers jours de février jusqu'à la fin de mai. Par les semis, elle a produit un bon nombre de variétés plus jolies les unes que les autres, et offrant dans toutes les nuances du pourpre, du violet, du bleu, du rose, etc., et que l'on confond mal à propos sous le nom de *Cinéraire*. Multiplication par éclats enracinés. Terre composée de terre franche, terreau et terre de bruyère par portions égales. Arrosements modérés.

SHORTIE DE LA CALIFORNIE (*S. Californica*). Jolie plante annuelle de la famille des Composées ; fleurs d'un jaune brillant. Sa hauteur, qui ne dépasse pas 15 centimètres, la rend convenable pour bordures et massifs. Semis en place pour fleurir en juin-juillet.

SILENÉ A PÉTALES BILOBÉS (*bipartita*) ; *S. à fleurs roses*. Plante annuelle de la Barbarie. Tiges de 25 centimètres. En juin-juillet, fleurs d'un rose vif. Semis au printemps. Terre légère. — S. ARMERIA. — Annuel. Tige de 40 centimètres ; fleurs roses ; variété à fleurs blanches. Semis en avril. — S. A BOUQUETS (*S. compacta*). Plante bisannuelle du Caucase. Fleurs d'un rose foncé et plus grandes que les précédentes. — S. MUSCIPULA (*Gobe-mouches*). Plante annuelle à panicules de fleurs roses en mai-juin. Le haut de ses tiges, garni d'une enduit visqueux, lui a mérité son surnom. Semis. On cultive encore plusieurs espèces de Silené, tous à fleurs rose vif.

SILPHIUM A FEUILLES LACINIÉES (*S. laciniatum*). Composées. Grande plante rustique de l'Amérique septentrionale, dont la hampe, très-grosse, porte des fleurs jaunes analogues à celles de l'Hélianthe (grand soleil), et de 10 à 11 centimètres de diamètre. Racine tuberculeuse. Terre profonde et légère. Multiplication par éclats. Convient, comme trois autres espèces de Sylphium, à la décoration des grands jardins.

SILYBUM Chardon-Marie. De même que le genre ci-dessus, cette plante appartient à la famille des Composées. Elle est bisannuelle, et s'élève jusqu'à la hauteur de 1 mètre 50 centimètres. Feuilles élégantes ; fleurs pourpres. Semis en avril; terrain frais et profond.

Soldanelle (*S. Alpina*). Petite plante vivace de la famille des Primulacées. Ses fleurs, d'un violet pourpre, paraissent en avril; terre sableuse.

Soleil annuel ou a grandes-fleurs (*Helianthus annuus*). Plante de la famille des Composées, originaire du Pérou. Sa tige, qui s'élève ici à 2 mètres, supporte une ou plusieurs fleurs énormes, à rayons jaunes et à centre noirâtre. Dans son pays natal, cette plante est vivace.

Sorbier des oiseleurs (*Sorbus aucuparia*). Arbuste de 6 à 7 mètres. On l'admet dans les jardins pour ses corymbes de fleurs blanches et ses fruits d'un rouge de corail. Terre ordinaire.

Souci des jardins (*Calendula officinalis*). Plante rustique et annuelle de la famille des Composées. Terre franche et meuble. Semis en mars ou septembre, suivant l'époque où l'on veut ses fleurs. La variété dite *Souci de la Reine* ou *Souci de Trianon*, a des fleurs plus doubles et plus larges.

Souci pluvial (*Dimorpho theca* ou *meteorina*, suivant la néologie scientifique). Plante annuelle du Cap. Rayons blancs en dessus, violacés en dessous, qui se ferment par un temps pluvieux; disque brun. Culture du Souci.

Spigélie du Maryland (*S. Marylandica*). Belle plante vivace de 25 centimètres. Fleurs d'un rouge vif extérieurement, jaunes à l'intérieur, et disposées en épi unilatéral; terre sableuse; demi-soleil. Éclats ou boutures.

Spirée. Genre nombreux de la famille des Rosacées. Ces plantes, la plupart très-ornementales, appartiennent à l'Amérique du Nord, à la Chine, au Japon, à la Sibérie. Le plus grand nombre a des fleurs blanches, petites, mais nombreuses, en corymbes ou en panicules ; quelques-unes ont des fleurs rosées ; toutes aiment un terrain frais et léger un peu ombragé. La SPIRÉE ULMAIRE (*Spiræ ulmaria*) ou REINE DES PRÉS plante indigène, s'élève à près d'un mètre ; elle fait bon effet dans un jardin. — S. FILIPENDULE (*S. filipendulina*), plante indigène à fleurs blanches, en cime étalée. On ne cultive que la variété à fleurs doubles. — S. A FEUILLES LOBÉES (*S. lobata*) ou Reine des prés du Canada. Très-belle plante à racines traçantes et à fleurs roses. Même grandeur que la précédente. — S. A FEUILLES DE PRUNIER (*S. prunifolia*). Plante ligneuse du Japon formant buisson. Fleurs doubles d'un blanc pur. Multiplication par boutures.

STATICE GONIOLIMON (*Statice Tartarica*). Plombaginées. Plante vivace ; feuilles radicales ; hampe portant un corymbe de fleurs d'un rouge vif. Terre légère.

STATICE ARMERIE ou GAZON D'OLYMPE (*S. armeria*). Ses feuilles, petites et nombreuses, forment une espèce de gazon d'où s'élève, de mai en juillet, des fleurs rosées ou rouges formant de petites têtes arrondies. Terrain frais et léger ; vivace. Reproduction d'éclats ou de graines. Charmantes bordures. — S. LIMONIUM. Plante vivace de 50 à 60 centimètres. Hampe portant une panicule de petites fleurs d'un joli bleu en épis unilatéraux. Exposition du midi. — Le S. A LARGES FEUILLES de la Tauride est également d'un effet agréable.

STRAMOINE FASTUEUSE. Plante annuelle de la famille des Solanées, à tige de 70 centimètres ; remarquable par ses fleurs d'un blanc violacé en forme de cornet, et emboîtées l'une dans l'autre au nombre de deux ou trois. Terre légère bien terreautée, arrosements fréquents. Le S. DATURA FAUX-MÉTEL porte des fleurs blanches et odorantes à limbe bleu, de juillet à octobre. Semis en place, en avril.

SYRINGA-LILAS. Ce gracieux arbrisseau se fait surtout remarquer par ses jolies fleurs en thyrses exhalant l'odeur la plus suave. Il présente plusieurs variétés; les plus belles sont le *L. de Trianon*, celui de Marly, et le *L. royal*. — L. VARIN. On a reconnu que ce lilas est originaire de la Chine, et forme une espèce distincte. — S. DES JARDINS (*Philadelphus coronarius*). Cet arbrisseau rustique porte en juin des fleurs blanches dont l'odeur, analogue à celle du lis blanc, est un peu forte. Les Syringas se multiplient de graines, de greffes, de boutures ou d'éclats.

T

TABAC ORDINAIRE (*Nicotiana tabacum*). Belle plante annuelle à tiges de 1 mètre 25 centimètres, et à fleurs assez grandes et purpurines. Semis en place fin avril ou en pépinière, pour être repiquées.

TAGÈTE ÉLEVÉ. *Rose d'Inde* (*Tagetes erecta*). Composées. Cette plante annuelle est l'un des plus beaux ornements de nos parterres à l'arrière saison, si on considère l'élégance de son port et le jaune éclatant de ses fleurs. Semis en terre ordinaire. — T. ÉTALÉ ou ŒILLET D'INDE (*T. patula*). Ses dimensions sont plus petites que celles de la rose d'Inde. Variétés à fleurs doubles et à fleurs rayées ou rubanées. Il est regrettable que les tagètes aient une odeur forte et peu agréable. — Même culture.

TAMARIX DE NARBONNE. Arbrisseau d'une forme élégante, à feuillage analogue à celui des bruyères, terminé en mai par des grappes de fleurs blanches souvent un peu purpurines. Terrain frais. Boutures.

TANAISIE COMMUNE (*Tanacetum vulgare*). Belle plante indigène, famille des Composées, à tige de 80 centimètres, terminée par un large corymbe du plus beau jaune. Exposition chaude, terre ordinaire. Drageons. Quoique exilée de nos jardins, cette fleur, commune aux environs de Paris, mériterait d'y trouver place à plus juste titre que plusieurs plantes exotiques.

TECOMA. *Voyez* BIGNONE.

THUNBERGIA AILÉ (*Thunbergia alata*). Plante grimpante du Bengale, traitée comme plante annuelle. Fleurs jaunes, disque noir-pourpre. Semis sur couche au printemps. Repiquer en pleine terre légère.

THYM (*Thymus vulgaris*). Plante vivace (famille des Labiées) bien connue par ses usages domestiques et par l'emploi qu'on en fait en bordures. Exposition au midi; terre sableuse; éclats des pieds.

THYMELÉE DES ALPES (*Daphne Cneorum*). Plante rustique formant buisson. En avril et mai, fleurs nombreuses et petites, odorantes, et d'un rose vif. Terre légère. Exposition chaude, mais ombragée. Semis et marcottes.

TIGRIDIE A GRANDES FLEURS (*Queue de Paon, Tigridia pavonia*). Plante bulbeuse de la famille des Iridées ; tige de 70 centimètres, terminée à la fin de l'été par une ou plusieurs fleurs grandes et belles présentant un mélange de nuances pourpres, jaunes et rouge éclatant. Pleine terre; couverture l'hiver, lorsque les fanes sont desséchées. Multiplication par caïeux.

TITHONIE A FLEUR DE TAGÈTES (*Tithonia Tagetiflora*).

Plante annuelle du Mexique, de la famille des Composées. Tiges de 1 mètre 50 centimètres, portant en juillet-septembre, des fleurs grandes et solitaires d'un jaune orangé très-vif. Exposition du midi. Semis en avril.

TOURNEFORTIA-FAUX-HÉLIOTHROPE (*T. heliotropioïdes*). Plante vivace du Mexique; famille des Borraginées; tiges de 40 centimètres, terminées par des fleurs bleues nombreuses en cimes scorpioïdes. Cette plante, que l'on traite comme plante annuelle, se ressème d'elle-même, et fleurit la même année.

TRACHÉLIE BLEUE (*Trachelium cœruleum*). Jolie plante bisannuelle; tiges de 30 centimètres, petites fleurs tubulées d'un bleu tirant sur le violet et formant un corymbe serré. Terre légère et sableuse; boutures ou semis; abris dans les grands froids.

TRILIUM SESSILE. Liliacée vivace de la Caroline, tirant son nom du nombre ternaire qui règne dans toutes ses parties : Fleur à trois pétales, à trois étamines, à trois styles, capsule à trois loges, etc. Terre ordinaire; semis ou fragments de racine; couverture de paille ou litière dans les grands froids.

TROENE COMMUN (*Ligustrum vulgare*). Arbrisseau indigène et élégant; feuilles persistantes jusqu'aux premières gelées; fleurs blanches en bouquets d'une odeur douce et auxquelles succèdent de petites baies noires. — T. DU JAPON. Il est préférable au précédent; fleurs en larges panicules. Terre légère et bonne exposition. Semis et division des touffes.

TROLLE D'EUROPE (*Trollius Europæus*). Famille des Renonculacées. Tiges de 50 centimètres, fleurs très-grandes d'un jaune brillant. Terre légère, humide; situation ombragée. Graines ou éclats.

TUBÉREUSE DES JARDINS (*Polianthes tuberosa*). Cette belle liliacée est originaire du Mexique. Sa tige de 1 mètre à 1 mètre 25 centimètres, se termine en juillet et août et quelquefois plus tard suivant l'époque de la plantation, par un élégant épi de fleurs blanches, teintées de rose et d'une odeur suave. Si la plantation a lieu dès le premier printemps, il faudra la faire sur couche et sous cloche ou sous châssis, afin de la préserver du froid jusqu'à ce que le beau temps ait pris le dessus. Multiplication par caïeux ou plutôt par ognons tirés du midi de la France. Terre fraîche et légère.

TULIPE DE GESNER ou TULIPE DES FLEURISTES (*Tulipa gesneriana*). Cette plante, l'une des plus belles liliacées se multiplie par semis et par caïeux. On n'a recours à la graine que lorsqu'on veut obtenir des variétés nouvelles, car le caïeu donne une fleur toujours pareille à celle dont il provient. On en compte un nombre considérable de variétés, mais celles d'élite ne dépassent pas 800, selon le *Bon Jardinier*. Pour être classée parmi celles de choix une tulipe doit avoir la tige droite et ferme, bien proportionnée, la fleur bien verticale et d'un cinquième plus longue que large ; le fond doit être blanc ; les divisions bien arrondies au sommet, offrant au moins trois couleurs tranchées et vives.

La plantation des ognons doit être pratiquée à la fin de septembre, on les range dans les plates-bandes de manière à alterner les couleurs. Il faut à cette belle plante une terre franche et meuble et un peu sablonneuse. Elle demande peu de soins une fois placée en terre, il suffit d'enlever les plantes parasites et de l'abriter contre les pluies de février ou de mars.

TUSSILAGE ODORANT (*Nardosmie, Nardosmia fragrans*).

Plante à racines traçantes de la famille des Composées. Fleurs blanches, un peu purpurines, en thyrse. L'odeur suave de ces fleurs leur a mérité le nom d'*héliotrope d'hiver*. Situation ombragée, terrain frais ; multiplication par les traces.

V

VALÉRIANE DES JARDINS (*Valeriana phu*). Plante vivace ; tiges de 1 mètre ; panicules de fleurs blanches tout l'été.— V. ROUGE, (*Centrante rouge C. ruber*). Tiges de 60 centimètres, fleurs en panicules tout l'été. — V. MACROSIPHON (*V. à grosses tiges*). Annuelle. Plante rustique et très-ornementale, à fleurs d'un beau rouge, en corymbes bien fournis. Semis depuis mars jusqu'en mai pour varier les époques de floraison ; repiquer en place. Variété à fleurs blanches.

VELAR DE PETROWSKI (*Erysimum Petrowskianum*). Crucifères. Tout l'été, fleurs jaune-safrané un peu odorantes ; semis en avril ; annuelle.

VÉNIDRE A FLEURS DE SOUCI (*Venidium calendulaceum*). Plante annuelle de la famille des Composées ; de juillet en novembre, belles et grandes fleurs de couleur orangée ; semis en terre légère en avril et repiquer fin mai.

VÉRATRE BLANC (*Hellebore blanc*). VÉRATRE NOIR (*Veratrum*). Des deux espèces de vératre on ne cultive pour l'ornement que ce dernier. Tiges de 1 mètre en juillet, fleurs d'un brun violacé noirâtre. Sol frais, bulbes et graines.

VÉRONIQUE genre nombreux, renfermant plusieurs plantes d'ornement : V. A ÉPIS, plante indigène de 50 centimètres ; fleurs d'un joli bleu de juin en août. Éclats des pieds, ainsi que pour la suivante. — V. MARITIME (*V. maritima.*) indigène. Tige de 50 centimètres. Fleurs d'un beau bleu en épis, formant panicules. — La V. PETIT CHÊNE (*V. chamœdrys*) et la V. GERMANDRÉE (*V. Teucrium*) sont deux plantes plus basses que les précédentes et propres à faire des bordures : Fleurs d'un bleu violacé ; même culture. — Les V. DE LINDLEY et d'ANDERSON, de même que la V. A FEUILLES DE SAULE et la V. ÉLÉGANTE, sont ligneuses, prennent la forme de petits arbrisseaux et bien qu'elles supportent nos hivers, demandent plus de soins.

VERGE D'OR (*solidago*). Plante vivace et rustique de la famille de Composées, originaire de l'Amérique septentrionale et très-propre à orner les massifs par ses tiges élevées, garnies de nombreuses fleurs jaunes formant panicules. Tout terrain ; séparation des touffes.

VERNONIE DE NEW-YORK (*V. noveboracensis*). (Composées.) Tige de 1 mètre 50 centimètres, fleurs purpurines formant corymbe. Même culture que la précédente.

VERVEINE (*Teucrioïde*). Plante originaire du Brésil. Fleurs blanches ou rosées, assez grandes et disposées en longs épis ; pendant tout l'été. — V. A FEUILLES INCISÉES. Fleurs purpurines, également disposées en épis. — V. A FEUILLES DE CHAMOEDRIS (*V. chamœdrifolia*). Fleurs d'un rouge éclatant. — V. DE MIQUELON (*V. aubletia*). Plante vivace de l'Amérique du Nord ; tige de 32 centimètres. En été, jolies fleurs pourpres en épis. Peu difficile sur le terrain et l'exposition. Semis à l'automne, repiquage en place au printemps. — V. JOLIE. Fleurs bleu tendre en corymbes ; tout l'été. Demande l'orangerie, mais peut se cultiver comme annuelle par semis.

Les trois premières verveines exigent la culture sous châssis ou en serre tempérée, mais elles ont produit une multitude de variétés toutes plus jolies les unes que les autres et qui font l'ornement des marchés aux fleurs de Paris ; on se les procure ainsi toutes venues et on les traite comme plantes annuelles en les dépotant en pleine terre. — V. VERVEINE CITRONNELLE (*Lippia citriodora*). Charmant arbrisseau dont les jolies feuilles ternées et les fleurs exhalent la plus agréable odeur de citron. Ces fleurs petites et en épi sont blanches extérieurement et d'un bleu violacé à l'intérieur ; arrosements abondants en été et abri l'hiver.

VIGNE VIERGE. *Cissus* (*Quinquefolia*). Arbrisseau de l'Amérique septentrionale, tiges radicantes garnies de feuilles à cinq folioles d'un beau vert, devenant rouges à l'automne ; grappes de fleurs sans apparence qui se convertissent en espèces de ventouses s'appliquant étroitement aux corps environnants. Terre fraîche, demi-soleil. Très-propre à garnir les murs et les berceaux.

VIOLETTE ODORANTE (*Viola odorata*). Plante vivace ; fleurs en mars et avril. Variétés *dites des quatre saisons*, à fleurs doubles ; à fleurs roses ; à fleurs panachées. — V. DE PARME, fleurs d'un bleu violacé pâle. — V. A GRANDES FLEURS, fleurs jaunes.

VIOLETTE TRICOLORE ou PENSÉE ANNUELLE. Remarquable par ses deux pétales supérieurs d'un violet foncé et velouté et par ses trois pétales inférieurs d'un beau jaune mêlé de blanc. — V. PENSÉE A GRANDES FLEURS, vivace ; fleurs d'une dimension extraordinaire et offrant le mélange des couleurs ci-dessus ; terre légère, terrain frais ; multiplication par semis ou par éclats.

VOLUBILIS. *Voy*. IPOMÉE POURPRE.

VIORNE. *Voy*. LANTANA.

VISCARIA-ROSA-CŒLI. *Voy*. LYCHNIDE.

W

WAHLENBERGIA A FLEURS DE PERVENCHE (*W. vincæflora*). Plante de l'Australie, famille des Campanulacées, traitée sous notre climat comme plante annuelle, quoique vivace. Tiges basses, jolies fleurs bleues ; charmante en bordures. Quelques botanistes considèrent cette plante comme une campanule.

WHITLAVIE A GRANDES FLEURS (*W. grandiflora*). Plante annuelle de la Californie, famille des Hydrophyllées. Tige de 25 centimètres ; fleurs en cloche d'un bleu violacé, disposées d'une manière analogue à celle du Myosotis. Elle peut être employée avec succès en bordures et en massifs. Semis en terre légère à la fin d'avril.

X

XIMÉNÉSIE ANNUELLE (*Ximenesia enceloïdes*). Plante annuelle de la famille des Composées. Fleurons d'un jaune foncé ; disque plus clair ; fleurs de juillet jusqu'en octobre. Tiges de 1 mètre, très-convenables, par l'abondance de sa floraison, pour les massifs des grands jardins. Terrain sec. Semis en place.

Y

Yucca filamenteux (*Y. filamentosa*). Plante superbe de l'Amérique septentrionale, appartenant à la famille des Liliacées, et de pleine terre. Hampe de 1 mètre à 1 mètre 30 centimètres ; feuilles radicales ; hampe chargée de 150 à 200 fleurs d'un blanc verdâtre en forme de petites tulipes, et pendantes. Terre et exposition ordinaires. Cette plante rustique mérite d'être cultivée. — Le Yucca superbe (*Y. gloriosa*) n'est point inférieur en beauté à la précédente.

Les Yuccas doivent être préservés de l'humidité et de la neige. Multiplication par les œilletons.

Z

Zauschneria de Californie (*Z. Californica*). Famille des Œnothérées. Plante bisannuelle. Tiges de 25 centimètres, d'un beau rouge écarlate. Cette plante élégante mérite d'être cultivée davantage. Boutures au printemps à défaut de graines, qui se produisent rarement.

Zéphyrine (*Amaryllis atamasco*). Cette plante bulbeuse de Virginie fleurit en juillet. Sa hampe, uniflore, haute de 25 centimètres, porte une jolie fleur en entonnoir, dont le limbe présente six divisions. Les trois divisions intérieures sont blanches, et les divisions extérieures rayées de rose. Multiplication par les caïeux, et couverture de litière l'hiver.

Zinnia élégant (*Z. elegans*). Famille des Composées. Cette jolie plante annuelle est du Mexique. Tige de

65 centimètres ; ses fleurs, qui sont d'une longue durée, paraissent à la fin d'août ; ses rayons sont du rose le plus vif et le plus brillant. Le disque, conique, d'un rouge sombre, s'allonge de jour en jour jusqu'à la maturité des graines. Il existe une belle variété de cette charmante plante. — Z. MULTIFLORE, *Brezine*. Ses fleurs nombreuses, plus petites que dans l'espèce précédente, sont d'un rouge sanguin, et à disque jaune. Ces fleurs, très-jolies, sont également d'une longue durée. Semis sur couche à la fin de mars, et mise en place en mai.

NOTICES

SUR LES ARBRES FORESTIERS ET ARBUSTES

QUE L'ON EMPLOIE A L'ORNEMENT DES JARDINS PAYSAGERS.

Ailante ou vernis du Japon.—Cet arbre s'élève jusqu'à 20 mètres de hauteur; son port est majestueux; ses feuilles sont grandes, oblongues, pennées; tous les sols lui conviennent, mais il réussit mieux dans une terre légère et humide. Il se multiplie de graines, mais la reproduction par rejetons ou par racines coupées en morceaux est préférable. Quand on a soin de l'élaguer jeune il forme un parasol très-joli à voir. Le bois de l'ailante vaut pour l'ébénisterie autant que celui de l'érable. On élève aujourd'hui sur cet arbre une espèce de ver à soie importé de la Chine.

Bouleau. — Arbre forestier s'élevant jusqu'à 15 ou 16 mètres. Il s'accommode de tous les terrains, mais il prospère mieux dans un sol profond et humide. Son port est élégant et son écorce blanche, contrastant avec celle des arbres environnants, produit un effet pittoresque dans un jardin paysager. Au reste, il ne craint pas plus la rigueur des hivers les plus rudes que la chaleur de nos étés.

Catalpa.—Cet arbre, de la famille des Bignoniacées,

est originaire de la Caroline. Il a un port majestueux, la tête arrondie, les feuilles larges et en cœur. Ses fleurs, qui paraissent en août, sont blanches, marbrées de pourpre et de jaune. On les multiplie de graines, mais comme le semis exige de grandes précautions, il vaut mieux recourir aux boutures et aux rejetons.

Charme. — Cet arbre indigène était autrefois fort employé dans les jardins français pour garnir les murs *charmilles* et dessiner les allées. Aujourd'hui, le charme n'est plus considéré que comme arbre forestier. Il est peu difficile sur le terrain et sur l'exposition. Son bois blanc et dur ainsi que son grain serré, le rendent propre à une foule d'usages. On le multiplie de graines.

Châtaignier. —Cet arbre, qu'on cultive plutôt pour son fruit, demande une terre siliceuse, légère et profonde ; le sol calcaire ne lui convient pas. On le sème en pépinière à la fin de l'automne ou au printemps. Quand le plant est jugé assez fort pour être transplanté, on le met en place et la seconde année on greffe en flûte.

Les variétés les plus communes sont : la châtaigne ordinaire, la pourtalorine, la printanière jaune, le marron de Lyon, la hâtive noire, la corrive, la mastronue et l'exalade.

Le bois de châtaignier non greffé sert à faire des cerceaux et du treillage.

Cyprès. — C'est un arbre résineux de la famille des Conifères ; il est originaire de la Crète. Il se plaît dans une terre légère et à exposition du midi. On l'obtient de graine ou de bouture. Les graines doivent être semées au printemps en terre légère sur couche et sous châssis ; on met en pot dans de la terre de bruyère, on le laisse fortifier pendant deux ans dans l'orangerie, puis on plante en pleine terre.

Frêne commun. — Bel arbre indigène qui s'élève jusqu'à 30 mètres de hauteur ; il croît dans tous les terrains et se propage aisément de graines. Ses feuilles poussent tard et tombent de bonne heure ; les cantharides en sont très-friandes et elles se jetent parfois en si grand nombre sur les frênes isolés, qu'elles incommodent par leur odeur forte.

Les variétés, qui sont des arbres d'ornement et qu'on multiplie par la greffe, sont : le frêne argenté à feuilles panachées ; le frêne crépu, d'un vert noirâtre ; le frêne doré, à branches pendantes ; le frêne pleureur, qui sert à former des cabinets de verdure d'un très-bel effet.

Le Genévrier (*Juniperus*) — appartient à la famille des Conifères ; c'est un arbuste à feuilles linéaires, piquantes, d'un vert sombre, qu'on trouve à l'état sauvage sur les coteaux où se plaît la bruyère. Il se couvre de baies d'une saveur aromatique qui servent à faire la liqueur qu'on nomme *genièvre*, et une boisson rafraîchissante. On en compte plusieurs variétés : la plus remarquable est le genévrier originaire de la Californie, dont les fruits ont la forme d'une poire et deviennent en mûrissant d'un violet foncé. C'est, au reste, l'un des arbres les plus pittoresques dont on puisse orner un jardin potager. Le genévrier se multiplie de graines qu'on sème en terre de bruyère. Il est très-lent à croître. On ne met le plant en place qu'à quatre ou cinq ans. On peut aussi le reproduire de boutures ou par la greffe.

Hêtre (*fagus*). — Cet arbre, qui porte en divers pays les noms de fau, fayard, est d'un port aussi majestueux que celui du chêne ; il se plaît dans les terrains granitiques, calcaires ou crayeux. Il se multiplie facilement de semence ; il suffit de la semer en automne ou au printemps. La graine porte le nom de faîne : sa forme est triangulaire, elle donne une huile excellente. On en compte un grand nombre de variétés, qui sont : le hêtre à feuille de fougère ; le hêtre cuivré, à feuilles rougeâtres ; le hêtre pourpre, à feuilles rouges, et le hêtre à feuilles panachées de blanc.

If commun. — Arbre de la famille des Conifères s'élevant jusqu'à 8 à 10 mètres, donnant des graines, dont la base, en forme de capsule, renferme une pulpe sucrée. Ses feuilles sont vénéneuses. Cet arbre qui se prête facilement à la taille, formait l'un des principaux ornements des anciens jardins français dans lesquels il figurait sous la forme de vases, de pyramides de diverses formes, etc. C'est un des arbres dont l'existence est la plus longue ; la Normandie, d'après *le Bon jardinier*, possède quelques ifs de plus de deux mille ans.

Laurier d'Apollon. — Arbuste à feuilles persistantes, lisses et d'un vert foncé. Il se couvre de fleurs jaunâtres auxquelles succèdent des baies noires. Il lui faut une terre légère.

Magnolia. — Ce bel arbre est originaire de l'Asie : c'est un végétal des plus intéressants qui compte un grand nombre de variétés. Il doit son nom à Magnol, professeur de botanique à Montpellier au commencement du dix-huitième siècle. Ses feuilles sont larges et à pétioles un peu engaînants ; elles sont persistantes ou caduques, ce qui a donné lieu à deux classifications ; les fleurs blanches, brunes, jaunes, pourpres, sont très-belles et exhalent une odeur suave. Il faut aux magnolias une terre franche, profonde, légère et fraîche, une exposition abritée et des précautions pour les mettre à l'abri des gelées. Il se multiplie de graines semées aussitôt après la maturité ou bien de boutures. Le bois et l'écorce sont odorants.

Les magnolias à feuilles caduques sont plus rustiques que ceux à feuilles persistantes.

Marronnier d'Inde. — Le port majestueux de cet arbre originaire d'Asie, la beauté de son feuillage et de ses fleurs, qui se montrent des premières au printemps, en ont fait un des plus beaux types des végétaux d'ornement. On le sème, comme le châtaignier, en automne ou au printemps, et quand le plant est jugé assez fort, on le transplante. Tous les terrains lui sont bons pourvu qu'ils soient frais et substantiels. Mieux que le châtaignier et le noyer, il supporte bien la taille et la tonte.

On possède une variété à fleurs rouges (*œsculus rubicunda*) dont le feuillage est plus vert et plus gaufré, mais de taille moins élevée. *Voy.* PAVIA.

Noyer. Ce bel arbre est originaire d'Asie ; on lui a donné le nom botanique de *juglans*, ce qui signifie gland de Jupiter. Son port est majestueux comme celui du châtaignier, et, comme lui, il est également cultivé pour son fruit. L'un et l'autre, du reste, tout en donnant d'excellents produits, servent à border des allées, et font le plus bel ornement des avenues.

Le noyer aime un sol argileux, quand même il serait pierreux ; on le sème en automne ou au printemps, en ayant soin de faire stratifier les noix. On greffe en flûte, en fente, en anneau ou en écusson à œil poussant. Il est beaucoup de contrées où l'on n'a pas recours à la greffe, afin que les arbres atteignent de plus grandes dimensions.

Le noyer épuise plus la terre que le châtaignier et son ombrage est fatal aux plantes qui végètent au-dessous. Il est même très-nuisible à l'homme qui y vient dormir lorsqu'il a chaud.

Le noyer qui est ordinairement planté comme arbre d'ornement, est le noyer à feuilles de fougère ou à feuilles laciniées.

Orme. C'est un arbre indigène qui compte un grand nombre de variétés, servant à orner les places et les promenades publiques. Il se multiplie de graines ou de marcottes; il lui faut une terre franche, légère et profonde. Quand le jeune plant a 2 mètres de hauteur, on l'étête pour le faire grossir. Ses plus grands ennemis sont l'insecte connu sous le nom de cossus ronge-bois, le scolyte typographe et le chrysomèle; les deux premiers s'attaquent à l'écorce et au bois, la dernière dévore les feuilles des jeunes ormes. On détruit avec le chloroforme la chenille du cossus; pour le scolyte, on enlève l'écorce de l'arbre jusqu'au liber.

Paulownia. Cet arbre qui ressemble au catalpa par son port et son feuillage, est originaire du Japon. Ses feuilles sont très-larges; les fleurs d'un bleu violâtre, ponctuées de blanc et rayées de jaune, forment des girandoles fort élégantes à l'extrémité des rameaux; leur odeur a beaucoup de rapport avec celle de la violette. Quoique son introduction en France ne date que de 1734, il est très-répandu, et cela tient autant à la spéculation dont il a été l'objet qu'à la facilité de reproduction par rejetons.

Pavia rouge. Les pavias ont beaucoup de rapport avec les marronniers, mais leurs fruits sont lisses et ils s'élèvent moins; leurs fleurs sont rouges, blanches ou jaunes. Cet arbre est rustique. Terre franche et légère, soleil.

Peuplier. Il appartient à la famille des Salicinées. C'est un arbre indigène qui croît rapidement et s'élève à une hauteur prodigieuse. On en compte un grand nombre de variétés. Chez quelques-unes le fruit est entouré d'une espèce de coton qu'on a essayé mais en vain de filer. Il se reproduit de bouture avec une facilité étonnante. Les plus communs sont : le peuplier blanc de Hollande, le grisard, le peuplier cotonneux, le peuplier pyramidal, plus connu sous le nom de *peuplier* d'*Italie*, le peuplier de Virginie, le peuplier suisse de la Caroline et le tremble.

Platane. Le platane est originaire de l'Orient ; c'est sans contredit un des plus beaux arbres d'ornement par son port superbe, la bigarrure de son écorce, la couleur et la forme de ses feuilles. Il est d'ailleurs d'une rusticité très-grande et prend facilement de bouture. Il n'est pas difficile sur le choix du terrain. Dans les sols légers, profonds et bien abrités, il prend des dimensions colossales. Il a cela de particulier qu'aucun insecte ne l'attaque. On en compte plusieurs variétés : le *platane à feuilles d'érable, d'Occident, de Virginie*, etc.

Le platane est l'arbre qui réussit le mieux sur les avenues et les boulevards de Paris, et cela tient à ce que sa feuille glabre ne se couvre pas de poussière comme les arbres à feuilles velues. A mesure qu'on ouvre de nouveaux boulevards, on donne la préférence aux plantations de marronniers et de platanes. L'un pousse plus tôt, mais l'autre conserve ses feuilles plus tard ; le premier récrée la vue par sa végétation hâtive qui annonce le retour du printemps ; le second embellit

9

encore nos promenades alors que les vents d'automne jonchent le sol de feuilles.

On voit à Perpignan la plus belle plantation de platanes que nous ayons en France.

Robinier. Cet arbre mal à-propos nommé *acacia*, car il n'a de rapport avec les véritables acacias que par la disposition de ses feuilles, appartient à la famille des Papilionacées ; il est originaire de la Virginie. Son nom de robinier lui vient de ce que le premier arbre de cette espèce a été planté au jardin des plantes de Paris par le professeur Robin en 1637. On le multiplie de graines, mais mieux de rejetons ; il réussit dans les terres sablonneuses, légères et fraîches. Il fleurit en juin, et ses fleurs à grappes pendantes ont une odeur qui se rapproche de la fleur d'oranger. Cet arbre rustique demande peu de soins et croît très-rapidement. On en compte plusieurs variétés parmi lesquelles nous citerons celle à fleurs roses.

Sumac. Cet arbre est originaire du midi de l'Europe. La variété la plus connue est le sumac vinaigrier de la Caroline, à fruit rouge éclatant, ayant une odeur acide. Il se reproduit de bouture et se plaît dans un terrain frais et léger. Celui qu'on regarde à juste titre comme un des plus jolis arbustes d'ornement en automne, est le sumac amarante à feuilles panachées.

Sapins et Pins. Ces arbres, connus sous le nom d'arbres verts résineux, appartiennent à la famille des Conifères ; ils servent à orner les jardins et les parcs. Les sapins se distinguent des pins en ce qu'ils ont les feuilles solitaires, tandis que sur les pins les feuilles naissent en faisceau de deux, de trois, de cinq, avec une gaîne commune qui forme une espèce d'écaille.

Les sapins viennent bien dans tous les terrains, excepté dans les sols argileux et les sables mouvants où l'on plante de préférence les pins. Ces arbres se multiplient de graine. Il y a plusieurs variétés d'*abies* ou sapins : la plus répandue est l'épicéa ou *abies picea*, la sapinette blanche (*abies alba*), le sapin à feuilles d'if, dont le bois est employé par les luthiers.

Le pin ne présente pas dans ses formes la régularité qui distingue le sapin, mais son bois est d'une qualité supérieure et il donne également une résine de bonne qualité. Les pins les plus connus et les plus estimés sont le pin sylvestre, le pin laricio et le pin pinaster ou des Landes. On le sème à la volée dans un terrain labouré peu profondément à quelque espèce qu'il appartienne, et l'on recouvre à la herse. On jette de six à huit kilogrammes de semence par hectare pour les deux premières variétés de pins et de vingt à vingt-cinq pour la dernière. Les sapins comme les pins demandent certaines précautions pour être transplantés. On doit conserver les racines intactes en y laissant le plus de terre possible, ne couper ni la tête ni les branches. On peut tremper les racines dans de la bouse de vache pour empêcher le contact de l'air, surtout quand on porte le jeune plant à une grande distance. Les meilleures plantations sont celles qui ont lieu en mars et avril.

Nous avons dit ailleurs qu'on opère sur les pins la greffe dite herbacée; c'est le seul moyen de multiplier les espèces dont on ne peut pas se procurer des graines.

Saule. Cet arbre indigène se plaît dans les sols humides et se reproduit très-facilement de bouture. On en compte un grand nombre de variétés qui sont employées par les vanniers et les tonneliers sous le nom d'osier rouge, d'osier jaune, d'osier vert. Celle qui produit l'effet le plus agréable à la vue est le saule pleureur, originaire d'Orient, dont les rameaux souples et grêles pendent jusqu'à terre.

PELOUSES ET BORDURES DE GAZON

Après avoir dit quelques mots des jardins paysagers dans lesquels on cherche à reproduire les sites enchanteurs dont la nature nous prodigue tant de modèles, et après avoir décrit les fleurs, les arbres et arbustes qui doivent en former la principale décoration, nous ne croyons pas inutile de parler des *gazons*, accessoire tellement obligé des jardins, grands ou petits, qu'il n'est point de jardinet à qui il ne faille sa pièce de gazon qui remplacera le tapis vert et le boulingrin. En effet, quoi de plus agréable, même dans de petites proportions, qu'une pelouse entourée d'une plate-bande qu'orne un choix des plus jolies fleurs de la saison. Ajoutons encore à cela des bancs et des talus gazonnés.

Pour former des pelouses durables dans les grands et les petits jardins, il est nécessaire de bien choisir les espèces et les graines des gazons, car rien n'est plus laid qu'une pelouse mal soignée, offrant ça et là des parties dépouillées de verdure qui font de la peine à voir !

Les Anglais seraient nos maîtres à cet égard, s'ils ne devaient leurs gazons frais et veloutés à la température humide de l'Angleterre et à son ciel brumeux, mais avec des soins nous pouvons obtenir des gazons aussi jolis que ceux de nos voisins.

Le terrain destiné à une pièce de gazon doit être nivelé, épierré et fumé convenablement. Si le sol est frais, la terre suffisamment profonde, et que vous vouliez employer le *ray-grass* (ivraie vivace, ou *gazon anglais*), vous sèmerez à raison de 1 kilogramme et 1/2 par are. Lorsque, sans être sec, le terrain n'est pas assez frais pour le ray-grass, on mêle à 1 kilogramme de sa graine un 1/2 kilogramme de graine de trèfle rampant, ou petit trèfle blanc de Hollande, dont l'adjonction est d'empêcher le dessèchement du sol. Au reste, l'emploi du ray-grass, le plus joli de tous les gazons, n'exclut pas de fréquents arrosements lorsqu'on veut le maintenir dans toute sa beauté. — La durée d'une pelouse de ray-grass ne dépasse guère trois années.

Lorsque le sol où l'on veut établir une pièce de gazon est sec, calcaire, sableux ou infertile, on remplace le ray-grass par le *brôme des prés*, qui réussit dans les terrains les plus secs et les plus ingrats.

Pour avoir promptement un gazon durable, on mêle au ray-grass une certaine quantité de graine de *fétuque ovine*. Le ray-grass couvrira le sol bien avant la fétuque et, lorsque celle-ci sera complétement développée et formera un tapis de verdure suffisamment garni, le ray-grass n'existera plus.

Le *pâturin des prés*, la *fétuque traçante*, donnent également des gazons plus durables que le ray-grass mais moins jolis.

Pour faire taller les plantes que nous venons de citer on y passe plusieurs fois le rouleau, et l'on n'épargne pas les arrosements.

Il ne faut pas attendre que le gazon monte en graine pour le faucher; mais réitérer cette opération quatre ou cinq fois par an. La dernière coupe ayant lieu aux approches de l'hiver, vous répandrez dessus une couche légère, mais bien égale, de terreau.

Bancs et talus. Si vous avez des parties inclinées, telles que bancs ou talus à couvrir de verdure, vous n'y parviendrez qu'en levant des plaques de gazon dans un pré, sur le bord d'un chemin ou toute autre partie où vous verrez du gazon bien venu, et vous les appliquerez au moyen d'une batte et de chevilles enfoncées dans la terre, contre l'endroit à garnir que vous aurez copieusement arrosé auparavant.

BORDURES DE FLEURS ET DE PLANTES CHOISIES.

Rien ne pare davantage les plate-bandes et les parterres d'un jardin qu'une bordure de plantes fleuries qui en dessine les contours : c'est le cadre autour du tableau, ou les riches moulures entourant une frise.

Souvent dans le semis des plantes annuelles on mêle des fleurs qui, s'épanouissant à la même époque, offrent un heureux mélange de couleurs. Quant aux bordures de plantes vivaces, on s'applique à les choisir de façon qu'étant de la même hauteur et fleurissant dans la même saison, elles formeront une ligne continue dans laquelle les nuances seront assorties de manière à contraster agréablement.

Sous le titre de *Revue d'horticulture, la Patrie* du 2 août 1863, a publié une excellente notice de M. A. Dupuis sur les plantes qui peuvent servir à former les bordures ; nous ne pouvons mieux faire que d'en emprunter quelques parties.

« Il n'est de si petit détail qui, dans l'ensemble d'un

jardin, n'ait une importance réelle ; tout doit concourir à l'effet général ; il ne suffit pas d'avoir un beau tableau, il faut encore lui donner un cadre qui le fasse ressortir. Disons aujourd'hui quelques mots des cadres qui accompagnent les massifs de plantes ornementales, en d'autres termes, les bordures.

» Le buis a été longtemps le végétal par excellence pour cet usage spécial ; on le retrouve encore dans les grands parterres et les jardins français, où il renferme les plates-bandes dans ses contours symétriques.

» Cet arbuste, d'un aspect si modeste, se recommande en effet par des qualités précieuses ; occupant peu de place, très-rustique, n'exigeant presque aucun soin de culture pour rester toujours bien garni, docile à la taille, il produit toujours un très-bon effet. Mais, avec toutes ces qualités, le buis a un défaut dont on s'exagère souvent la portée, en horticulture, à l'époque actuelle ; il a subi le sort commun à toutes les choses d'ici-bas, il s'est fait vieux. On a cherché à le remplacer ; les plantes employées pour cet objet sont très-nombreuses, mais beaucoup d'entre elles présentent l'inconvénient de trop s'isoler les unes des autres, en laissant des vides dans la bordure, qui se dégarnit peu à peu.

» Un des végétaux qui conviennent le mieux aux bordures est le lierre et particulièrement la variété dite *lierre d'Irlande*. On ne peut guère lui reprocher que son aspect un peu monotone. On pourrait, il est vrai, y remédier en employant des variétés à feuilles panachées. Mais il est préférable d'associer au lierre quelques plantes à fleurs assez éclatantes pour trancher sur la teinte verte uniforme du feuillage.

» La plante qui satisfait le mieux à ces conditions est

le *pélargonium à feuilles de lierre* ou *pélargonium à feuilles peltées* (1) ; à l'état primitif elle a des fleurs blanches, mais par la culture elle a produit des variétés à fleurs carnées et lilacées. M. Pelé fils, horticulteur, en a tiré un très-bon parti pour l'objet qui nous occupe, et voici comment il s'en sert. Le long de la bordure de lierre, et de distance en distance, il place de petits pots de pélargonium enfouis et cachés dans le sol. Les feuilles se confondent avec celles du lierre, et les fleurs, qui s'élèvent au-dessus, produisent un charmant effet, surtout si l'on fait alterner les trois variétés.

» M. Verlot, chef de l'école botanique au muséum d'histoire naturelle, en recommandant le pélargonium à feuilles de lierre, fait remarquer avec juste raison que cette plante est rustique, facile à cultiver et qu'elle fleurit presque toute l'année. Un sol argilo-siliceux lui convient très-bien. Elle se multiplie aisément par boutures, faites de préférence en août et septembre. On rentre ces boutures durant l'hiver et on leur donne deux ou trois rempotages successifs, pour éviter l'excès d'humidité, qui leur serait très-nuisible. On place les pots le plus près possible de la lumière et on modère les arrosements. Au printemps ces pots peuvent être sortis de très-bonne heure et disséminés dans les bordures de lierre.

» Notre confrère, M. F. Herincq, insiste dans l'*Horticulture française*, sur les plantes que l'on doit préférer pour varier les bordures, et recommande de choisir des espèces qui, par leurs rameaux flexueux, rampants ou

(1) Cette même espèce, dont les tiges sont articulées et tombantes, figure très-bien dans les vases suspendus. Ses fleurs en ombelles sont roses ou lilacées suivant la variété.

volubiles, aient une tendance toute naturelle à prendre facilement une disposition régulière. On peut utiliser ainsi un grand nombre de variétés de rosiers, mais surtout les rosiers pompons et ceux de Bengale.

» On plante ces rosiers à la distance de 50 centimètres ; on partage leurs rameaux en deux parties que l'on couche des deux côtés de la tige en les fixant par de petits crochets en bois. Ces bordures qui sont toujours parfaitement garnies, donnent une abondante floraison et tous les soins qu'elles exigent se bornent à enlever les fleurs fanées et à coucher ou à supprimer les nouvelles pousses, suivant le besoin.

» On peut faire encore d'excellentes bordures avec l'atragène ou clématite des Alpes, plante indigène et très-rustique. Ses nombreux rameaux, longs de 1 mètre et 1/2, garnis d'un feuillage épais et d'un beau vert, ont une telle tendance à se coucher qu'il est à peine besoin de les fixer par des crochets. Dès le mois de juin, ils se couvrent de grandes fleurs bleues auxquelles succèdent à l'automne des faisceaux de longues aigrettes blanches et plumeuses. Il est à regretter que cette plante ne soit pas plus abondamment répandue dans les jardins. »

M. Dupuis remarque qu'on a eu l'idée d'employer comme bordures des variétés de courges appelées *coureuses*, et particulièrement la courge à moelle dont la sous-variété d'Italie produit un excellent effet lorsqu'on dirige et qu'on fait courir ses tiges le long des massifs. Quant à nous, cette abstention, au milieu de toutes nos richesses végétales, nous paraît peu regrettable, à cause de la trop grande dimension des cucurbitacées et du *blanc*, maladie qui lui donne un aspect farineux.

PLANTES

GRIMPANTES, ANNUELLES OU DE PLEINE TERRE

PROPRES A GARNIR LES BERCEAUX,

LES TONNELLES, LES MURS, LES HAIES ET LES TREILLAGES

Nota. Quelques-unes de ces plantes doivent être hivernées en orangerie et mises en place au printemps. Telles sont le lophospermum grimpant, la maurandie toujours fleurie et plusieurs autres moins intéressantes que nous ne citons pas.

Akebie à cinq feuilles.

Atragène des Alpes.

Aristoloche siphon

Bignone à vrilles.

Boussingaultia baselloïde.

Calystégia pubescente.

Capucine (annuelle).

Chèvrefeuille des jardins.

Célastre grimpant.

Clématite odorante. — Clématite d'Espagne à fleurs bleues. — Clématite azurée (C. Cœrulea). Clématite à odeur forte. — Clématite à fleurs crépues. — Clématite Viorne. — Clématite des montagnes (Hymalaya).

Cobée grimpante (annuelle).

Décumaire sarmenteuse.

Delairea grimpante ; fleurs jaunes.

Eccrémocarpe rude.

Glycine (*Wistaria Sinensis*).

Grenadille passiflore (abri l'hiver).

Haricot d'Espagne (annuel).

Houblon.

Ipomée pourpre. *Volubilis* (annuel).

Ipomée liseron de Michaux (annuel).

Jasmin ordinaire.

Kerria du Japon (*Corète*).

Lierre d'Irlande (variété préférable).

Loasa orangé. — Loasa bigarré ou Cajophora. (bisannuel).

Lyciet commun.

Maurandie de Barclay.

Morelle douce-amère.

Oxipétale bleu.

Périploca.

Pervenche (grande).

Pétunia violet (variété à longues tiges).

Pois vivace.

Pois de senteur (annuel).

Quamoclit (annuel).

Rosiers. Plusieurs espèces sont propres à être palissées : Rosiers de Banks, de Brown, multiflore, du Bengale et autres variétés.

Thunbergia ailée.

Vigne vierge (Cissus).

Vigne ordinaire.

Wistérie de la Caroline (haricot en arbre).

TABLEAU

DES PLANTES CONVENABLES POUR BORDURES.

Plantes vivaces.

Adonide printanière.
Alysse saxatile.
Arabette printanière.
Aspérule odorante.
Aster reversii.
Aster gazonnant.
Bermudienne à petites fleurs.
Buis nain.
Campanule des Alpes. — Campanule des murailles. C. carpatica. C. cespitosa.
Céraiste, oreille de souris (argentine).
Crocus des jardiniers, de couleurs assorties.
Cynoglosse omphalodes.
Dryade à huit pétales.
Epervière orangée.
Erine des Alpes.
Erodium.
Ethioméne du Liban.
Fraisier.
Gentiane acaule.
Hépatique (anémone).
Iris naine.
Lychnide laciniée (Véronique des jardiniers).

Marguerite vivace.
Muguet de mai.
Myosotis des Alpes.
Myosotis des marais.
Œillet de la Chine. — O. Mignardise.
Œnothère rose.
Origan-marjolaine.
Oxalide à fleurs roses.
Oxalide de Deppe.
Pensées. — Pensées à grandes fleurs.
Perce-neige.
Phlox de Drummond.
Potentille rampante.
Primevère. — Primevère Oreille d'ours.
Pyrole.
Safran cultivé.
Santoline commune.
Saxifrage hypnoïde.
Saxifrage ombreuse; mignonnette.
Siléné Schafta.
Soldanelle des Alpes.
Statice, gazon d'Olympe. (Statice Armeria).
Thym.

Tulipe duc de Thol.
Vélar de Marshall.
Véronique petit-chêne.
Véronique teucriette.

Verveine à bouquet et autres verveines.
Violette ordinaire.
Violette de Parme.

Plantes annuelles.

Adonide d'été.
Améthiste bleue.
Athanasie annuelle.
Basilic (petit).
Belle de jour (Liseron tricolor).
Calystèphe-reine Marguerite.
Capucine naine.
Collinsia bicolor.
Crépis rose.
Eucharidium élégant.
Gilia tricolor.
Gypsophile élégante.
Leptosiphon dense.
Linaire à feuilles d'Orchis.

Liseron tricolor.
Lychnide rosa-cœli (viscaria).
Malcomia maritime (giroflée de Mahon).
Némophyle maculée.
Nigelle de Damas.
Nyctérine à feuilles de Sélagine.
Œnothére rose.
Omphalodes à feuilles de lin.
Pied d'alouette nain.
Siléné à fleurs roses (S. bipartita).
Siléné arméria et plusieurs autres espèces.

Parmi les plantes vivaces, il en est quelques-unes que l'on traite quelquefois comme plantes annuelles, soit parce que leur floraison est moins belle la seconde année, soit qu'on néglige les soins nécessaires pour leur conservation.

SUSPENSIONS FLORALES

On désigne ainsi des vases en porcelaine, ou en terre cuite, d'une forme élégante, sortes de culs-de-lampe, suspendus au plafond par trois chaînettes et où végètent

sur un lit de terre tourbeuse ou un peu de terre de bruyère, que recouvre un lit de mousse humide, plusieurs espèces de végétaux.

Toutes les plantes ne sont pas également convenables pour garnir ces petits jardins aériens. On choisit pour cela les végétaux à rameaux allongés, qui s'épanchant par-dessus les bords du vase et projetant leurs jeunes tiges par des ouvertures placées à sa circonférence, forment d'élégantes expansions, garnies de feuilles et de fleurs. Ces plantes semblent ainsi venir, à l'abri de la froidure, respirer la chaude atmosphère de nos appartements.

Parmi les plantes que l'on peut cultiver ainsi nous citerons, avant tout, la belle famille des *Orchidées* dont les fleurs, aux formes les plus bizarres, réunissent les plus brillantes couleurs. Ces plantes se prêteraient très-facilement à ce genre de culture; mais malheureusement elles exigent un air humide et la chaleur soutenue des serres chaudes. Néanmoins, voici les noms des espèces les plus rustiques et les plus belles qu'on peut essayer de cultiver dans des vases suspendus.

Burlingtonia candida : grappe de charmantes fleurs blanches translucides, avec une bande jaune. — *Oncidium de Baker :* fleurs jaunes rayées de bandes d'un pourpre noir. — L'*Oncidium papillon*, rappelle par sa grande et belle fleur, la forme d'un papillon. Il existe encore un grand nombre d'oncidium. — Le *Zigopétalum*, à fleurs vertes marbrées de brun. — Le *Stanhopéa*, à fleurs tigrées dont le labelle charnu est contourné d'une façon singulière (1). — Les *Ærides*, l'un des plus beaux genres de la famille des Orchidées sont *épiphytes*,

----

(1) *Labelle*. On donne ce nom à la division intérieure des orchidées. Dans l'orchis militaire, il se prolonge en éperon et a la forme d'un sabot dans le cypripéddium.

c'est-à-dire vivent sur l'écorce des arbres qui leur servent de support, mais ils ne lui empruntent que bien peu de chose car ils peuvent vivre et fleurir, suspendus dans une serre chaude et humide.

Citons actuellement quelques plantes de diverses familles et pour lesquelles on peut adopter avec succès ce genre de culture.

Crassule blanche à odeur de vanille. Plante grasse de l'Afrique; terre légère mélangée de terre de bruyère; peu d'eau. — *Crassule écarlate*. Très-belles fleurs auxquelles succèdent des fruits rouges. Même culture.

ACHIMÈNES, à longues fleurs; belle plante du Mexique, de la famille des Gesnériacées. Ses fleurs, à tube long et évasé, sont du plus beau bleu. Le centre de la fleur est nuancé de blanc. Ce genre renferme un grand nombre d'espèces plus belles les unes que les autres.

CACTUS FLAGELLIFORME (*Cereus*). Ses tiges flexibles et traînantes se couvrent de fleurs nombreuses, d'un rouge magnifique; elle fait le meilleur effet dans les vases suspendus. — Le CACTUS SERPENTIN a également des tiges cylindriques, longues et rampantes; ses fleurs d'un blanc rosé répandent l'odeur de la rose.

PÉTUNIA HYBRIDE, à fleurs violettes. Ses tiges longues et traînantes se couvrent de fleurs d'un beau violet.

RUSSELIA tomenteux; ses tiges de 30 à 35 centimètres portent de jolies fleurs écarlates en panicule. — RUSSELIA jonciforme. Ses tiges flexibles retombent avec grâce, entourant le vase d'une couronne de jolies fleurs écarlates.

SAXIFRAGE SARMENTEUSE OU SAXIFRAGE DE LA CHINE. Ses tiges grêles, purpurines en dessous et semées de blanc en dessus, portent des fleurs en panicule d'un rose mêlé de jaune et de blanc.

La TORÉNIE ASIATIQUE et la TORÉNIE MAGNIFIQUE font également un très-joli effet dans les vases suspendus.

PELARGONIUM à feuilles de lierre. Cette plante, à fleurs rosées, forme de très-jolies guirlandes.

Aux plantes ci-dessus on peut joindre quelques *adiantum* ou capillaires et les *sedums cœruleum*, *Sieboldii*, *etc*.

FLEURS D'APPARTEMENT. — JARDINIÈRES

Outre les suspensions dont nous venons de parler, on cultive des fleurs choisies dans des meubles de salon appelés *jardinières*. On place des vases ou carafes garnis de plantes bulbeuses, sur les cheminées ou les guéridons ; on en garnit l'appui des fenêtres ou les balcons, lorsqu'arrive la belle saison ; enfin, on a recours aux fenêtres à doubles châssis entre lesquels on élève des plantes qui ne demandent qu'une chaleur modérée, et qui se trouvent néanmoins à l'abri de la gelée. On peut également avoir des *fenêtres-serres* dont M. Courtois-Gérard, l'un de nos meilleurs horticulteurs, donne une bonne description dans son traité de la culture des fleurs dans les petits jardins.

Tous ces moyens employés à nous procurer en petit les jouissances de l'horticulture, sont fort en usage dans le midi de la France et en Belgique. Nous les avons également vus dans les îles anglaises de Jersey et Guernesey où, pendant la belle saison, tous les chemins sont transformés en allées de jardin où brillent, dans un parterre continu, les fleurs les plus brillantes et les plus rares.

JARDINIÈRES.

La généralité des plantes élevées dans les appartements exige une terre légère mais substantielle, passée au crible. Après avoir étalé sur le fond en zinc quelques fragments de tuileaux qui servent à drainer la terre, on procède aux plantations ou aux semis. Mais ce der-

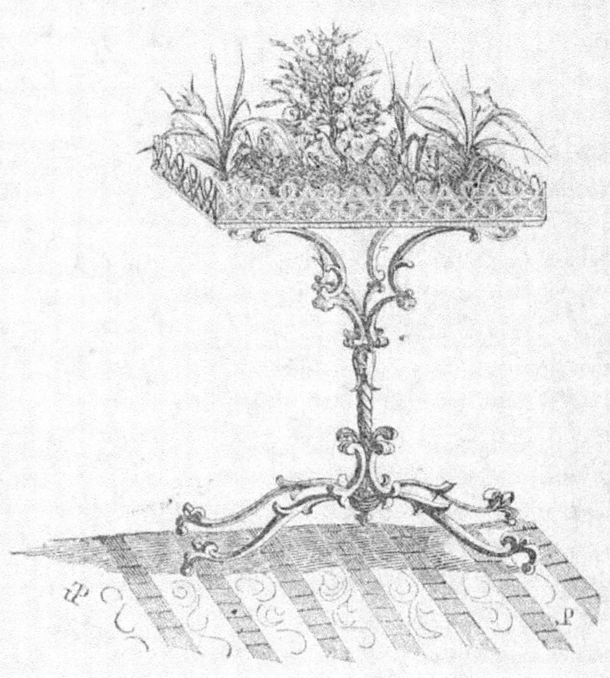

nier moyen est rarement employé, si ce n'est pour garnir la jardinière d'une bordure de petites plantes naines, telles que la saxifrage mignonnette ou la petite marguerite dont on divisera les touffes de manière à ce qu'elles n'empiètent pas trop sur l'étendue de la jardinière. On se borne ordinairement à y mettre des plantes toutes venues qu'on achète dans les marchés ou chez les horticulteurs. On les place avec le pot, en enterrant celui-ci assez profondément pour dissimuler ses bords avec la terre de la jardinière. On fait le plus souvent choix de plantes élégantes et à fleurs où brillent les plus vives couleurs. Toutefois on y admet surtout celles qui exhalent quelque parfum suave. Si vous avez des plantes de différentes grandeurs, vous ne manquerez pas de placer les plus basses sur le devant, les moyennes au milieu et les plus grandes sur le derrière.

Une autre manière de les arranger consiste à placer au centre de la jardinière une plante *dressée*, un beau camellia, un rosier pompon ou tout autre petit arbuste à effet, et de l'entourer de jolies plantes mais plus basses ; figurant ainsi un roi environné de sa cour.

Je n'ai pas besoin de recommander de ne point admettre dans ce petit espace de grosses plantes : pivoines, dalhias, phlox ; quelque estime que j'aie pour des végétaux qui décorent si bien nos parterres, ils ne tarderaient pas à affamer le petit peuple qui les entoure et à l'étouffer.

Si on garnit sa jardinière des plantes vivaces en pot, on aura l'avantage de renouveler sa parure suivant la saison, ainsi, aux fleurs les plus hâtives, telles que les crocus, le bulbocode, l'hellebore rose de Noël, le perce-neige, les violettes, l'helléborine (*eranthis*), la jacynthe, l'iris de Perse, on fera succéder, au mois de *mars*, d'autres plantes printanières : adonide, saxifrage de Sibérie, diélytra remarquable, ficoïde tricolore, plusieurs variétés de crocus et de narcisses de Constantinople, la fritillaire méléagre, l'hotéia du Japon, la tritelée uniflore. — en *avril*, on aura d'autres variétés de narcisses, des auricules, plusieurs espèces de scilles, divers silénés, des épimèdes, des paquerettes doubles, les muscaris odorants et monstrueux, outre les plantes du mois précédent. — En *mai*, des oxalides et des némophyles, l'adonide d'été, diverses variétés d'anémones, des calcéolaires hybrides, l'eucharidium, le gilia, la giroselle de Virginie, des glaïeuls hâtifs, des leptosiphon, des lychnides, l'œillet mignardise, l'œillet d'Espagne, les variétés les plus remarquables de la renoncule des fleuristes, la saxifrage ombreuse.

Le superbe genre des ixia peut être cultivé dans la jardinière, en donnant des tuteurs aux plantes les plus hautes. La terre qui convient à ces belles fleurs doit être composée de trois parties de terre de bruyère et d'une partie de terre ordinaire. En *juin* on aura les ancolies, la bermudienne, l'érine des Alpes, la cupidone bleue, l'éphémère de Virginie, la calandrine de Lindley, le chrysanthème caréné, l'amarante, l'immense et magnifique tribu des pélargoniums dont on a pu déjà jouir depuis le commencement de mai ; plusieurs espèces d'amaryllis, la cinéraire maritime, diverses espèces de lis, de campanules, de lins, de lobélies, de pentstemon, d'énothères, etc., ainsi que la plupart des plantes déjà citées. — *Juillet*. On a dans ce mois des asters de taille moyenne qui peuvent, ainsi que quelques phlox, trouver place dans une jardinière ; ajoutez-y des achimènes, la pervenche de Madagascar, la crassule, le myrte, le laurier rose, les lupins vivaces, les bruyères ventricosa et porcelaines, l'oranger, le lantana et une foule d'autres plantes que nous ne citons pas ici pour éviter les répétitions, et qu'on trouvera dans les tableaux qui précèdent.

Remarquons à ce sujet que les horticulteurs se sont appliqués à forcer la nature en avançant ou en retardant les floraisons par l'emploi de moyens artificiels et en modifiant le temps des semis : ainsi des plantes d'automne peuvent fleurir au printemps et celles du printemps en été. Cela contribue sans doute à augmenter les richesses de nos parterres et les jouissances des amateurs.

SOINS A DONNER AUX PLANTES

ÉLEVÉES DANS DES JARDINIÈRES.

La lumière étant d'une nécessité absolue pour la conservation des plantes, on doit placer le plus près du jour et, par conséquent, contre une fenêtre, la jardinière dans laquelle on élève des fleurs; il est même utile de changer de temps en temps son exposition, en tournant vers la lumière le côté qui lui était opposé la veille. De plus, durant les beaux jours de l'automne, du printemps et même de l'hiver, lorsque la température est assez élevée pour ne pas craindre l'effet du froid sur les plantes les plus délicates, on leur donnera de l'air en ouvrant la fenêtre.

La poussière qui recouvre souvent les plantes élevées dans les appartements, leur est très-nuisible en obstruant les pores de leurs feuilles et, par conséquent, en nuisant à leur mode de transpiration ou à l'absorbtion des gaz utiles à leur accroissement; le remède consiste à les débarrasser chaque jour de cette poussière à l'aide d'un léger plumeau; ou mieux en procédant à un bassinage de la plante au moyen d'une pomme percée de trous très-petits.

Cette opération est indépendante des arrosages nécessités par une trop grande sécheresse de la terre, mais il ne faut pas les prodiguer, et l'aspect des plantes doit indiquer suffisamment si elles ont soif. L'eau doit être dégourdie sans être chaude. Si l'on a de l'eau de pluie ou de rivière, on l'emploiera de préférence. Les eaux de certains puits, surtout à Paris, renferment souvent du sulfate de chaux qui peut être nuisible aux plantes délicates ; ce qui sera toujours facile à reconnaître en y projetant une forte pincée de potasse ; la chaux est précipitée et l'eau devient immédiatement trouble et laiteuse.

L'abondance des arrosages doit être en rapport avec la nature du végétal. Les plantes à feuilles coriaces et comme vernissées demandent moins d'eau que celles à feuillage tendre et peu consistant, que la moindre sécheresse fait paraître comme flétrie. Les plantes grasses ou à feuilles épaisses et charnues se passent presque d'arrosement ; quelques-unes même se nourrissent des matériaux qu'elles empruntent à l'air et qu'elles absorbent par les pores de leurs feuilles et de leurs tiges.

Les arrosages les plus salutaires sont ceux du soir ; ceux du matin le sont moins, et ceux du milieu de la journée sont quelquefois plus nuisibles qu'utiles, surtout en plein soleil.

CHOIX DE QUELQUES FLEURS ODORANTES

Alysse maritime.

Ambrette (centaurée musquée).

Aspérule odorante.

Basilic.

Belladona-Amaryllis.

Belle de nuit à longues fleurs.

Giroflée quarantaines et variétés.

Pois de senteur.

Muscari musqué.

Narcisse des poëtes.

Narcisse de Constantinople.

Narcisse odorant.

Giroflée jaune et ses variétés.

Héliotrope du Pérou.

Iris de Florence.

Iris Germanique.

Iris Xiphium, Iris bulbeuse.

Iris de Perse.

Jasmin.

Jacynthe.

Jonquille.

Lis blanc et quelques autres espèces.

Lilas.

Lupin jaune.

Melilot bleu.

Muguet de mai.

OEnothère odorante.

OEnothère de Drummond.

OEnothère pompeuse.

OEillet des fleuristes et ses variétés.

OEillet flamand.

OEillet mignardise.

OEillet superbe.

Oranger.

Pétunia à fleurs blanches.

Phlox à fleurs blanches.

Phlox pyramidal.

Saponaire à fleurs doubles.

Réséda.

Syringa. (Son odeur un peu forte n'est agréable qu'à une certaine distance.

Thlaspi odorant.

Tubéreuse des jardins.

Tulipe duc de Thol.

Tussilage odorant.

Verveine Teucrioïde.

Verveine triphyle (Lippia citriodora).

Violette odorante, pensées et variétés.

Tritéleia uniflora.

PLANTES BULBEUSES ÉLEVÉES EN CARAFES

Des oignons de fleurs peuvent être cultivés dans des carafes, en les plaçant de manière que la base de l'ognon repose sur le rebord de la carafe, et que ses racines et le *plateau* dont elles sortent, baignent complétement dans l'eau. L'air et la lumière sont d'une nécessité absolue dans cette culture. On place donc les carafes près d'une fenêtre et assez loin de la cheminée, pour qu'un excès de chaleur ne lui soit pas nuisible; car une température trop élevée ne favoriserait que l'accroissement des feuilles qui s'allongeraient outre mesure aux dépens de la hampe florale; mais lorsque les racines se sont suffisamment développées et que les boutons commencent à se montrer, on place les carafes sur la tablette de la cheminée, sur un guéridon, etc. Changez l'eau de temps en temps, et veillez surtout à ce que les racines y soient toujours plongées.

Vous pouvez cultiver de cette manière jacynthes, narcisses, scilles d'Italie et de Sibérie, ornithogales, amaryllis, crocus, etc.

Nous ferons remarquer à ce sujet qu'il est imprudent de laisser dans les pièces où l'on couche, des jardinières, des carafes fleuries ni même des bouquets; car ces plantes émettent durant la nuit du gaz carbonique qui est délétère, et absorbent l'oxigène, partie constituante de l'air que nous respirons; tandis que le phénomène contraire a lieu durant le jour: c'est le gaz carbonique qui est absorbé et l'oxigène qui est mis en liberté.

ÉPOQUES
DES SEMIS ET PLANTATIONS
POUR LES PLANTES D'AGRÉMENT

Les semis des plantes d'agrément peuvent se faire à des époques différentes de l'année, suivant la nature des végétaux et leur rusticité plus ou moins grande. On a, d'ailleurs, pour les plantes délicates qui craignent les intempéries des premiers mois de l'année, si communes dans notre climat, la ressource des semis sur couche.

Les semis de février et même du commencement de mars se pratiquent ordinairement dans une couche tiède sur un lit de terreau. Lorsque le jeune plant est suffisamment développé, on l'éclaircit si cela est nécessaire. Quelques jours après on le lève en motte et il est mis en pépinière ou en place.

Les semis de la seconde quinzaine de mars et du commencement d'avril peuvent fort bien avoir lieu en pleine terre, à quelques exceptions près, pour les plantes qui ne redoutent pas la température presque hivernale de mars, et même, mais rarement, des premiers jours d'avril.

Au reste, toutes les années ne se ressemblent pas, et l'amateur se guide quelquefois sur les pronostics qui lui annoncent soit un printemps précoce, soit un hiver prolongé.

En mai on continue les semis des plantes annuelles, et même, dans la première moitié de juin, on peut encore semer quelques plantes de cette espèce.

Les semis de juillet et d'août sont trop tardifs pour qu'on puisse complétement jouir de leurs produits dans la même année. Cependant il y a un grand nombre de fleurs annuelles d'automne appartenant presque toutes à la grande famille des *Composées*, voyez page 8, qui complétent leur évolution florale dans la même année. Beaucoup d'acquisitions nouvelles de la floriculture exotique appartiennent à cette famille.

En général, les semis d'automne, et notamment ceux de septembre, sont consacrés aux plantes bisannuelles ou vivaces, qui ne doivent fleurir que l'année suivante; mais on est obligé de les *hiverner*, c'est-à-dire de les abriter durant l'hiver, soit en les rentrant si elles ont été semées en pots, soit en les recouvrant d'un châssis, soit en les abritant par des paillassons; mais on sera récompensé des soins qu'on leur accordera par leur précocité, leur force et leur beauté.

Voici quelques soins qu'il est indispensable de prendre pour la réussite des semis en pleine terre : 1° Ils doivent se faire dans une terre légère bien terreautée. 2° La terre de la planche où l'on va opérer un semis doit être meuble, bien égalisée et présenter une inclinaison sensible vers le midi. 3° On aura soin de diviser la planche par rayons à l'aide d'une baguette bien droite qu'on appuie à plat sur la terre, à des intervalles convenables, et qui y laissant son empreinte, divisera naturellement la planche en rayons. Si le semis comprend un grand nombre d'espèces, on subdivisera les rayons en carrés par le même procédé. 4° Lors du semis, on aura toujours le soin de ne pas enfoncer trop les graines, c'est-à-dire de semer à la superficie les graines menues et de proportionner la légère couche de terreau, qui recouvrira les autres graines, à leur grosseur. Le semis terminé, on appuie légèrement une batte sur la portion semée, afin d'y fixer les graines. 5° Cette opération achevée, il ne s'agit plus que de bassiner ou mouiller la terre, mais pour cela, on se servira d'une pomme d'arrosoir percée de trous très-fins; et pour que les graines ne soient pas entraînées soit par les arrosages, soit par la pluie, on répand sur le semis une couche légère de mousse hachée menu.

Au lieu de faire ces semis en pleine terre, on peut les faire dans des pots à fleurs ordinaires; leur porosité est préférable à l'imperméabilité des vases de fayence ou de porcelaine. Au reste, rien n'empêche que le grossier pot de terre soit ensuite placé dans un vase plus élégant.

Quelque soit le vase qu'on emploiera, il faut avoir soin qu'il soit percé d'un trou au fond, et qu'avant d'y mettre de la terre, ce trou soit recouvert d'un fragment de tuileau placé de façon à retenir la terre, mais non à empêcher l'eau surabondante de s'écouler au dehors. C'est un espèce de drainage faute duquel les racines pourrissent et la plante meurt.

Lorsqu'on n'a pas besoin d'un grand nombre de plantes de la même espèce pour faire des bordures ou des massifs, les semis en pots sont plus commodes. On peut les recouvrir de cloches pour activer la végétation, mais il faut avoir le plus grand soin de donner de temps en temps de l'air aux plantes. Pour cela, on maintient la cloche soulevée d'un côté de trois ou quatre centimètres, à l'aide d'un fragment de brique ou d'un morceau de bois.

De plus, lorsque le soleil brille sur l'horizon et qu'il commence à être ardent, il est indispensable de recouvrir la cloche d'un peu de litière, ou, mieux encore, d'une couche légère de blanc d'Espagne délayé à l'eau. Sans cette précaution, les rayons du soleil, concentrés sur la plante, la frapperaient de mort.

On prend les mêmes précautions pour les chassis vitrés, auxquels il est également indispensable de donner de l'air.

De même que pour l'éducation des jeunes plantes sur couche, on éclaircit le plant semé trop dru dans un pot, et l'on transporte en motte, à l'aide d'une spatule, les pieds qu'on veut mettre au large dans un autre pot, ou ceux que l'on va placer en pleine terre.

Multiplication des plantes vivaces. — Quand ces plantes sont devenues trop fortes, divisez-les en deux ou trois parties et même au-delà si la plante doit servir à former des bordures. Les époques de la division des touffes ou séparation des racines peuvent varier suivant les espèces, mais, généralement, l'opération a lieu au premier printemps ou à l'automne. Dans le premier cas, c'est le temps où la sève est encore presque stationnaire; dans le second cas, celui où elle se repose après avoir contribué au développement de la plante.

Cette règle s'appliquant au plus grand nombre de végétaux, nous n'aurons pas besoin d'y revenir, sauf pour indiquer quelques exceptions.

D'autres plantes vivaces appartenant à des pays

étrangers et qui donnent rarement des graines fécondes
en France, telles que le Dyélitre ou l'hortensia, doivent
être multipliées par boutures, marcottes ou couchages,
lorsqu'elles ne se prêtent pas à la division des racines;
c'est ce que nous signalerons.

Le tableau suivant indique les époques des semis et
des plantations, en faisant toutefois remarquer qu'il
est souvent à propos d'avancer ou de retarder de plusieurs jours les époques désignées, d'après l'état de la
température, car il vaut mieux opérer quinze jours
plus tard un semis que de le soumettre à des influences
athmosphériques nuisibles à son succès.

Janvier.

On n'a aucun semis à opérer en pleine terre dans ce
mois, si ce n'est quelques semis sur couche chaude.
Vers la fin du mois, on peut commencer la plantation
de plusieurs ognons de plantes bulbeuses; telles que
tulipes simples, hâtives. — Tulipe duc de Thol. — Iris
de Perse. — Amaryllis Saint-Jacques.

On a dû commencer au mois de décembre la culture
des ognons à fleurs en carafes.

Février.

On peut semer en place, si le temps le permet, des
centaurées bluet. — La malcomia maritime. — Le pied
d'alouette nain. — Le pied d'alouette des blés. Outre
ces plantes annuelles, on peut, dans ce mois, de même

que dans l'automne, multiplier beaucoup de plantes vivaces par la division des pieds, ou la séparation des racines.

Aux plantes bulbeuses du mois précédent, on peut joindre encore l'iris germanique, l'ornithogale, les renoncules, le lis blanc, le lis de Brown, la pulsatille et plusieurs autres anémones. — Giroflée quarantaine sur couche.

Mars.

Toutes les plantes indiquées pour mars doivent être spécialement semées à bonne exposition, à cause des fréquents retours du froid, à cette époque où la température est si inconstante. Dans le cas où on aurait lieu de craindre des intempéries nuisibles au succès des cultures, il serait prudent de reculer de quelques jours les semis. Au reste, il est en général préférable de semer dans la seconde moitié de mars.

SEMIS DE PLANTES ANNUELLES.

Abronie à ombelles. — Acrolinie. Adonide d'été, *en place*. — Broualle élevée. — Souci des jardins. — Coréopsis des teinturiers, *en place*. — Coréopsis précoce (celui-ci est vivace). — Calendula, souci des jardins. — Caliméris incisé. — Clintonie jolie. — Collinsia bicolor. — Collinsia à grandes fleurs. — Muguet de mai, semis en place ou rejetons. — Liseron tricolor. — Belle de jour (fin mars), en place. — Dracocéphale de Moldavie ; en place, fin mars. — Panicaut des Alpes (repiquer en avril). — Eucharidion élégant. — Eucharidion à grandes fleurs. — Eutoca de Menziès. — Eutoca de Wrangel. — Hyssope officinale. — Leptosiphon à fleurs denses, en place. — Linaire à fleurs d'Orchis. — Linaire tryphyle. — Lunaire annuelle. — Lupins annuels blancs, bleus, jaunes, pourpre-violet, suivant les espèces; en place. — Lisimaque éphémère. — Némophile remarquable. — Nyctérine Sélagénoïde. — OEnothère pourpre (onagre). Oxalide violette. — Pavot des jardins. — Pavot coquelicot. — Pourpier à grandes fleurs. Quamoclit écarlate. — Quamoclit cardinal. — Seneçon élégant; semis en pépinière; repiquer en mai et mettre en place à l'automne. — Seneçon maritime, traité comme le précédent. — Siléné armeria, en place. — Siléné pendula, comme le précédent. — Siléné oriental, dito. — Souci des jardins. — Souci pluvial. Les soucis peuvent être en outre semés en juin ou en septembre pour l'année suivante. (1)

Avril.

Acrolinie à fleurs roses. — Alysse maritime. — Matriscaire d'Arabie. — Argémone à grandes fleurs, en place. — Athanasie annuelle. — Barkhausie (*crepis-rosé*). — Brachicome à feuilles d'ibéris. — Callirhoé pedata. — Calistèphe *Reine Marguerite*. — Calystégie pubescente (séparation des racines). — Campanule violette-marine. — Campanule de Dalmatie. — Carthame

_____

(1) Lorsqu'on trouvera des semis indiqués dans deux mois différents, c'est que les plantes peuvent être semées aux deux époques.

des teinturiers. — Centranthe valériane rouge. — Centranthe Macrosiphon. — Chariéis hétéréophyle, en place. — Chrysanthème à couronnes. — Chrysanthème caréné. — Clarkie gentille, en place. — Cherkie élégante, en place. — Cosmidie à feuilles menues. — Cosmos bipinné (fin avril). — Daléa pourpre. — Dauphinelle, *pied d'alouette*. — Pied d'alouette, variété naine. — Dianthus, *Œillet de la Chine*. — Didisque bleu. — Emilie à feuilles sagittées, à la fin d'avril. — Gaura bisannuel. — Gaura de Lindheimer. — Gilia capitée, en place. — Gilia tricolor. — Glaucie de Perse, en place. — Godétie rubiconde, en place. — Godétie de Schamin, dito, en place. — Gypsophile élégante, en place. — Gypsophile des murs, en place. — Gypsophile de Stéven, en place. — Hebenstreitia; cultivée comme annuelle. Hedysarum, sainfoin à bouquets. — Hélianthe, *soleil* à grandes fleurs. — Hélianthe multiflore, petit soleil de Virginie. — Hélianthe argophyle, en place. — Hibiscus de Thunberg, en place. — Hibiscus vésiculeux ou *triomum*. — Ibéride corbeille d'argent. — Ibéride à ombelle (thlaspi) semis en place. — Lepachis à colonne (*Rudbeckia*). — Leptososiphon. — Limnanthes à fleurs roses. — Lin à grandes fleurs. — Lychnide visqueuse (Bourbonnaise). — Lychnide éclatante.

Madarie élégante, peut être semée à l'automne pour l'année suivante. — Malcomia maritime (Giroflée de Mahon). — Malope trifide, en place. — Mauve de mauritanie, en place. — Nicotiane tabac. — OEnothère odorante (Onagre). — Oxalis rose. — Rhodante de mangles, vers la fin d'avril. — Salpiglossis sinué traité comme plante annuelle. — Scabieuse, fleur de veuve.

— Scabieuse du Caucase. — Siléné à bouquets. — Sphénogynie élégante. — Télékie à feuilles en cœur. Viscarie ou lychnide rose du Ciel.

Mai.

Amarante queue de renard. — Amarante gigantesque. — Amarante pourpre. Balsamine des jardins. — Balsamine glanduleuse. — Brachycome à feuilles d'Ibéris. — Buglosse d'Italie. — Cacalie à feuilles d'arroche. — Cajophore à fleurs rouges. — Calandrine à grandes fleurs. — Calimeris incisé. — Campanule miroir de Vénus et autres campanules. — Capucines grande et petite. — Centaurée ambrette. — Callirhoé pedata. — Calistèphe reine Marguerite et ses quatre variétés : naine, hâtive, double et anémone ou à tuyaux. — Digitale pourpre et digitale ferrugineuse. — Dracocephale de Moldavie. — Enothères diverses. — Euphorbe panachée. — ficoïdes, plusieurs espèces. — Ipomosis élégant. — Jurine remarquable. — Kitabebélie à feuilles de vigne. — Lamium orvale. — Mathiole, giroflée des jardins ; on peut la semer sur couche dès le commencement d'avril ainsi que ses variétés. — Mauve campanulée. — Pétunia odorant. — Pétunia à fleurs violettes. — Persicaire orientale. — Phacélie bipinnatifide. — Pharbitis nil (Liseron de Michaux). — Podolepsis à fleurs jaune d'or. — Pois de senteur. — Pois éternel ou pois vivace. — Polémonium bleu. — Réséda. — Pourpier à grandes fleurs. — Sainfoin d'Espagne. — Saponaire de Calabre. — Scabieuse. — Shortie de la Californie. — Silénés (plusieurs). — Soleil commun. — Souci de la reine. — Souci pluvial.

Juin. — Juillet.

Lin vivace. — Malcomia maritime; cette petite plante peut se semer à diverses époques de la belle saison. — Myosotis des Alpes, repiquer en septembre. — Pentstemon campanulé; ce pentstemon ainsi que plusieurs autres doit être hiverné pour fleurir l'année suivante. Il en est de même pour la plupart des semis de plantes vivaces faits en été, et même pour quelques plantes annuelles dont l'évolution florale ne s'accomplit que l'année suivante. La même observation peut s'appliquer au mois de septembre et au mois d'octobre pour les plantes vivaces qu'on multiplie par la division des racines. — Siléné d'Orient; en pépinière et mis en place au printemps suivant. — Siléné pendant; traité comme le précédent, ainsi que le siléné schfta.

Août.

On sème dans ce mois ainsi que dans le mois suivant presque toutes les plantes vivaces ou bisannuelles, pour en jouir l'année d'après, mais le plus grand nombre devra être hiverné sous chassis.

Septembre.

C'est dans ce mois que l'on procède à la division des plantes à racines fibreuses, que l'on replante de suite dans une terre meuble et en les abritant, lorsque cela deviendra nécessaire, contre les grands froids de l'hiver.

Octobre.

Même observation que pour le mois précédent. On pourra planter des ognons à fleurs et plantes bulbeuses, telle que les différentes variétés d'ail, quelques amaryllis, des anémones, des asphodèles, le cyclamen, les fritillaires, l'hémérocalle jaune et l'hémérocalle fauve, des jacinthes et des glaïeuls.

Novembre. — Décembre.

Dans ces mois d'hiver, les semis et même les plantations sont nulles. En novembre, on complétera la plantation des ognons et plantes bulbeuses destinés à fleurir l'année suivante.

TABLE ALPHABÉTIQUE

DES PLANTES ANNUELLES, BISANNUELLES ET VIVACES

DÉCRITES

DANS LE CHOIX DES PLANTES D'ORNEMENT

A

B

C

L

M

N

O

T

V

W

X

Y

Z

FIN DE LA TABLE ALPHABÉTIQUE

TABLE DES MATIÈRES

DE LA SECONDE PARTIE.

FIN DE LA TABLE.

POISSY. — TYP. ET STÉR. AUG. BOURET.